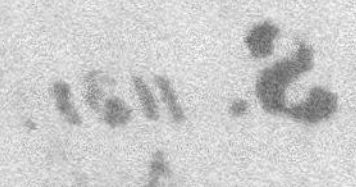

TRADUCTION

D'ANCIENS

OUVRAGES LATINS

RELATIFS A L'AGRICULTURE,

ET A LA

MÉDECINE VÉTÉRINAIRE,

AVEC DES NOTES:

Par M. SABOUREUX DE LA BONNETERIE, Ecuyer, Avocat au Parlement, Docteur & Professeur de la Faculté des Droits en l'Université de Paris.

TOME CINQUIÈME,

CONTENANT

L'ÉCONOMIE RURALE DE PALLADIUS.

A PARIS,

Chez BARROIS l'aîné, Libraire, Quai des Augustins.

M . DCC. LXXXIII.

AVEC APPROBATION, ET PRIVILEGE DU ROI.

L'ÉCONOMIE RURALE

DE L'ILLUSTRE (1) PALLADIUS

RUTILIUS TAURUS ÆMILIANUS.

LIVRE PREMIER.

CHAPITRE PREMIER.

La premiere regle que dicte la prudence est d'apprécier la personne même à qui l'on veut donner des préceptes. En effet, un homme qui

---

(1) On donnoit le titre d'*Illustris* dans le Bas-Empire aux Magistrats supérieurs, tels que le *Præfectus Prætorio* & le *Quæstor Palatii*, auxquels on appelloit des senten-

prétend former un Agriculteur, ne doit pas chercher à se montrer le rival des Rhéteurs de pro-
fession du côté des connoissances & de l'élo-
quence, comme il est arrivé à bien des gens,
qui, pour avoir affecté un style éloquent en parlant à des Paysans, sont tombés dans l'inconvénient de rendre leurs préceptes inintelligibles aux
personnes même les plus savantes (2). Mais nous
bornerons ici cette Préface, pour entrer en matiere, & ne point imiter ceux que nous critiquons.
Nous avons donc à traiter (avec l'aide de Dieu)
de tout ce qui concerne l'Agriculture, des pâturages, des édifices rustiques conformément aux préceptes des Entrepreneurs de bâtimens, de la recherche des eaux, & en général de tout ce qu'un
Agriculteur a à faire, ainsi que des animaux
qu'il doit nourrir tant pour son agrément que
pour en retirer du profit, en déterminant néanmoins, pour chacun de ces objets, le temps qui

---

ces des Magistrats inférieurs qui n'avoient que le titre de
Spectabiles ou de *Clarissimi*. Leg. 32 , Cod. *De Appella-
tionibus*.

(2) Il semble que Palladius veuille critiquer ici l'Économie rurale de Columelle, qui est à la vérité ornée de des-
criptions agréables, & écrite dans un style assez fleuri,
mais il auroit dû éviter de s'exposer lui - même à ce re-
proche en tombant dans la même faute, si c'en est une,
comme il a fait en plusieurs endroits de cet Ouvrage.
Voy. Liv. 4, Chap. 10 : Liv. 5 , Chap. 2 : Liv. 7, Chap 7 :
Liv. 8, Chap. 3 : Liv. 12, Chap. 1.

lui est consacré : car la premiere loi que je me
suis imposée, est celle de traiter des plantes &
de tout ce qui concerne leur éducation dans le
mois même auquel on doit les mettre chacune
en terre.

CHAPITRE II.

IL y a donc en premier lieu quatre choses à
considérer, lorsqu'il est question de choisir un
terrein & de le bien cultiver, sçavoir : l'air,
l'eau, la terre & l'industrie, dont trois dépendent de la nature seule, & une de nos facultés
& de notre volonté. Ce que l'on doit examiner
avant tout dépend de la nature : il faut donc voir
si, dans les lieux que l'on se propose de cultiver,
l'air est sain & tempéré; si l'eau y est salubre &
facile à trouver, soit qu'elle prenne sa source dans
le lieu même, soit qu'elle y vienne d'ailleurs,
ou qu'elle soit formée par les amas de pluie;
enfin si la terre est fertile & située commodé-
ment.

CHAPITRE III.

ON juge que l'air d'un endroit est sain, lorsqu'il ne s'y trouve point de vallées profondes, lorsqu'on ne voit pas s'y élever de brouillards épais, & qu'à l'aspect des habitans on remarque qu'ils ont un teint de santé, la tête ferme & dégagée, la vue intacte, l'ouie nette & un gozier qui prête un passage libre aux sons d'une voix claire (1). C'est à ces signes que l'on reconnoît la bonté de l'air dans un climat, au lieu que les signes contraires sont une preuve qu'il y est pernicieux.

CHAPITRE IV.

QUAND à la salubrité de l'eau, voici comme on la reconnoît. Il faut d'abord qu'elle ne provienne pas de lacs ni de marais, & qu'elle ne prenne pas sa source dans des mines (1); mais

---

(1) Est-ce là le style simple que recommandoit tout-à-l'heure Palladius dans le Chap. I?

(1) Palladius prétendroit-il désapprouver réellement l'eau qui prend sa source dans des mines, contre l'expérience qui prouve qu'il n'y en a gueres de plus salutaire, ou n'entendroit-il pas plutôt par le mot de *metalla*, des carrieres de marbre qui effectivement ne donneroient pas une eau

qu'elle soit d'une couleur transparente, qu'elle ne soit impregnée d'aucun goût ni d'aucune odeur, qu'elle ne dépose point de limon, & qu'elle puisse tempérer le froid par sa tiédeur & calmer le feu de l'Eté par sa fraîcheur (2). Mais comme il arrive souvent que la Nature, dont les opérations sont toujours secrettes, cache dans les élémens des qualités pernicieuses sous les plus belles apparences, nous connoîtrons encore l'eau à la santé des habitans, en examinant si ceux qui en boivent ont la gorge libre, s'ils ont la tête saine, & s'ils n'ont point les poulmons & la poitrine affectés de quelque maladie habituelle ou accidentelle. Néanmoins, comme les parties supérieures du corps transmettent toujours aux parties inférieures les maladies dont elles sont affectées, s'il arrive que dans un temps où la tête est malade, la cause de la maladie gagne les poulmons ou l'estomac, c'est moins à l'eau qu'à l'air qu'il faut alors rappor-

---

très-salutaire? Ce qu'il y a de certain, c'est qu'il ne seroit pas le premier ni le seul Auteur Latin qui auroit entendu ce mot dans ce sens-là. Pline 33, 6, applique en général le mot de *metalla* à toutes les matieres, de telle nature qu'elles soient, qui sont formées dans le sein de la terre.

(2) Notre Auteur oublie bientôt le précepte qu'il a donné dans le Chap. 1, en employant ici un tour de phrase qui eût plus convenu à un Déclamateur qu'à un homme qui se charge d'instruire un Paysan, puisque celui-ci auroit dit uniment que *l'eau, pour être bonne, doit être tiéde en Hiver & fraîche en Eté.*

ter cet effet (3). Il faut encore examiner si le ventre, les entrailles, les flancs ou les reins n'éprouvent point de douleurs ou de gonflemens, & si la veffie n'eft point fujette à quelque accident. Dès que l'on aura conftaté la plus grande partie de ces objets & d'autres femblables parmi les habitans, il n'y aura plus de foupçons à avoir contre l'air ni contre les fontaines.

CHAPITRE V.

POUR ce qui eft de la terre, c'eft la fécondité qu'on y cherchera. Il faut que les mottes n'en foient ni blanches ni nues, & que ce ne foit ni un fable maigre & fans aucun mêlange de terre, ni de l'argille pure, ni du caillou groffier, ni du gravier fec, ni une pouffiere jaune auffi maigre que la pierre même, ni une terre falée, amere ou bourbeufe, ni un tuf fablonneux & fec, ni une vallée trop fombre & pier-

_____

(3) L'Auteur veut dire vraifemblablement que fi quelqu'un a, par exemple, une toux ou des naufées accompagnées de mal de tête, on doit attribuer ces maladies à l'air, au lieu que s'il reffent les mêmes accidens fans avoir la tête affectée, c'eft à l'eau qu'on doit les attribuer. Nous laiffons aux Médecins à prononcer fur la juftefle de cette obfervation, en nous contentant d'obferver l'obfcurité fous laquelle Palladius préfente ce raifonnement.

reuse. Il faut au contraire que les mottes en
soient moites & presque noires, & qu'elles aient
assez de substance pour se couvrir d'elles - mêmes d'une couche de gazon, ou si elles sont
d'une couleur mêlangée, que, sans être compactes, elles soient conglutinées à l'aide d'u-
ne terre grasse qui s'y trouvera mêlée. Il faut
encore que les plantes qu'une terre produira ne
soient ni galeuses, ni rabougries, ni destituées
de suc naturel, & que ces plantes consistent
principalement en yeble, en jonc, en calamus,
en gramen, en trefle bien nourri, en ronces
grasses & en prunelles, ce qui sera un signe certain qu'une pareille terre sera propre à donner
du bled. Il ne faut pas néanmoins s'attacher
beaucoup à la couleur, mais bien plutôt à la
graisse & à la douceur d'une terre. Voici à quels
signes on reconnoîtra si une terre est grasse : si,
après avoir versé sur une petite motte de cette
terre de l'eau douce & l'avoir paitrie entre les
mains, on remarque qu'elle est gluante & que
ses parties sont adhérentes entr'elles, c'est une
preuve sûre qu'elle renferme en elle de la graisse.
De même, si après avoir fait un trou en terre,
on vient à le remplir de la terre qu'on en avoit
tirée, & qu'il s'en trouve de reste, c'est une
preuve que cette terre est grasse, comme s'il n'y
en a pas assez pour le remplir, c'est une preuve
qu'elle est maigre, & s'il n'y en a précisément que
ce qu'il en faut pour gagner le niveau du ter-

rein , c'est une preuve qu'elle est d'une qualité qui tient le milieu entre la graisse & la maigreur. On connoîtra la douceur d'une terre au goût qu'elle aura , lorsqu'on en aura pris une motte dans la partie du champ qui plaira le moins , & qu'on l'aura fait détremper dans un vase de terre cuite rempli d'eau douce. Tels seront aussi les signes auxquels ont reconnoîtra si une terre est bonne pour des vignobles : c'est si elle est d'une couleur délayée & d'un grain qui ne soit pas absolument compact, & qu'elle soit meuble ; si les arbustes qu'elle produit , tels que les poiriers sauvages, les pruniers, les ronces & autres semblables sont lisses , brillans , hauts & féconds, sans qu'il s'en trouve de tortus , de stériles , ni de petits qui languissent faute de nourriture. Quant à la position des terres , elles ne doivent être ni assez plates pour que l'eau y reste dans un état continuel de stagnation , ni assez perpendiculaires pour qu'elle n'y fasse aucun séjour, ni enterrées de façon qu'elle s'y amasse au fond d'une vallée profonde , ni élevées de façon que les mauvais temps & la chaleur s'y fassent sentir avec excès : le plus grand avantage que l'on puisse désirer dans une terre est qu'elle participe à toutes ces qualités à la fois sans prépondérance de la part d'aucune, de façon que ce soit ou une campagne ouverte dont la pente insensible laisse écouler les eaux de pluie , ou un coteau dont l'élévation soit douce , ou une vallée peu profonde & où le courant de l'air ne se trouve point resserré, ou une montagne qui soit protégée contre les mauvais vents soit par une autre montagne qui sera vis-à-vis d'elle, soit par quelque autre genre de ressource, ou qui soit couverte de forêts & d'herbes, au cas qu'elle soit trop rude & trop élevée. Mais, comme il y a de plusieurs especes de terres, telles que les terres grasses ou les maigres, les terres compactes ou celles qui ne sont point épaisses, les terres séches ou les humides, & que la plupart de ces genres isolés sont vicieux, quoique leur jonction soit souvent nécessaire à cause de la différence des semences, ainsi que je le disois à l'instant; il faut choisir de préférence un terrein qui, étant tout à la fois gras & meuble, soit dans le cas de rendre beaucoup de fruits, sans exiger un grand travail. On mettra dans la seconde classe celui qui étant compact (1), ne laissera point de répondre à nos espérances, quoiqu'il exige beaucoup de travail. Mais le pire de tous les terreins est celui qui sera tont à la fois sec & compact, & maigre ou froid; & il ne faudra pas moins l'éviter qu'un terrein pestilentiel.

------

(1) Il faut supposer qu'il sera gras en même-temps que compact, autrement ce seroit le plus mauvais de tous les terreins, ainsi que Palladius en convient lui-même dans la phrase suivante.

CHAPITRE VI.

MAIS quand on aura observé avec la plus grande attention ces trois objets, qui dépendent si exclusivement de la nature que les secours humains n'y peuvent rien, il faudra s'attacher à la derniere partie qui dépend de l'industrie. Or, le premier soin relatif à cette partie, & celui que l'on peut même regarder comme l'unique, est d'avoir avant tout devant les yeux les maximes, que l'on va trouver ici, relatives à toutes les opérations rustiques. La présence du Propriétaire est le revenu d'un champ. Il ne faut pas rechercher la couleur de la terre, parce qu'elle n'est qu'une preuve incertaine de sa bonté. Ne confiez à la terre, soit qu'il s'agisse d'arbrisseaux, soit qu'il s'agisse de grains, que de très-belles especes & qui aient déja été éprouvées dans vos Domaines, parce que, lorsqu'il est question d'une nouvelle espece de semence, il ne faut pas y mettre toute sa confiance avant d'en avoir fait l'essai. Les semences dégenerent de meilleure heure dans les lieux humides que dans les lieux secs ; c'est pourquoi il faut de temps en temps remédier à cet inconvénient par le choix qu'on en fera. Il faut nécessairement avoir à soi des forgerons, des bucherons & des

artisans pour travailler aux futailles & aux cuves, afin que les Paysans ne soient point détour-
nés de leur besogne ordinaire par la nécessité de
courir à la ville. On plantera les vignobles du
côté du Midi dans les pays froids, & du côté du
Levant, ou même, s'il est nécessaire, du côté du
Couchant dans les pays tempérés. On ne peut
pas, vû la prodigieuse diversité des terres, donner de regles certaines sur le nombre de jour-
nées qu'elles exigeront (1) ; c'est pourquoi l'usage
du canton & celui de la province vous décide-
ront aisément sur ce nombre en tout genre d'ouvrages, soit qu'il s'agisse d'arbrisseaux à soigner,
soit qu'il s'agisse de toute autre espece de semence. Il est constant qu'il ne faut pas toucher
aux plantes qui sont en fleurs. Ce qu'on destine
à être semé sera toujours mal choisi, tant que la
personne qu'on aura chargée de ce choix ne le
fera pas par elle-même. En matiere rustique,
c'est le service des jeunes & le commandement
des vieux qui conviennent le plus. Il y a trois
choses auxquelles il faut avoir égard dans la
taille des vignes ; l'espérance du fruit, le bois
qui doit remplacer par la suite celui que l'on
retranche, & l'endroit du sep où l'on voudra qu'il

---

(1) Il semble que notre Auteur veuille encore critiquer ici
Columelle, qui a effectivement donné des regles, peut-être
trop générales, sur cet objet, dans le Chap. XIII. de son
Economie rurale, Liv. 2, & ailleurs.

repousse. Si on taille la vigne de bonne heure, on aura plus de sarmens, au lieu que si on la taille plus tard, on aura plus de fruit. Il faut transplanter la vigne ainsi que les arbres d'un plus mauvais terrein dans un meilleur. On taillera la vigne de plus près quand la vendange aura été bonne, & de moins près quand elle aura été modique. On se servira pour toutes sortes d'opérations, soit qu'il s'agisse de greffer, soit qu'il s'agisse de tailler ou de couper, d'instrumens de fer qui soient forts & bien tranchans. Il faut achever tout ce qu'il y a à faire aux vignes ou aux arbres, avant que leurs fleurs s'ouvrent ou que leurs boutons se développent. L'homme qui doit bêcher la terre aura soin de repasser dans les vignobles les parties du terrein qui auront échappé à la charrue. Il ne faut pas épamprer la vigne dans les lieux chauds, secs, ou exposés au Soleil, puisqu'elle demande plutôt à être couverte dans ces sortes d'endroits. Pour ceux où la vigne est brûlée par le Vulturnus (1) ou par quelque autre mauvais vent qui regne dans la contrée, on y couvrira la vigne avec de la paille ou avec tout autre ombrage qu'on y apportera à cet effet. S'il se trouve au milieu d'un olivier une branche qui

------

(1) C'est le nom que les habitans de la Bétique donnoient au vent du Sud-Est, qui brûloit la vigne chez eux au lever de la Canicule. Voy. le Chap. V. du Liv. V. de l'Économie rurale de Columelle.

rapporte trop de fruits, ou qui ſoit trop verte
ou ſtérile, il faut la retrancher, parce qu'elle eſt
préjudiciable à l'arbre entier (3). Il ne faut pas
moins éviter un canton ſtérile qu'un canton peſtilentiel, encore que ces deux qualités ne s'y
trouvent pas réunies enſemble (4). Il ne faut
abſolument rien mettre entre de jeunes plans de
vigne dans un terrein façonné au *paſtinum* (5) :
les Grecs ordonnent néanmoins d'y mettre la
troiſieme année tout ce qu'on juge à propos, à
l'exception des choux. Tous les légumes doivent

---

(3) Quand une branche rapporte trop de fruits, elle fait
tort au reſte de l'arbre ; (Voy. le Chap. XVII. du Livre *de
Arboribus* de Columelle) quand elle eſt trop verte, c'eſt
une preuve qu'elle tire à elle beaucoup de ſeve, quoique
cette ſeve ne nourriſſe pas beaucoup de fruits, & dès-lors
elle prive les autres branches de la portion de cette ſeve
dont elles ont beſoin ; enfin quand elle eſt ſtérile elle n'eſt
d'aucune utilité à l'arbre, ainſi on voit pourquoi il faut
retrancher de pareilles branches dans les trois cas.

(4) En effet, un terrein peut être ſtérile ſans être peſtilentiel, comme il peut au contraire être très-fertile quoique
peſtilentiel. Voy. le Chap. IV. du Liv. I. de l'Economie
rurale de Varron, & le Chap. III. du Liv. I. de celle de
Columelle. Plaute parle d'un terrein peſtilentiel qui ſans
doute n'étoit pas ſtérile, quand il fait dire à un eſclave
que les bœufs de ſon maitre y périſſoient au bout de trois
ou quatre labours.

(5) Voy. dans le Chap. XIII. du Liv. III. de l'Economie
rurale de Columelle, la maniere de façonner une terre au
paſtinum.

être semés, suivant les Auteurs Grecs, dans une terre seche : la fève seule doit l'être dans une terre humide. Quiconque loue sa terre ou son champ à un Propriétaire ou à un colon qui en possede déja dans le voisinage, court à sa ruine & cherche des procès. Si l'on ne cultive pas les extrémités d'un champ, son intérieur court des risques. Tous les fromens, après avoir été semés trois fois dans un sol, se convertissent en une espece de *siligo* (6). On compte trois maux, tous trois également funestes : la stérilité, la maladie & le voisin. Quiconque plante en vignes une terre stérile, est l'ennemi de son travail & de ses dépenses. Les pays plats donnent du vin plus abondamment, mais les coteaux le donnent plus fin. L'Aquilon fertilise les vignes par son souffle, & le vent du Midi leur donne du renom : ainsi il dépend de nous d'avoir du vin en plus grande quantité ou de l'avoir meilleur. La nécessité ne connoît point de Fêtes. Quoiqu'il faille semer quand la terre est humectée, cependant les semailles jettées en terre après une longue sécheresse s'y conservent, quand elles ont été hersées, plus sûrement même que dans des greniers. Les mauvais chemins sont aussi contraires à l'agrément qu'au profit. L'homme qui se charge de la culture d'un champ s'engage sans

---

(6) Voy. la Note 1 du Chap. II, de l'Economie rurale de Columelle, Liv. I.

aucun espoir de remise vis-à-vis d'un créancier qui exige beaucoup de redevances. Quiconque laisse en labourant des parties de terre crues entre des sillons, diminue la quantité de fruits qu'il auroit recueillis, & donne un mauvais renom à sa terre du côté de la fertilité. Un petit terrein bien cultivé est plus fertile qu'un grand terrein qui seroit négligé. N'employez jamais de raisin noir (7), si ce n'est dans les provinces où l'on est dans l'usage de faire du vin *acinaticium* (8). Lorsque les appuis de la vigne sont longs, ils favorisent ses accroissemens. Tant que la vigne est jeune & verte, n'en approchez pas le fer. Lorsque l'on taille un sarment, il faut que l'incision soit faite du côté opposé au bouton, de peur que la larme qui en découle ordinairement ne le fasse périr. Quand on taille la vigne, il faut lui laisser une quantité de sarmens à nourrir proportionnée à sa maigreur ou à sa vigueur. Une grande profondeur de terre fait profiter les oliviers du côté de la grandeur (à ce qu'assurent les Auteurs Grecs), mais elle est cause d'un autre côté

---

(7) On voit dans la Collection connue sous le nom de [illegible] que ce raisin, dont il peu fait mention ailleurs, avoit les grains drus & la chair blanche, & qu'il produisoit beaucoup de vin également recommandable par sa bonté & par sa durée.

(8) C'étoit un vin excellent que l'on ne faisoit qu'avec les grains seuls du raisin séparés de leur rafle : ce mot vient d'*acinus*, qui veut dire, *grain de raisin*.

qu'ils donnent moins de fruits , & que ces
fruits font plus aqueux & plus féreux & rendent plus de lie d'huile. Un air tempéré raffraî-
chi par des vents légers, dont le foufle n'eft ni
violent ni bruyant , eft favorable aux oliviers.
Une vigne que l'on cultive dans le deffein de la
mettre au joug , ne doit y être conduite que par
degrés , jufqu'à ce qu'elle foit élevée de quatre
pieds de terre dans les climats les plus contraires , & de fept dans les plus doux. Peu s'en faut
qu'un jardin planté fous un climat doux , & à
travers lequel coulera une eau de fource , ne foit
affranchi de tout foin , & qu'on n'ait befoin de
recourir à aucun Art pour l'enfemencer. Il faut
lier par-deffous les grappes de raifin quand elles
font vertes , tant qu'il n'y a point de rifque d'en
faire tomber les grains ou de les écrafer. Il faut
changer de place les liens de la vigne , de peur
qu'en les laiffant toujours à la même place, ils
ne brifent le farment. Si les yeux de la vigne
voient le foffoyeur lorfqu'ils font ouverts , l'efpérance de la vendange , telle belle qu'elle foit , fera
bientôt aveuglée (9) ; c'eft pourquoi il ne la faut

---

(9) C'eft-à-dire , qu'il ne faut pas bêcher la vigne quand
elle bourgeonne , parce que ce feroit le moyen d'en faire
tomber les boutons , & de ruiner par-là l'efpérance de la
vendange. Palladius, qui déclamoit dans le Chap. I. contre
les Auteurs recherchés da s leur ftyle , n'eft fûrement pas
excufable ici de ce défaut.

bêcher

bêcher que lorsqu'ils sont fermés. Si vous destinez votre terre à recevoir du grain , contentez-vous d'une profondeur de deux pieds jointe à sa fécondité , mais si vous la destinez à porter des arbrisseaux ou des vignes , il vous faudra quatre pieds de profondeur. De même qu'une jeune vigne croît aisément , quand on lui prodigue ses soins avec affection , de même elle meurt promptement, quand on la néglige. Lorsque vous entreprendrez une culture , mesurez-la sur vos facultés , de crainte que si elle vient à surpasser vos forces par l'immensité de son étendue , vous ne soyez forcé d'abandonner honteusement ce que vous auriez entrepris avec trop de confiance. Il ne faut pas que des semences aient plus d'un an d'ancienneté , de peur qu'étant endommagées par la vétusté , elles ne viennent point. Le bled des côteaux donne à la vérité du grain plus robuste , mais il en rend en moindre quantité. Il faut jetter en terre toutes les semailles que l'on a à faire dans le temps que la Lune croît & dans des jours tempérés , parce qu'une chaleur modérée fait lever les semences, & que le froid les resserre. Si vous avez un champ couvert de bois inutiles , partagez-le de façon que les parties grasses en soient mises en guérets absolument dégarnis d'arbres , & que les parties stériles en demeurent couvertes de bois , parce que les premieres répondront à vos desirs par la fertilité qui leur est naturelle, & que les secon-

Tome V.   B

des s'engraisseront par le secours du feu : néanmoins, quand vous serez dans le cas d'y mettre le feu, vous les distribuerez de façon que vous reveniez au bout de cinq ans au terrein auquel vous aurez mis le feu (10), moyennant quoi vous viendrez à bout d'obtenir que les terres mêmes stériles ne le cédent en rien aux terres fertiles. Les Grecs ordonnent, lorsqu'on a des olives à planter ou à cueillir, de faire faire ces opérations par des enfans qui soient propres ou par des filles, & j'imagine qu'en donnant ce précepte, ils se sont rappellé que la Chasteté (11) préside à cet arbre. Il est inutile de rien prescrire sur les noms des bleds, puisque de temps à autre ils changent de nature, suivant les lieux où ils sont semés ou suivant leur âge : ainsi il suffira de choisir ceux qui tiennent le premier

---

(10) On voit bien que notre Auteur veut dire qu'en brûlant le bois dont une terre sera couverte, elle se trouvera engraissée par ses cendres. Mais pourquoi ordonne-t-il de n'y revenir que cinq ans après qu'il aura été brûlé? voudroit-il donc qu'on laissât une terre couverte de cendres & sans culture pendant cinq ans , ou ne voudroit-il pas plutôt qu'on n'y brûlât la paille & le chaume que tous les cinq ans? Si ce dernier sens, qui paroît le plus plausible, est celui de l'Auteur, il faut convenir qu'il n'est pas trop clairement expliqué.

(11) La Chasteté est personnifiée ici, pour désigner Minerve, la plus chaste des Déesses, & celle à qui l'olivier étoit consacré. Voy. le Chap. L. de l'Economie rur. de Varron , Liv. I.

rang dans le pays que nous cultiverons, ou d'é-
prouver ceux que nous aurons tirés d'ailleurs.
Si l'on coupe le lupin & la vesce qui sert de
pâture dans le temps qu'ils sont verts, & qu'aussi-
tôt après on laboure sur leurs racines, ils fécon-
deront les campagnes à l'instar du fumier; mais
si on les laisse sécher avant de les couper, le
suc de la terre se dissipera avec eux (12). Un
champ aqueux demande plus de fumier qu'un
autre, & un sec en demande moins. Il faut commencer tous les ouvrages qui concernent les vignes de meilleure heure dans les lieux chauds,
maritimes, secs & exposés au Soleil ainsi que
dans les plats pays, mais on les commencera
plus tard dans les lieux froids, & dans l'intérieur des terres, ainsi que dans les terreins humides, ombragés & montagneux; précepte que
je n'entens pas seulement des mois ou des jours,
mais encore des heures. Lorsqu'un certain temps
est prescrit pour faire un ouvrage à la campagne, tel que soit cet ouvrage, ce ne sera pas s'y
prendre trop tôt que de le faire quinze jours
d'avance, comme il ne sera pas trop tard de le
faire quinze jours après. Tous les bleds se plaisent mieux dans une campagne ouverte & déga-

---

(12) Au lieu qu'en labourant, pendant qu'ils sont verts,
la terre qu'ils couvrent, ils lui restitueront le suc qu'ils en auront tiré, & qui ne se sera point encore dissipé, comme
il arrive à mesure qu'ils se dessechent.

gée, & dont la pente est tournée au Soleil, que par-tout ailleurs. Une terre compacte, argilleuse & humide fournit très-bien à la nourriture du bled & du froment. L'orge se plaît dans un champ meuble & sec, au lieu qu'il meurt quand il est semé dans un lieu bourbeux. Les semailles des tremois conviennent aux lieux froids, couverts de neige & où l'Eté est humide, mais ils réussissent rarement dans d'autres : au reste ils réussissent encore mieux dans les lieux modérément chauds, lorsqu'on les y seme en Automne. Quand on est contraint par la nécessité de planter ou d'ensemencer un terrein salé, il faut le faire à la fin de l'Automne, afin que son mauvais acabit se trouve délayé par les pluies de l'Hiver. Il faut aussi ensevelir dans un terrein pareil un peu de terre douce ou de sable de riviere, lorsqu'on veut y planter des arbrisseaux. On ne doit former les pépinieres que dans une terre médiocre, afin que, lorsqu'on en transférera les plantes, elles se trouvent transportées dans une terre meilleure. Les pierres qu'on laisse sur la terre sont glaçantes en Hiver & brûlantes en Eté, c'est pourquoi elles nuisent aux arbustes & aux vignes qui se trouvent plantés dessus. Quand on remue la terre auprès des arbres, il faut la changer alternativement de place, de façon que celle qui étoit d'abord au-dessous succede à celle qui se trouvoit auparavant sur elle. Toutes les fois qu'il sera question de fumer les arbres, on formera des couches alternatives de terre & de fumier, en commençant par appliquer de la terre à leur tronc & ensuite du fumier, & en répétant cette marche jusqu'à ce que l'opération soit complettée. Ne mettez pas à la tête de la régie d'une terre un esclave pris dans le nombre de ceux pour qui vous aurez eu de l'inclination, ou qui auront été élevés délicatement, parce que la confiance que leur inspirera l'ancienne passion qu'ils auront fait naître en vous, les accoutumera à s'attendre à l'impunité de leurs fautes présentes.

CHAPITRE VII.

QUAND vous vous occuperez du soin de choisir une terre, ou d'en faire l'acquisition, il faudra examiner si la négligence de ceux qui la cultivent n'a pas altéré l'avantage de la fécondité qu'elle tient de la nature, & si l'on n'a pas abusé de sa fertilité en ne lui laissant produire que des plantes dégénérées : car, quoiqu'il soit possible de remédier à cet accident, en greffant ces plantes avec d'autres qui seront meilleures qu'elles, il vaut cependant encore mieux avoir à jouir de plantes qui ne soient pas défectueuses, que d'attendre le succès tardif du remede qui pourroit en corriger les défauts. Quant aux bleds, il est aifé d'en réparer le vice dans le moment, en en femant d'autres. Pour ce qui eft des vignes, il faudra fur-tout examiner fi les cultivateurs ne font point tombés dans la faute qu'ont commi- fe bien des perfonnes, qui, n'étant curieufes que de s'acquérir la réputation de poff-éder de vaftes terreins façonnés au *paftinum* (1), ne les ont remplis que de plans de vignes ftériles, ou dont le goût ne méritoit aucune attention; auquel cas il faudroit éviter de faire l'acquifition d'un ter- rein qui feroit planté de la forte, parce qu'il en couteroit beaucoup de travail pour y remédier. Voici quelle doit être la pofition d'un terrein que vous voulez choifir. Il doit être expofé dans les climats froids au Levant ou au Midi, parce que, s'il fe trouvoit couvert par quelque monta- gne qui le dominât, il feroit pénétré par le froid, faute d'avoir l'un de ces côtés du Ciel en face, attendu que le Soleil ne paroît jamais du côté du Septentrion, ou qu'il tarde jufqu'au foir à paroître du côté du Couchant. Il faut au con- traire choifir de préférence le côté du Septentrion dans les climats chauds : c'eft en effet le meil- leur côté, tant pour le profit que pour l'agré- ment & pour la falubrité. S'il y a une riviere dans le voifinage de l'endroit où l'on fe propofe de placer les bâtimens, il en faut examiner la nature, parce qu'il arrive fouvent qu'il en fort

____

(1) Voy. la Note 5 du Chap. précédent.

des exhalaisons funestes, auquel cas il faudroit s'en écarter pour bâtir. Pour les marais, il faut absolument les éviter à cause de l'air pestilentiel qu'on respire dans leur voisinage, & des animaux pernicieux qu'ils engendrent, sur-tout quand ils sont au Midi ou au Couchant, & qu'ils ont l'habitude de se dessécher en Eté.

CHAPITRE VIII.

IL faut que le bâtiment soit proportionné à la valeur du fond & à la fortune du Propriétaire, parce qu'il arrive communément que lorsqu'un bâtiment a couté des sommes immenses, il est encore plus difficile à entretenir qu'il ne l'a été à élever. On réglera donc sa grandeur de telle façon que, s'il survient quelque accident, le revenu d'une année de la terre pour laquelle il est construit, ou celui de deux tout au plus suffise pour le réparer. Le corps de logis qui servira d'habitation au Propriétaire, sera placé dans un lieu un peu plus élevé & plus sec que les autres parties du bâtiment, tant afin que les fondemens n'en puissent pas être endommagés, que pour procurer une belle vue au Propriétaire. On en fera les fondemens de maniere qu'ils débordent d'un demi-pied, tant d'un côté que de l'autre, le corps de la muraille qu'ils auront à

porter. Si le hazard veut qu'en fouillant les fondations, on rencontre de la pierre ou du tuf, il
n'y aura pas de difficulté à les asseoir, puisqu'il
suffira de creuser leur lit à la profondeur d'un
ou deux pieds. Si l'on rencontre au contraire de
l'argille qui soit ferme ou compacte, on leur
donnera en profondeur la cinquieme ou la sixieme partie de la hauteur totale que le bâtiment
doit avoir, au lieu que, si l'on ne trouve qu'une
terre peu compacte, il faudra quelquefois les enterrer plus profondément, c'est-à-dire, jusqu'à
ce que l'on rencontre de l'argille pure & qui
ne présente aucun vestige de décombres; quoique, si l'on ne trouve point absolument d'argille, il suffira toujours de leur donner en profondeur la quatrieme partie de la hauteur du bâtiment. Il faut en outre faire en sorte de pouvoir
environner le bâtiment de jardins, de vergers ou
de prairies. Au surplus la face en sera exposée
dans toute sa longueur au Midi, de façon néanmoins que l'un de ses angles voie le Levant
d'Hiver, & qu'elle se détourne tant soit peu
du Couchant de la même saison, moyennant
quoi elle se trouvera éclairée par le Soleil pendant l'Hiver, sans en sentir la chaleur pendant
l'Eté.

CHAPITRE IX.

LA forme du bâtiment fera telle, qu'elle puiffe comporter fous un petit local les diftributions néceffaires pour les appartemens tant d'Eté que d'Hiver. Ceux d'Hiver feront placés de façon à pouvoir être égayés par le Soleil d'Hiver prefque durant toute fa courfe. Il faudra qu'ils foient plafonnés convenablement. Il faut avoir foin, par rapport à la conftruction de ces plafonds, premiérement que la charpente en foit de niveau & folide, afin qu'elle ne tremble pas, faute d'être bien affurée, fous les pieds des allans & des venans; en fecond lieu qu'elle ne réuniffe point de folives de chêne parmi les folives d'*æfculus* (1) dont elle fera compofée, parce que le chêne qui a une fois pris de l'humidité fe tourmente quand il commence à fe fécher, & qu'il occafionne des crevaffes dans les plafonds, au lieu que l'*æfculus* (1) dure longtemps fans s'altérer. Si cependant l'on n'a point d'*æfculus* (1) à fa difpofi-

---

(1) C'étoit une efpece de chêne qui étoit confacré chez les Anciens à Jupiter, & dont Virgile prétend, Liv. II. des Géorg. que les racines font d'une profondeur égale à la hauteur de fa tête. Le P. Hardouin, dans fes Notes fur le Chap. V. du Liv. XVI. de Pline, veut que ce foit *le petit chêne*.

tion, & que l'on n'ait que du chêne, on le
taillera en planches très-minces que l'on mettra
en deux rangées, l'une directe & l'autre tranf-
verfale, en les attachant l'une à l'autre avec une
grande quantité de cloux. Les planchers de *cerrus* (1), de hêtre ou de frêne dureront très-longtemps, pourvu qu'on les couvre de paille ou
de fougere, pour empêcher l'humidité de la
chaux de pénétrer jufqu'au corps même du plancher. La carcaffe du plancher faite, vous y éta-
blirez une couche de blocaille compofée de deux
parties de pierres brifées contre une partie de
chaux. Quand cette couche fera parvenue à l'é-
paiffeur de fix doigts, & que vous aurez nivelé
le terrein, il faudra, fi ce font des appartemens
d'Hiver, la couvrir d'un pavé compofé de telle
maniere, que les valets puiffent s'y tenir pieds
nuds, fans être tranfis de froid. Ainfi vous y
étendrez du menu moëlon ou du pavé de terre
cuite, que vous entremêlerez d'un amas de charbons bien foulés avec du fable, de la cendre &
de la chaux, jufqu'à ce qu'il y en ait fix *uncia*
d'épaiffeur, & lorfque le tout fera régalé, vous
aurez un pavé noir qui boira ce qui fera tombé
des vafes, pour peu qu'on l'effuie promptement.
Mais s'il s'agit d'appartemens d'Eté, on les ex-

---

(1) Le P. Hardouin foutient, *ibid.* que cette efpece de
chêne ne vient point en France, & que par conféquent fon
nom même y eft inconnu.

posera au Levant Solsticial & au Septentrion, & on les pavera soit en terre cuite (comme nous l'avons dit ci-dessus), soit en marbre taillé en quarré ou en rond, de façon que les angles & les côtés de ces compartimens, se rapportant les uns aux autres, fassent un ensemble uniforme. Si l'on n'a aucune de ces matieres à sa disposition, on criblera sur le plancher du marbre broyé, ou bien on y étendra du sable très-menu avec de la chaux.

CHAPITRE X.

IL faut en outre que celui qui veut bâtir sache quelle est la chaux & le sable qu'il pourra employer. Il y a donc de trois sortes de sables fossiles, sçavoir le noir, le blanc & le rouge : ce dernier est bien supérieur aux deux autres, le blanc tient le second rang, & le noir est le pire. Tout sable qui craque lorsqu'il est pressé entre les mains est bon pour les ouvrages de maçonnerie. Il sera encore excellent lorsqu'il ne tachera point un morceau d'étoffe ou un linge blanc dans lequel on l'aura enveloppé pour le secouer, & qu'il n'y laissera point de crasse. Cependant, si l'on n'a point de sable fossile, on pourra se servir de sable de riviere ou de mer. Comme celui de mer est longtemps à se sécher, on ne l'employera pas auſſitôt, mais on laiſſera écouler un certain temps avant de s'en ſervir, de peur qu'en ſurchargeant la mâçonnerie de ſon poids, il ne l'endommage. Son humidité ſalée diſſout auſſi les enduits des voutes. Quant au ſable foſſile, la promptitude avec laquelle il ſe ſeche fait qu'il eſt très-bon pour le ciment des murailles, comme pour les voutes : il ſera même meilleur lorſqu'il aura été mêlé avec de la chaux dès qu'il aura été tiré de terre, parce que, s'il reſte longtemps expoſé au Soleil, ou à la gelée, ou à la pluie, il perd de ſa qualité. Celui de riviere ſera plus convenable pour les enduits. Si l'on eſt cependant forcé d'employer du ſable de mer, il ſera bon de le plonger auparavant dans une matre d'eau douce, où étant bien lavé il dépoſera le vice que le ſel lui avoit fait contracter. Pour faire de la chaux, on cuira des pierres blanches dures, ou de la pierre de Tibur, ou du caillou de riviere de couleur de pigeon, ou de la pierre rouge, ou de la pierre-ponce, ou enfin du marbre. Celle qui aura été faite avec une pierre compacte & dure ſera bonne pour la bâtiſſe, au lieu que celle qui aura été faite avec une pierre ſpongieuſe ou molle, conviendra davantage aux enduits. Il faut toujours mettre une partie de chaux ſur deux parties de ſable. Si c'eſt du ſable de riviere, l'on aura des ouvrages d'une ſolidité admirable, en y ajoutant un tiers d'argille ſeche criblée.

CHAPITRE XI.

Si l'on veut que les murailles du corps-de-logis qui sert à l'habitation du Propriétaire soient en briques, on aura soin, lorsque la construction en sera achevée, de faire sur l'extrémité de ces murailles qui joindra la couverture du bâtiment, une maçonnerie en terre cuite de la hauteur d'un pied & demi avec des corniches saillantes, afin que, si les tuiles ou les gouttieres deviennent défectueuses, les gouttes d'eau de pluie qui filtreront à travers ne puissent pas pénétrer jusqu'au mur. Après quoi, il faudra crépir ces murailles quand elles seront seches & raboteuses, parce que l'enduit n'y tiendroit pas, si on l'y mettoit tandis qu'elles seroient humides & lisses. On commencera par conséquent par les revêtir de plâtre jusqu'à trois fois, afin que le dernier enduit qu'elles recevront ne souffre aucune altération.

CHAPITRE XII.

La chose à laquelle il faut le plus s'attacher dans les bâtimens rustiques, est à ce qu'ils soient bien éclairés, & que leurs distributions réglées comme je l'ai dit ci-dessus (1), sur les différentes saisons, soient exposées au côté du Ciel qui leur conviendra, c'est-à-dire, que les appartemens d'Eté soient au Septentrion, ceux d'Hiver au Midi, ceux de Printemps & d'Automne au Levant. Pour connoître la mesure qu'on doit donner aux salles à manger & aux chambres à coucher, il suffira d'additionner leur largeur & leur longueur, & de prendre la moitié de cette somme pour la donner à l'élévation.

CHAPITRE XIII.

LE plus commode pour faire les voutes dans les bâtimens rustiques, sera d'y employer les matieres qu'il sera le plus facile de trouver dans la Métairie. On les fera donc de planches ou de cannes de la façon qui suit : on posera horisontalement des ais de bois des Gaules ou de cyprès, d'une grosseur uniforme, dans le lieu même où l'on doit faire la voute, de façon qu'il se trouve un pied & demi d'intervalle entre chacun ; après quoi on les suspendra à la charpente de la couverture à l'aide de liaisons de bois de génevrier, d'olivier, de buis ou de

____

(1) Voy. le Chap. IX.

cyprès, puis on y attachera deux perches en traverse avec des cordes de jonc. Ensuite on étendra par-dessous une claie qui sera tissue à mailles serrées, soit avec des cannes de marais, soit
avec les cannes plus grossieres dont on se sert
communément, que l'on aura préalablement
battues. Quand cette claie sera attachée dans
toute son étendue tant aux ais qu'aux perches,
on commencera par la revêtir d'un enduit de
pierre-ponce que l'on unira avec la truelle, afin
que les brins de canne soient bien resserrés entre eux, puis on la régalera avec du sable &
de la chaux, & on finira par y étendre de la
poudre de marbre broyé mêlée avec de la chaux,
& l'on polira cet enduit jusqu'à ce qu'on lui
ait donné le plus beau luisant.

CHAPITRE XIV.

ON se plaît aussi souvent à faire ces sortes d'ouvrages en stuc, dans la composition duquel on
fait entrer de la chaux éteinte depuis long-
temps. Or, pour que la chaux soit propre à ces
sortes d'ouvrages, il faut qu'elle puisse être taillée
comme le bois avec une hache, de sorte que si
le tranchant de la hache ne rencontre aucun
obstacle dans la chaux, & que les parties de
chaux, qui s'attacheront à la hache, soient mol-

les & visqueuses, on est assuré qu'elle est bonne à être employée à ces sortes d'ouvrages.

CHAPITRE XV.

VOIci comme on parviendra à rendre le cré-
pi des murailles solide & luisant. On repassera
souvent avec la truelle la premiere couche qu'on
y aura mise. Lorsqu'elle commencera à se sécher, on y en mettra une seconde, puis une
troisieme, après quoi on les recrépira, là truelle
à la main, avec de la poudre de marbre grossiere, qui aura dû être gâchée jusqu'à ce qu'elle
ne tienne pas au rabot dont on se sert pour remuer
la chaux, & qu'on puisse au contraire l'en retirer
propre & net. Lorsque cette couche de poudre de
marbre grossiere commencera à se sécher, il faudra encore la recouvrir d'une autre couche de
poudre plus fine, qui contribuera à assurer la
solidité & le poli de cet enduit.

CHAPITRE XVI.

IL faut éviter une faute dans laquelle sont tombés bien des gens pour se procurer de l'eau, qui
consiste à enfoncer ses Métairies dans le bas des
vallées,

vallées, en préférant un agrément momentané
à la santé des habitans. L'inconvénient qui en
résulte est encore plus à craindre, quand on soupçonne que la province que l'on habite est sujette à des maladies pendant l'Eté. S'il ne se trouve
donc dans le lieu ni fontaines ni puits, il faudra y construire des citernes, dans lesquelles on
puisse amener l'eau de tous les toits. Or, voici
la façon de faire ces citernes.

CHAPITRE XVII.

ON leur donnera telle dimension que l'on jugera à propos suivant ses facultés, pourvû qu'elles soient plus longues que larges ; & on les clor-
ra de murs construits en ouvrage de Signia (1).
Le sol, à l'exception de la place des égouts, sera
consolidé par une bonne épaisseur de blocaille
sur laquelle on étendra, pour la régaler, un mortier de terre cuite qui tiendra lieu de pavé. On
polira ensuite ce pavé, avec tout le soin possible, jusqu'à ce qu'il soit devenu luisant, en le
frottant continuellement avec du lard gras que
l'on aura fait bouillir. Lorsqu'il sera bien sec &
qu'il n'y restera plus d'humidité capable d'occasionner des crevasses en quelque endroit, on
couvrira également les murailles d'une couche

____

(1) Voy. ce mot à la Table des Villes, &c. de Columelle.

pareille, & lorsque le tout sera absolument sec depuis longtemps, on y fera entrer l'eau à demeure. On ne manquera pas d'y jetter des anguilles & des poissons de riviere, que l'on y nourrira, afin que l'eau, quoique dans un état de stagnation, imite le mouvement de celle qui coule, lorsque ces animaux viendront à y nâger. S'il arrive que l'enduit du pavé ou de la muraille périclite en quelque endroit, on le réparera avec un ciment propre à contenir l'eau qui cherchera à s'enfuir. Voici comme on réparera les crevasses & les cavités des citernes, des lacs ou des puits, ainsi que les fentes des rochers à travers lesquelles l'eau s'écoulera. On prendra telle quantité que l'on jugera à propos de poix liquide, à laquelle on ajoutera une quantité pareille de la graisse connue sous le nom d'*axungia* (2), ou de suif. On jettera le tout ensemble dans une marmite, ou bien on le fera cuire jusqu'à ce que l'écume monte, après quoi on le retirera du feu. Quand ce mélange sera refroidi, on le saupoudrera de chaux très-menue, & on le brouillera bien pour n'en faire qu'un seul tout, dont on formera une espece de pâte entre ses doigts. On introduira cette pâte dans les endroits gâtés & à travers lesquels l'eau s'écoulera, & après l'avoir pressée pour la rendre très-compacte on la foulera bien. L'eau sera plus salutaire quand elle

---

(2) C'est ce que nous appellons *du vieux-oing.*

paſſera dans des tuyaux de terre cuite pour ſe
rendre dans ces citernes, & qu'elles ſeront couvertes. Au reſte, l'eau du Ciel eſt ſi préférable
à toutes les autres pour ſervir de boiſſon, que
quand on pourroit s'en procurer de courante, on
ne devroit l'employer qu'aux lavoirs & à la culture des jardins, ſi elle n'étoit point ſalutaire.

CHAPITRE XVIII.

IL faut que le cellier au vin ſoit expoſé au
Septentrion, frais, preſque obſcur, éloigné des
bains, des étables, du four, des tas à fumier,
des citernes & des eaux, ainſi que de toutes les
autres choſes qui peuvent avoir une odeur ré-
voltante ; qu'il ſoit ſi bien fourni des uſtenſiles
néceſſaires, que le fruit, tel abondant qu'il ſoit,
ne le trouve jamais au dépourvu ; & qu'il ſoit
conſtruit en forme de Baſilique (1), de façon qu'il
s'y trouve entre deux foſſes deſtinées à recevoir
le vin, un ſouloir élevé ſur une eſtrade à laquelle on puiſſe monter par trois ou quatre de-

____

(1) On donnoit chez les Anciens le nom de Baſiliques
aux ſalles dans leſquelles ſe rendoit la juſtice. Palladius,
en comparant ici le cellier au vin à une Baſilique, con-
ſidere moins la voute qui étoit commune à ces deux endroits, que l'eſtrade ſur laquelle étoit placé le Tribunal
du Magiſtrat.

grés environ. Des canaux de maçonnerie ou des tuyaux de terre cuite partiront de ces fosses, pour aboutir à l'extrémité des murs, & conduire le vin à travers des passages pratiqués au bas de ces murs dans des futailles qui y seront adossées. Si l'on a une grande quantité de vin, on destinera le centre du cellier aux cuves, &, de crainte qu'elles n'empêchent les passans d'aller & de venir, on pourra les monter sur de petites bases suffisamment hautes, ou sur des futailles enfouies en terre, en laissant entre chacune une distance assez grande, pour que celui qui en prendra soin puisse, quand le cas l'exigera, en approcher librement. Si l'on destine au contraire un emplacement séparé aux cuves, cet emplacement sera, comme le fouloir, élevé sur de petites estrades, & consolidé par un pavé de terre cuite, afin que, si une cuve vient à s'enfuir sans qu'on s'en apperçoive, le vin qui se répandra ne soit point perdu, mais qu'il soit reçu dans la fosse qui sera au bas de ces estrades.

CHAPITRE XIX.

Non-seulement les greniers veulent absolument être du côté du Septentrion, mais leur position doit encore être élevée, éloignée de toute humidité, ainsi que du fumier & des éta-

bles, fraîche, exposée au vent & seche. Il faut
aussi les construire avec toute l'attention nécessaire pour qu'ils ne puissent point se crevasser.
On couvrira donc à cet effet le sol entier de
tuiles de deux pieds ou de briques plus petites,
que l'on enfoncera dans un mortier de terre cuite, qui tiendra lieu de pavé. Après quoi on fera des magasins particuliers pour les différentes
especes de grains, si l'on est dans le cas d'espérer des récoltes abondantes. Si au contraire la
stérilité de la terre ne promet pas de grandes
récoltes, il faudra ou diviser la totalité des greniers en estrades séparées par des claies, ou renfermer la récolte, si elle est absolument mince,
dans de petits paniers d'osier. Au surplus, lorsque les greniers seront construits, on enduira
leurs murailles de lie d'huile mêlée avec un
mortier de boue, dans la composition duquel on
fera entrer au lieu de paille des feuilles d'olivier sauvage seches, ou des feuilles d'olivier
franc, &, lorsque cet enduit sera sec, on le recouvrira encore de lie d'huile, & on attendra
qu'elle soit séchée pour y serrer le bled. Cette
préparation est utile contre les charensons & contre les autres animaux pernicieux aux grains.
Quelques personnes entremêlent avec le bled,
afin qa'il se garde, des feuilles de coriandre.
Mais il n'y a rien de plus favorable à sa conservation, que de le rasfraîchir pendant quelques
jours, en le transportant de l'aire dans un autre en-

droit qui en soit voisin, pour ne le porter que par la suite au grenier. Columelle (1) prétend qu'il ne faut pas éventer le bled, parce qu'il arrive delà que les animaux se fourrent plus facilement dans le tas entier, au lieu que, si on ne l'agite pas, ils s'arrêtent à la superficie du tas, & n'y pénetrent pas à plus d'un *palmus* de profondeur, de sorte qu'ils n'en gâtent que cette espece de croûte & que le reste se conserve intact. Le même Auteur assure encore qu'il ne peut pas s'y engendrer d'animaux pernicieux au-delà de cette distance. De l'herbe aux moucherons seche étendue sous le bled lui procure une longue durée, à ce qu'assurent les Grecs. Au reste le vent du Midi ne doit jamais donner sur les greniers.

CHAPITRE XX.

LE cellier à huile sera exposé au Midi & protégé contre le froid, de façon que le jour n'y pénetre qu'à travers des pierres transparentes (1).

______

(1) Voy. le Chap. VI. du Liv. I. de son Economie rurale.

(1) Les Anciens, au lieu des vitres que nous mettons aujourd'hui à nos fenêtres, y mettoient des pierres transparentes, dont les meilleures venoient de la Cappadoce & de l'Espagne Citérieure, Pline 3, 3 & 36, 22. On lit dans Seneque que l'usage de ces pierres ne remontoit pas plus haut qu'au temps d'Auguste. Quoiqu'il en soit, non-seulement cet usa-

Moyennant cette précaution, le grand froid ne
sera jamais dans le cas de retarder l'ouvrage qui
doit s'y faire en Hiver, & le pressurage des olives s'y trouvera facilité par une chaleur modérée, sans que l'huile puisse jamais y être resserrée par le froid. C'est à l'usage que l'on a l'o-
bligation de la forme des trapetes (2), des rou-
lettes & de l'arbre du pressoir. Les endroits où
se rendra l'huile seront toujours propres, de peur
qu'étant infectés de la moisissure occasionnée par
l'ancienne huile, ils n'alterent le goût de la nouvelle. Mais, si l'on veut apporter plus de soin
à l'ordonnance de ce cellier, on élevera, entre
des conduits creusés de part & d'autre, un
pavé sous lequel on aura du feu allumé dans un
fourneau, moyennant quoi il se répandra dans
tout le cellier une chaleur pure, qui ne sera accompagnée d'aucune odeur de fumée, qui, en in-
fectant l'huile, en corromproit la couleur & le
goût, comme il arrive souvent.

---

ge ne subsiste plus, mais à peine même connoissons-nous ces
pietres. Il semble cependant que ce n'étoit rien autre chose
qu'une espece de talc : au moins celles dont parle Pline 36,
22, & qu'on trouvoit du côté de Boulogne, paroissent-elles
avoir eu beaucoup d'analogie avec le talc.

(2) Voy. la description que nous avons donnée de cette
machine dans les Chapitres 10, 11 & 12 de l'Economie rurale de Caton.

CHAPITRE XXI.

Quoique les étables des chevaux ou des bœufs doivent être exposés au Midi, elles doivent cependant avoir aussi du côté du Septentrion des fenêtres, que l'on tiendra fermées pendant l'Hiver, afin qu'elles n'incommodent point ces animaux, & que l'on ouvrira pendant l'Eté pour les raffraîchir. Ces étables seront élevées au-dessus du sol, pour être à l'abri de l'humidité qui pourriroit la corne du pied des animaux. Les bœufs se porteront mieux quand ils seront dans le voisinage de l'âtre, & qu'ils verront la lumiere du feu. Huit pieds d'espace suffisent à une paire de bœufs, lorsqu'ils se tiennent debout, & quinze, lorsqu'ils sont couchés. On planchéera les étables des chevaux avec du bois de robre sur lequel on étendra de la litiere, afin que ces animaux soient mollement lorsqu'ils seront couchés, & durement lorsqu'ils seront sur leurs pieds.

CHAPITRE XXII.

LA cour s'étendra vers le Midi, & sera exposée au Soleil, afin que la chaleur s'y fasse sentir plus aisément pendant l'Hiver, à cause des animaux qui la fréquenteront. Il faudra aussi, pour modérer la grande chaleur de l'Eté, préparer à ces animaux des portiques faits de fourches, d'ais & de feuillages, & couverts de bardeaux ou de tuiles, si l'on en a une grande quantité, sinon de glayeul ou de genêt, au cas que l'on veuille épargner sa peine & la dépense.

CHAPITRE XXIII.

IL faut faire des retraites pour les oiseaux, vers l'extrémité des murs de la cour, parce que leur fiente est très-nécessaire en Agriculture, à l'exception de celle des oies, qui est contraire à toutes les productions de la terre. Quant aux autres oiseaux, il leur faut nécessairement des aziles pour chaque espece en particulier.

CHAPITRE XXIV.

LE colombier peut être placé au haut d'une tourelle dans le corps-de-logis du Propriétaire. Les murailles en seront lisses & blanchies, & on y pratiquera, suivant l'usage, sur les quatre côtés de très-petites fenêtres, qui n'ouvriront qu'un simple passage aux pigeons, tant pour entrer dans le colombier que pour en sortir. Les nids seront façonnés sur les murs même dans l'intérieur du colombier. Les pigeons seront en sûreté contre les fouines, pour peu que l'on jette parmi eux des branches d'arbrisseaux raboteuses & dégarnies de feuilles, ou une vieille bottine de genêt d'Espagne qui aura servi à chauffer des animaux (1) ; & ce remede les empêchera de périr, pourvu qu'il soit apporté mystérieusement par quelqu'un qui ne soit vû de personne. Ils n'abandonneront pas non plus leur demeure, si l'on suspend à toutes les fenêtres du colombier quelque portion de courroies, de liens ou de cordes qui aient servi à étrangler un homme (2). Ils y ameneront d'autres pigeons lors-

---

(1) Voyez l'emploi de ces bottines dans l'Economie rurale de Columelle, Liv. VI. Chap. XII. & XV.

(2) On lit dans différens Auteurs que les Anciens, par une superstition semblable à celle-ci, égorgeoient les bêtes, qu'ils

qu'on les nourrira assiduement de cumin, ou qu'on leur humectera le gousset de l'aîle avec du jus de beaume (3). Ils pondront fréquemment, lorsqu'on leur donnera souvent à manger de l'orge grillé, ou des fèves, ou de l'ers. Au reste, il suffira, pour trente pigeons qui jouiront de la liberté du vol, de trois *sextarii* soit de bled, soit de criblures par jour, pourvu qu'on leur donne de l'ers pendant l'Hiver pour favoriser leur ponte. Il faut suspendre en plusieurs endroits du colombier des petites branches de rue, pour obvier aux animaux qui leur sont nuisibles.

---

vouloient employer à des remedes, avec le fer qui avoit donné la mort à un Gladiateur, & que les nouvelles mariées se servoient à leurs toilettes de lances qui avoient été retirées du corps d'un Gladiateur. Qui croiroit qu'il resteroit encore aujourd'hui des vestiges de ces superstitions, & qu'il ne seroit pas difficile de trouver des gens qui attendent des effets merveilleux de ce qui a pû servir à tuer un homme? C'est cependant sur cette folie qu'est fondé un proverbe dont on se sert communément en parlant d'un homme heureux.

(3) Si nous avons trouvé le véritable sens de l'Auteur qui est assez obscur dans ce passage, il s'ensuit qu'il attribueroit à ce beaume ainsi pressé sous l'aîle du pigeon la vertu d'un philtre, qui ne différeroit pas beaucoup de celui que nous voyons employer par les personnes qui veulent se faire suivre d'un chien, lorsqu'elles lui jettent à cet effet un morceau de pain qu'elles ont pressé sous leurs aisselles.

CHAPITRE XXV.

ON fera aussi deux chambres au-dessous du colombier. L'une de ces chambres sera étroite & obscure, & on pourra y renfermer des tourterelles. Ces oiseaux sont très-aisés à nourrir, puisqu'il leur suffit d'avoir toujours pendant l'Eté, seule saison où ils engraissent comme il faut, du bled ou du millet détrempé dans de l'hydromel. Un *semodius* de cette mangeaille suffit par jour pour cent vingt tourterelles. Il n'y a point de doute qu'il ne faille leur donner souvent de l'eau propre.

CHAPITRE XXVI.

ON élevera des grives dans la seconde des chambres dont nous venons de parler. Si on prend le soin de les engraisser dans le temps où elles n'engraisseroient pas d'elles-mêmes (1), ce sera un mets excellent qui produira un très-grand revenu, de sorte que le luxe des autres nous fera tirer un bénéfice de notre tempérance. Au sur-

____

(1) C'est-à-dire, à la fin de l'Automne.

plus, il faut que cette chambre soit propre, claire & bien polie par-tout; on y fichera des perches en traverse, sur lesquelles ces oiseaux pourront se reposer, & qui leur ôteront la liberté de
voler (2). On y mettra aussi des branchages verts
que l'on changera souvent. On donnera avec
profusion à ces oiseaux des figues seches pilées
avec de la fleur de farine, & pour prévenir leur
dégoût, on leur donnera de temps en temps, si
on est à portée de le faire, de la graine de myrthe, de lentisque, d'olivier sauvage, de lierre,
d'arbousier, & surtout de l'eau propre. On les
renfermera au moment qu'ils auront été pris,
pourvu qu'ils ne soient point blessés, & l'on
mettra parmi eux d'autres grives que l'on aura
élevées précédemment, & dont la compagnie les
consolera du chagrin que leur cause leur nouvelle captivité, & les encouragera à prendre de la
nourriture.

------

(2) Il est essentiel que les grives n'aient pas la liberté de
voler, parce que le mouvement les fait maigrir. C'est pour
cela que Varron exige dans le Chap. V. de son Economie
rurale, Liv. III, que leur retraite n'ait pas plus de jour qu'il
ne leur en faut pour voir l'endroit où sera leur mangeaille, en quoi il diffère de notre Auteur qui veut qu'elle soit
claire.

CHAPITRE XXVII.

IL n'y a point de femme, pour peu qu'elle soit intelligente, qui ne sache élever des poules. Il suffira d'observer, par rapport à ces animaux, qu'il leur faut du fumier, de la poussiere & de la cendre. Les poules doivent être préférablement noires ou dorées, mais on se gardera d'en avoir de blanches. Le raisin les rend stériles : l'orge à demi cuit les force au contraire de pondre souvent, & leur fait donner de plus gros œufs. Deux *cyathi* d'orge sont suffisans pour nourrir une poule qui a la liberté de courir. Quand on donne des œufs à couver aux poules, il faut toujours les leur donner en nombre impair (1) & dans le temps que la Lune croît, c'est-à-dire, depuis son dixieme jour jusqu'à son quinzieme. Il arrive assez souvent qu'elles sont incommodées de la pepie, qui couvre l'extrémité de leur langue d'une pellicule blanche, auquel cas on arrache légérement cette pellicule avec les ongles, & l'on

---

(1) Columelle prescrit la même chose dans le Chap. V. de son Economie rurale, Liv. 3, & l'on voit dans plusieurs autres Auteurs, & particuliérement dans ceux de Médecine, que les Anciens avoient beaucoup de confiance aux nombres impairs.

met de la cendre ſur la plaie, après quoi, lorſqu'elle eſt nettoyée, on la ſaupoudre d'ail broyé.
On peut auſſi leur fourer dans le goſier une gouſ-
ſe d'ail broyée dans de l'huile. Il eſt encore bon
de mêler continuellement de l'herbe aux poux
dans leur nourriture. S'il leur arrive de manger
des lupins amers, on en voit auſſitôt la graine
paroître ſous leurs yeux, & elle ſeroit capable
de les faire mourir, ſi on ne l'en retiroit pas en
leur perçant légérement la peau avec une aiguil-
le. Quand on leur a fait cette opération, on
panſe leurs yeux à l'extérieur ſoit avec du jus de
pourpier & du lait de femme, ſoit avec du ſel
Ammoniac mêlé en parties égales avec du miel
& du cumin. Pour leur ôter la vermine, on
prend de l'herbe aux poux & du cumin grillé
en parties égales, que l'on broie enſemble dans
du vin trempé avec de l'eau dans laquelle on
aura fait bouillir des lupins amers, & on en
frotte la racine de leurs plumes, de façon qu'elle
ſoit pénétrée de ce remede.

CHAPITRE XXVIII.

IL eſt très-aiſé de nourrir des paons, à moins
que l'on ne ſoit dans le cas de craindre les voleurs ou les animaux qui en veulent à ces oiſeaux. Ils trouvent communément eux-mêmes leur

nourriture & celle de leurs petits en errant dans les champs, & ils montent le soir sur les plus hauts arbres. Il n'y a qu'une attention à avoir à leur égard, qui consiste à sauver du renard les femelles qui couvent, ce qu'elles font ordinairement dans les champs. C'est ce qui fait que leur condition est plus heureuse quand on les éleve dans de petites Isles. Cinq femelles suffisent à un mâle. Les mâles cassent leurs œufs & persécutent leurs petits, comme s'ils n'en étoient point les peres, jusqu'à ce que la crête qui les distingue des autres oiseaux leur soit venue. Ils commencent à être en chaleur aux Ides (1) de Février. Des fèves légérement grillées les excitent au plaisir, pourvu qu'on les leur donne tiedes tous les cinq jours. Il suffira d'en donner six *cyathi* à chaque paon. Toutes les fois que le mâle recourbe autour de son corps la queue brillante dont il est revêtu, & qu'il étale l'extrémité de ses plumes garnies d'yeux (2) en courant & en jettant un cri aigu, c'est une preuve qu'il desire la femelle. Si l'on fait couver des œufs de paones à des poules, les meres que l'on exemptera par là

______

(1) Voy. la Note 1 du Chap. XXVIII. de l'Economie rurale de Varron, Liv. I.

(2) Palladius donne le nom d'yeux aux mouchetures qui couvrent la queue des paons, sans doute par allusion à la Fable qui vouloit que Junon eût appliqué les yeux d'Argus sur les plumes d'un paon. Voyez les Métamorphoses d'Ovide, Liv. I.

de

de couver pourront pondre trois fois par an. Leur
premiere ponte eſt communément de cinq œufs,
la ſeconde de quatre & la troiſieme de trois ou
de deux. Mais quand on ſuivra la méthode de faire couver des œufs de paones par des poules, il
faudra choiſir des poules qui ſoient bonnes nour-
rices. On leur donnera neuf œufs à couver pendant neuf jours, à datter de celui où la Lune
commencera à croître, ſçavoir, cinq de paones &
les autres de poules. Le dixieme jour on retirera tous les œufs de poules, & on en remettra
autant de nouveaux, afin que ces derniers œufs
de poules puiſſent éclorre avec ceux de paones
au trentieme jour de la Lune, c'eſt-à-dire, trente jours pleins après qu'on aura mis les premiers.
On aura ſoin de retourner ſouvent avec la main
les œufs de paones qui ſeront ſous les poules, parce que celles-ci auroient de la peine à le
faire elles-mêmes. On les marquera auſſi d'un
côté, pour ſe rappeller qu'on les aura retournés
ſucceſſivement. Il faut cependant choiſir pour
cette opération de très-grandes poules, parce
que, ſi elles étoient petites, il faudroit leur donner moins d'œufs à couver. Si l'on veut tranſporter les paonaux éclos ſous pluſieurs poules auprès
d'une ſeule qui leur ſervira de nourrice, Columelle prétend (3) qu'il ſuffira dans ce cas-là de

---

(3) Voy. le Chap. XI, de l'Economie rurale de Columelle,
Liv. VIII.

lui en donner vingt-cinq : pour moi, il me semble que, si l'on veut qu'ils soient bien élevés, il suffit de lui en donner quinze. On donnera les premiers jours aux paoneaux de la farine d'orge arrosée de vin, ou un petit potage froid de tel légume ou de tel grain que ce soit. On y ajoutera par la suite des poireaux hachés, ou du fromage nouveau qui soit bien égouté, parce que le petit lait leur est contraire. On peut aussi leur donner des sauterelles auxquelles on aura arraché les pattes. C'est ainsi qu'il faut les nourrir jusqu'à l'âge de six mois : passé ce temps, on pourra leur donner habituellement de l'orge. Cependant on peut les envoyer en toute sûreté aux champs dès le trente-cinquieme jour après leur naissance, pour y chercher leur pâture dans la compagnie de leur nourrice, qui les rappellera à la Métairie par ses hoquets. On les guérita de la pepie & des indigestions avec les mêmes remedes que ceux dont on se sert pour traiter les poules. C'est un temps de crise pour eux lorsque leur crête commence à pousser, car ils sont alors en langueur, ni plus ni moins que les enfans dans le temps que leurs petites denrs travaillent à percer leurs gencives gonflées.

CHAPITRE XXIX.

IL faut avoir soin, quand on veut élever des faisans, d'en avoir de jeunes qui puissent être féconds, c'est-à-dire, de ceux qui seront nés l'année précédente, parce que les vieux ne peuvent jamais l'être. Ils recherchent la femelle au mois de Mars ou d'Avril. Deux femelles suffisent à un mâle, parce que cet oiseau n'a pas autant de lubricité que les autres. Les femelles pondent une fois par an. Leur ponte se réduit ordinairement à vingt œufs. Les poules couveront ces œufs mieux que les faisandes elles-mêmes, pourvu qu'entre les œufs que l'on donnera à couver à une poule il n'y en ait que quinze de faisande, & que les autres soient de poules. On observera, quant à la Lune & aux jours, ce que nous avons prescrit par rapport aux autres oiseaux. Les petits éclorront le trentieme jour de l'incubation. On les nourrira pendant quinze jours de farine d'orge bouillie & tiede, sur laquelle on versera quelques goutres de vin : par la suite on leur donnera du froment concassé, des sauterelles & des œufs de fourmis. Il est constant qu'il faut les empêcher d'approcher de l'eau, si l'on ne veut point que la pepie les fasse périr. S'ils viennent à l'avoir, on leur frottera habituellement le bec avec de l'ail broyé dans de la poix liquide, ou bien on l'extirpera comme on a coutume de le faire aux poules. La méthode pour les engraisser consiste à les renfermer pendant trente jours, & à leur donner, pendant le temps qu'ils seront renfermés, un *modius* de farine de froment paitrie en très-petites boulettes, ou, si l'on veut leur donner de la farine d'orge, il en faudra un *modius* & demi pour consommer leur engrais pendant le temps que nous venons de prescrire. Néanmoins, il faut avoir soin que les boulettes qu'on leur fourrera dans le gosier soient graissées d'huile, de crainte qu'elles ne s'arrêtent à la racine de leur langue, ce qui les feroit périr sur le champ. On aura aussi la plus grande attention à ne leur point donner de mangeaille nouvelle avant qu'ils aient digéré l'ancienne, parce que le poids de la nourriture qui seroit restée dans leur estomac les feroit très-aisément mourir.

CHAPITRE XXX.

IL est constant que les oies ne se soutiennent pas aisément sans herbes, non plus que sans eau. Cet oiseau est pernicieux aux terreins ensemencés, parce qu'il nuit autant aux semences par sa morsure que par sa fiente. On tire un revenu de ses petits & de ses plumes, que l'on arrache dans l'Automne & au Printemps. Trois femelles suffisent à un mâle. S'il n'y a pas de riviere dans l'endroit où on les éleve, on leur fera une mare d'eau, & si l'on manque d'herbes, on semera pour leur nourriture du trefle, du fenu-Grec, de la chicorée sauvage & des petites laitues. Les oies blanches sont les plus fécondes ; les mêlangées ou les brunes le sont moins, parce qu'elles ont passé du genre sauvage à l'état de domesticité. Elles couvent depuis les Calendes (1) de Mars jusqu'au Solstice d'Eté. Elles pondront un plus grand nombre d'œufs, lorsqu'on les fera couver à des poules. Nous permettrons cependant aux meres qui ne pondent plus d'élever les petits de leur derniere ponte. Lorsqu'elles sont prêtes à pondre, on les conduit à leur logette, & pour peu qu'on l'ait fait une seule fois, elles conserveront l'habitude d'y aller d'elles-mêmes. On fait couver aux poules des œufs d'oies de même que des œufs de paones, mais on met des orties sous ceux d'oies, de peur qu'ils ne soient endommagés. Il faut nourrir les oisons dans leur logette les dix premiers jours après leur naissance : passé ce temps, on pourra les en faire sortir par un temps serein, pour les mener dans des endroits où il n'y ait point d'orties, parce qu'ils en redoutent les piquans. On les engraisse

____

(1) Voy. la Note 1 du Chap. XXVIII. de l'Economie rurale de Varron, Liv. I.

très-bien à l'âge de quatre mois , parce qu'ils engraissent mieux quand ils sont dans un âge tendre. On leur donnera à cet effet du gruau trois fois par jour. On leur interdira la liberté d'aller au loin, & on les enfermera dans un lieu obscur & chaud : en suivant cette méthode, les plus vieilles même engraisseront en deux mois , car, pour ce qui est des jeunes, il arrive souvent qu'elles sont engraissées dès le trentieme jour. On les engraissera encore mieux en leur donnant du millet trempé dans de l'eau , tant qu'elles en voudront. On peut mêler toutes sortes de légumes dans leur nourriture à l'exception de l'ers. Il faut aussi prendre garde que leurs petits n'avalent des poils d'animaux. Les Grecs , pour engraisser les oies , font détremper dans de l'eau chaude deux parties de gruau & quatre parties de son , & leur donnent de cette nourriture à discrétion. Ils facilitent aussi leur engrais en les faisant boire trois fois par jour. Ils leur donnent même de l'eau au milieu de la nuit. Mais si l'on veut que leur foie s'attendrisse, on roulera en petites boulettes des figues seches broyées & trempées dans de l'eau , & on leur en donnera au bout de trente jours d'engrais , & cela pendant vingt jours consécutifs.

CHAPITRE XXXI.

CEs arrangemens faits, on pourvoira au reste. En effet, il faudra encore avoir auprès de la Métairie deux réservoirs d'eau creusés dans le sol ou taillés dans la pierre, qu'il soit facile de remplir d'eau de fontaine ou de pluie : l'un servira aux bestiaux ou aux oiseaux aquatiques, & l'on mettra tremper dans l'autre les baguettes, les cuirs, les lupins & toutes les autres choses que les Paysans sont dans l'usage de plonger dans l'eau.

CHAPITRE XXXII.

N'IMPORTE en quel endroit on serrera le foin, la paille, le bois & les cannes, pourvu que cet endroit soit sec, ouvert à tout vent & éloigné de la Métairie, à cause des accidens qui peuvent résulter des incendies.

CHAPITRE XXXIII.

LE tas à fumier doit avoir sa place dans un lieu très-humide, & qui soit hors de la portée du corps-de-logis du Propriétaire, à cause de la mauvaise odeur qu'il exhale. L'abondance de l'eau procurera au fumier l'avantage de faire mourir les graines d'épines qui pourront s'y trouver entremêlées. Le crottin d'âne est le premier de tous les fumiers, surtout pour les jardins : vient ensuite celui des brebis, des chevres & des bêtes de somme ; mais la fiente de porc est le pire de tous : la cendre est un excellent fumier. Quoique la fiente de pigeon soit le fumier le plus chaud, celle des autres oiseaux ne laisse pas d'avoir son mérite, si l'on en excepte les oiseaux de marais. Un fumier qui aura pourri pendant une année sera bon pour les terres ensemencées, & n'engendrera point d'herbes ; plus vieux, il seroit moins bon ; au lieu qu'un fumier nouveau sera excellent pour faire foisonner les herbes dans les prés. Les immondices de la mer lavées dans de l'eau douce & mêlées avec d'autres ordures tiendront aussi lieu de fumier, ainsi que le limon qu'auront déposé les eaux de source ou les rivieres en débordant.

CHAPITRE XXXIV.

LEs jardins & les vergers doivent être très-près de la maison. Il faut que le jardin soit précisément au-dessous du tas à fumier, dont le

suc seul le fertilisera , & très-éloigné de l'aire,
parce que la poussiere de la paille lui seroit pernicieuse. Un terrein plat légérement incliné &
arrosé par une eau courante , qui se partage en
différens bras, est une heureuse position pour un
jardin. Si l'on n'a pas d'eau de source , il faut
ou creuser un puits en terre, où si l'on ne peut
pas y parvenir, construire sur terre un réservoir
que la pluie fournira d'eau , afin que le jardin
puisse être arrosé pendant les grandes chaleurs de
l'Eté. Au défaut de toutes ces ressources, on ne
laissera pas de pouvoir avoir un jardin, pourvu
qu'on le bêche à plus de trois ou quatre pieds de
profondeur comme une terre qu'on façonneroit
au *passinum* (1) , parce que , quand il aura reçu
un apprêt de cette nature , il ne s'inquiétera
point des sécheresses. Quoique toutes les especes de terre conviennent à un jardin, pourvu
qu'elles soient aidées de fumier à proportion de
leur besoin, il en est cependant telles especes
qu'il faut éviter dans le choix, telles que la
craie que nous nommons *argilla* (2) & la terre
rouge. On aura aussi l'attention de distribuer en
deux portions les jardins qui n'auront point la
ressource d'une humidité naturelle, & d'exposer
au Midi celle que l'on voudra cultiver en Hiver , & au Septentrion celle que l'on voudra cul-

---

(1) Voy. la Note 5 du Chap. VI.
(2) C'est-à-dire , *de l'argille.*

tiver en Eté. Les jardins doivent de plus être
fermés : mais il y a plusieurs façons de les enclorre.
Les uns renferment du mortier entre des planches qui lui servent de moules, & font ainsi des
murs qui ressemblent à ceux de briques. Ceux
qui ont le moyen de le faire, construisent des
murailles de mortier & de pierres. Le plus grand
nombre entasse des pierres arrangées par ordre,
sans y employer de mortier. Quelques-uns entour-
rent de fossés le terrein qu'ils veulent cultiver,
mais c'est une méthode qu'il faut éviter, à moins
que le terrein que l'on cultive ne soit marécageux, parce que ces sortes de fossés attirent à eux
toute l'humidité du jardin. D'autres distribuent
des pieds & des graines d'épines sur les bords du
jardin, pour lui servir de rampart. Mais la meilleure méthode consiste à cueillir de la graine
tant de ronces que de l'épine connue sous le
nom de *rubus caninus* (3) quand elle est mure,
& à en mêler avec de la farine d'ers trempée
dans de l'eau ; ensuite à en couvrir de vieux cordages de genêt d'Espagne, de façon que cette
graine pénetre l'intérieur de ces cordages & s'y
conserve jusqu'au commencement du Printemps ;
auquel temps on creusera, dans l'endroit où l'on
veut former une haie, deux tranchées d'un pied
& demi de profondeur éloignées l'une de l'autre de trois pieds, puis on couchera le long

---

(3) Nous l'appellons *rose de chien* ou *grateau*.

de chacune de ces tranchées les cordages garnis de leur graine, & on les recouvrira légérement de terre. Moyennant cela, les buissons paroîtront le trentieme jour, & tant qu'ils seront jeunes, il faudra faciliter leur croissance avec des appuis, qui serviront à les réunir dans les intervalles qu'ils n'auront point remplis. Il n'y a point de doute qu'il ne faille partager le jardin de telle façon que la partie destinée à être ensemencée en Automne soit façonnée au *pastinum* (1) dans le Printemps, & que celle qui doit l'être au Printemps soit bêchée pendant l'Automne : c'est le moyen que ces deux labours au *pastinum* (1) fermentent l'un au grand froid & l'autre au Soleil. Il faut faire des planches qui soient longues & étroites, c'est-à-dire, qui n'aient que six pieds de large sur douze de long, afin qu'on puisse les partager en deux, pour les purger des mauvaises herbes tant d'un côté que de l'autre (4). Au reste, les bords en seront redressés à la hauteur de deux pieds dans les climats humides ou arrosés, au lieu qu'il suffira qu'ils soient élevés d'un pied dans les climats secs. Il faudra (si l'on est dans

---

(4) Si les planches avoient plus de six pieds de large, le Jardinier, en se tenant dans le sentier de droite ou de gauche, ne pourroit pas y étendre la main au-delà de trois pieds pour en arracher les mauvaises herbes, sans courir le risque de tomber en devant sur les plantes potageres dont elles seroient couvertes.

l'ufage de faire couler l'eau fur les planches pour les arrofer) que les efpaces qui les fépareront foient plus élevés que la planche elle-même, afin que l'eau fe rende plus aifément fur la planche lorfqu'elle viendra d'un lieu qui la dominera, & qu'après l'avoir bien abbreuvée, elle puifle être chaffée & détournée fur d'autres planches. Quoique nous affignions par la fuite les temps de chaque enfemencement mois par mois, chacun fe réglera cependant fur la nature du pays & du climat qu'il habite. L'enfemencement d'Automne fe fera de meilleure heure dans les pays froids que dans les pays chauds, & celui du Printemps s'y fera plus tard, au lieu que l'enfemencement d'Automne peut être fait plus tard dans les contrées chaudes, comme celui du Printemps peut y être fait plutôt. Il faut toujours femer pendant que la Lune croît, & couper ou cueillir quand elle décroît.

CHAPITRE XXXV.

REMEDE contre les nuées & contre la rouille : lorfqu'on fe verra menacé de nuées, on brûlera en différens tas toutes les pailles & toutes les immondices difperfées dans le jardin. On vante beaucoup de remedes contre la grêle, tels que d'envelopper une meule dans un morceau d'étoffe de couleur de rofe, de lever contre le Ciel, d'une façon menaçante, des haches enfanglantées, d'entourer tout le jardin de coulevrée, d'attacher un hibou les aîles étendues, de frotter de fuif d'ours les inftrumens de fer avec lefquels on doit travailler. Il y a des perfonnes qui confervent de la graiffe d'ours broyée dans de l'huile, & qui en frottent leurs ferpettes avant de faire la taille : mais ce remede doit être fait en fecret, & de façon qu'aucun de ceux qui taillent ne s'en apperçoive. Au refte, l'on prétend que fa vertu eft fi grande, qu'en l'employant, ni la gelée, ni les nuées, ni aucun animal ne peuvent plus caufer aucun dommage, mais il eft effentiel que la chofe ne foit point divulguée, autrement elle ne feroit aucun effet. On répand de la lie d'huile nouvelle ou de la fuie prife aux voutes, pour remédier aux moucherons & aux limaçons. Remede contre les fourmis : fi la fourmilliere eft dans le jardin même, on met auprès d'elle le cœur d'un hibou ; mais fi les fourmis viennent du dehors, on trace une ligne autour du jardin avec de la cendre ou avec de l'argille blanche. Remede contre les chenilles : on trempe dans du jus de joubarbe ou dans du fang de chenilles les graines que l'on doit femer. Il faut femer des pois chiches entre les légumes, à caufe de plufieurs animaux qui leur nuiroient fans cela. Il y a des perfonnes qui jettent fur les chenilles de la cendre de figuier ; les mêmes personnes sement aussi ou du moins suspendent dans leur jardin de la scille. Quelques-uns, pour remédier aux chenilles & aux autres animaux, font faire le tour du jardin à une femme sans ceinture, les cheveux épars & les piés nuds dans le temps de ses regles ; d'autres attachent avec des clous en différens endroits du jardin des écrevisses de riviere. Remede contre les animaux qui nuisent aux vignes : on plonge dans de l'huile les cantharides qui se trouvent communément sur les roses, & on les y laisse pourrir ; ensuite, lorsque l'on veut tailler la vigne, on frotte de cette huile les serpettes dont on doit se servir. On fait mourir les punaises soit avec de la lie d'huile & du fiel de bœuf, dont on frotte les lits ou les autres endroits qui en sont infectés, soit avec des feuilles de lierre broyées dans de l'huile, soit par l'odeur des sangsues brûlées (1). Pour empêcher que les légumes n'engendrent des animaux pernicieux, faites sécher dans l'écaille d'une tortue toutes les graines que vous aurez à semer, ou bien semez de la mente en plusieurs endroits de votre jardin, & particuliérement entre les choux : on prétend qu'un peu d'ers semé sur-tout dans les endroits où il doit venir des racines ou des raves, produit le même effet. On

---

(1) D'un autre côté l'odeur de la punaise brûlée chasse aussi les sangsues, si nous en croyons Columelle. Voy. le Chap. XVIII. de son Economie rurale, Liv. VI.

dit encore qu'en répandant sur les légumes du vinaigre mordant mêlé avec du jus de jusquiame, on fait mourir les pucerons dont ces légumes sont infectés. On dit aussi qu'on chasse les chenilles en brûlant par tout le jardin des tiges d'ail sans têtes, & en répandant l'odeur de cette fumée en différens endroits. Si l'on veut garantir les vignes de ces animaux, on prétend qu'il faut frotter les serpettes avec de l'ail broyé. On les empêche aussi de pulluler en allumant du bitume & du souffre autour des troncs d'arbres ou des pieds de vignes, ou en faisant bouillir dans de l'eau des chenilles prises dans le jardin voisin, & en arrosant ensuite le sien avec cette eau. Pour empêcher les cantharides de faire tort aux vignes, il faut en écraser sur la pierre qui sert à aiguiser les serpettes. Démocritus (1) assure qu'aucune bête ne pourra nuire aux arbres ni à telle semence que ce soit, si l'on met dans un vase de terre cuite plein d'eau & couvert, une grande quantité d'écrevisses de riviere, ou au moins dix de celles de mer, que les Grecs appellent παγούρους, qu'ensuite on expose le vase en plein air, pendant l'espace de dix jours, afin qu'elles s'évaporent au Soleil, & qu'on arrose de cette eau tout ce que l'on voudra conserver intact, en répétant la même opération

---

(1) Voy. la Note 25 du Chap. I. de l'Economie rurale de Varron, Liv. I.

tous les jours, jusqu'à ce que les plantes que l'on veut avoir soient venues, & qu'elles aient acquis une certaine force. On chasse les fourmis en versant de l'origan & du souffre broyés sur l'ouverture qui sert de passage à la fourmilliere. La même recette est également bonne contre les abeilles. Il en sera de même si l'on brûle des coquilles d'escargots vuides, & que l'on bouche le passage de ces insectes avec cette cendre. On met en fuite les moucherons en jettant sur eux du galbanum ou du souffre, ainsi que les pucerons en répandant souvent sur le pavé de la lie d'huile ou du cumin sauvage broyé dans de l'eau, ou de la graine de concombre sauvage infusée dans de l'eau, ou de l'eau dans laquelle on aura fait tremper des lupins mêlés avec de la coulevrée blanche amere. Si l'on verse dans un plat de la lie d'huile épaisse, & qu'on la mette chez soi pendant la nuit, les rats s'y prendront & en mourront. Il en sera de même si l'on mêle du fromage, ou du pain, ou de la graisse, ou du gruau avec de l'hellebore noir, & qu'on leur présente ce ragoût. Une infusion de concombre sauvage & de coloquinte ne leur sera pas moins funeste. Apuleius assure que, pour remédier aux rats sauvages, il faut faire macérer les graines dans du fiel de bœuf avant de les jetter en terre. Quelques personnes bouchent les trous de ces animaux avec des feuilles de laurier-rose, de sorte qu'après les avoir rongées, ils meurent

des

des efforts qu'ils font pour fortir. Voici comment les Grecs font la chaſſe aux taupes : ils font percer une noix ou toute autre eſpece de fruit également ſolide, qu'ils rempliſſent de paille & de cire mêlées avec du ſouffre, après quoi ils font boucher bien exactement tous les petits paſſages des taupes & tous les conduits par leſquels elles reſpirent, à l'exception d'un ſeul qui ſoit large, & à l'entrée duquel ils font mettre cette noix tandis qu'elle eſt allumée en-dedans, de façon qu'elle puiſſe recevoir d'un côté le vent qu'elle tranſmettra de l'autre côté, moyennant quoi les trous ſe trouvant remplis de fumée, les taupes s'enfuient auſſitôt ou meurent. Si l'on remplit de cendre de chêne les ouvertures des trous des rats ſauvages, ils gagneront la galle à force de toucher ſouvent à cette cendre & finiront par périr. On met les ſerpens en fuite avec preſque toute ſorte de matieres ameres ; & toute fumée de mauvaiſe odeur eſt bien-faiſante en ce qu'elle préſerve de leur ſouffle pernicieux. Brûlons donc du galbanum, ou des cornes de cerf, ou des racines de lys, ou des ongles de chevre. Ce ſont toutes matieres qui écartent ces monſtres vénimeux. Les Grecs imaginent que, lorſque des nuées de ſauterelles s'élevent tout à coup, il pourra arriver qu'elles paſſeront ſans cauſer de dommage, ſi tout le monde ſe tient caché dans la maiſon, & que, quand même les gens ſeroient en plein air lorſqu'ils les obſer-

Tome. V.   E

veront , elles ne nuiront néanmoins à aucun
fruit, pourvu qu'ils se retirent aussi-tôt tous à
la maison. On dit aussi qu'un moyen sûr pour
chasser ces nuées est de verser de l'eau dans laquelle on aura fait bouillir des lupins amers ou
des concombres sauvages, en la mêlant avec de
la saumure. Quelques personnes pensent qu'on
peut mettre en fuite les sauterelles ou les scor-
pions, en brûlant quelques-uns de ces animaux
au milieu de leurs semblables. D'autres poursui-
vent les chenilles avec de la cendre de figuier.
Si elles résistent à ce remede, on en fait bouillir
quelques-unes dans de l'urine de bœuf & de la
lie d'huile mêlées ensemble par parties égales,
& , lorsque cette liqueur est refroidie, on en arrose tous les légumes. Les Grecs donnent le nom
de πρασοκουρίδες (3) aux animaux qui causent ordinairement du dommage dans les Jardins. Il faudra couvrir légérement de terre , dans l'endroit
où ces animaux se seront le plus multipliés , le
ventricule d'un mouton à l'instant qu'il aura été
tué & sans en vuider les ordures. Deux jours
après on y trouvera ces animaux rassemblés par
tas, & pour peu que l'on répete cette opération.
deux ou trois fois, on détruira toutes ces espe-

---

(3) Ce sont de petits insectes qui rongent les légumes &
sur-tout les poireaux , raison pour laquelle ils étoient ainsi
nommés de πράσον, qui veut dire *poireau* , & de κείρω, qui
veut dire *tondre.*

ces d'animaux malfaisans. On croit qu'on peut se garantir de la grêle, en portant autour de ses domaines une peau de crocodile, ou d'hyene, ou de veau marin, & en la suspendant à l'entrée de la Métairie ou de la cour, lorsqu'on se verra menacé de cet accident. On prétend aussi que si l'on se promene dans les vignes en portant dans la main droite une tortue de marais renversée sur le dos, & qu'à son retour on la pose à terre dans la même situation, en remplissant le creux formé par la courbure de son dos de mottes de terre, pour l'empêcher de se retourner & la forcer de rester couchée sur le dos, les nuées les plus dangereuses passeront légérement sur l'endroit muni de ce préservatif. Il y a des personnes qui, aussitôt qu'elles se voient menacées de ce péril, reçoivent l'image de la nuée dans un miroir qu'elles lui presentent en face, & viennent à bout de la détourner par ce moyen (soit que cette nuée se déplaise en se voyant, soit qu'étant, pour ainsi dire, doublée, elle cede la place à celle qu'elle voit). On croit aussi qu'une peau de veau marin, jettée sur un petit sep au milieu d'un vignoble, a quelquefois préservé le vignoble entier des accidens qui le menaçoient. On prétend que toutes les semences d'un jardin ou d'un champ sont à l'abri de tout accident & de toute bête malfaisante, lorsqu'on les a fait macérer, avant de les jetter en terre, avec des racines de concombre sauvage broyées.

Il faut auſſi mettre dans ſon jardin le crâne d'une
cavale qui ait ſouffert les approches de l'étalon,
ou même celui d'une âneſſe, parce que l'un &
l'autre paſſent pour féconder par leur préſence
tout ce qui les environne.

CHAPITRE XXXVI.

L'AIRE doit n'être pas éloignée de la Métairie, tant pour faciliter le tranſport du bled, qu'afin
de le mettre plus à l'abri de la fraude, parce
que chacun ſe méfiera du voiſinage du Propriétaire
ou de l'Agent. Au ſurplus, il faut qu'elle ſoit ou
pavée de caillou, ou taillée dans le roc d'une
montagne, ou que ce ſoit un terrein qui ait été
affermi, vers le temps où le bled doit être bat-
tu, tant par les pieds des beſtiaux que par l'eau
dont on l'aura imbibé. Elle doit de plus être
cloſe & munie de forts barreaux, à cauſe des
bêtes de ſomme qu'on y fera entrer dans le
temps où l'on battra le bled. Il faut avoir dans
ſon voiſinage un autre terrein plat & bien découvert, dans lequel on puiſſe tranſporter les
bleds pour y être raffraîchis avant d'être ſerrés
dans les greniers; précaution qui ſera utile pour
qu'ils ſe gardent longtemps. On pratiquera auſſi
auprès de l'aire de tel côté que ce ſoit, ſur-tout
dans les contrées humides, un couvert ſous le-

quel on mettra les bleds à la hâte dans le cas
de pluies imprévues (si la nécessité y contraint)
soit qu'ils soient purgés de toute immondice,
soit qu'ils ne soient battus qu'à demi. Quant à
l'aire elle-même, elle sera placée dans un lieu
élevé & où le vent donne de tous les côtés,
pourvu néanmoins qu'elle soit éloignée des jardins, des vignes & des vergers, parce que, si le
fumier & la paille sont utiles aux racines des
arbrisseaux, d'un autre côté, lorsque ces matieres
s'attachent à leurs feuilles, elles les percent &
les font infailliblement dessécher.

CHAPITRE XXXVII.

ON placera le domicile des abeilles près du
corps-de-logis du Propriétaire dans un coin du
jardin retiré, exposé au Soleil, à l'abri des vents
& très-chaud. La forme en sera quarrée pour en
écarter les voleurs, & le défendre de l'approche
des hommes & des bestiaux. Il faut que les fleurs
y abondent : c'est pourquoi on s'attachera à les
multiplier soit en herbes, soit en arbustes, soit
en arbres. On y aura en herbes de l'origan, du
thym, du serpolet, de la sarriette, de la melisse, des violettes sauvages, de l'asphodele, de la
citronelle, de la marjolaine, de cette jacinthe

que l'on appelle *iris* ou *gladiolus* (1) à cause de
sa ressemblance avec un petit glaive, du narcisse,
du saffran & d'autres herbes dont l'odeur, ainsi
que la fleur, soient très-agréables ; en arbustes,
des roses, des lys, des fèves, du romarin, du
lierre ; en arbres francs, des jujubiers, des amandiers, des pêchers, des poiriers & d'autres arbres fruitiers, dont la fleur ne rende aucune amertume lorsqu'on la suce ; en arbres sauvages, des
chênes qui produisent le gland, des térébinthes,
des lentisques, des cedres, des tilleuls, des petites yeuses & des pins ; mais on en écartera les
ifs qui sont nuisibles à ces insectes. Le suc du
thym donne le miel du meilleur acabit ; la tym-
bre, le serpolet ou l'origan donnent le second
miel ; le romarin & la satriette donnent le troisieme. Les autres plantes, telles que l'arboufier
& les légumes donnent un miel d'un goût sauvage. Les arbres seront plantés du côté du Septentrion ; on arrangera les arbrisseaux & les arbustes par ordre sous les murailles, & l'on semera les herbes dans le surplus du terrein au-
delà des arbustes. Il faut y amener une fontaine
ou un ruisseau, dont le cours soit lent & qui
forme des mares d'eau basses, qui seront couvertes
de broussailles clairsemées, & qui serviront de sieges

---

(1) C'est-à-dire, *un petit glaive*. C'est vraisemblablement
l'*iris bulbeux* de l'Emery.

affurés aux abeilles lorfqu'elles viendront y boire.
Mais il faut que les domiciles des abeilles foient
éloignés de tout ce qui exhale une mauvaife odeur,
comme les bains, les étables, les égoûts de la
cuifine. On les garantira en outre des animaux
qui en veulent à ces infectes, tels que les lézards, les cloportes & autres femblables. On effrayera auffi les oifeaux avec des épouvantails,
de vieux drapeaux & des fonnettes. Le Gardien
des abeilles s'approchera fouvent d'elles, en obfervant d'être propre & chafte dans le temps
qu'il les vifitera, & d'avoir de nouvelles ruches
prêtes à recevoir la jeuneffe des effains qui eft
fans expérience. On évitera les odeurs de bour-
be & d'écreviffe brûlée (2), ainfi que les endroits
qui répondent à la voix humaine en la contre-
faifant. On fe gardera d'avoir des herbes de

---

(1) On eft étonné de voir tous les anciens Auteurs Economiques prendre tant de précautions contre l'odeur de l'écreviffe brûlée (Voy. Columelle, Liv. IX. Chap. V. de fon
Economie rurale, & Pline 11, 18), & l'on feroit tenté de
croire non feulement que les Anciens en faifoient une con-
fommation prodigieufe pour leurs tables, mais encore qu'ils
ne les mangeoient que grillées, ce qui ne feroit cependant
pas un excellent ragoût, fi l'on ne favoit pas d'ailleurs qu'ils
en grilloient fouvent pour les employer en remedes, par
exemple, contre la morfure des chiens enragés, Pline 32,
5, contre la chûte des cheveux, *id.* 32, 10 &c. Ce Natura-
lifte les recommande même contre la brûlure des arbres &
contre les mauvais brouillards, 18, 29.

tithymalle, d'hellebore, de tapsie, d'absynthe, de concombre sauvage, ou aucune plante amere qui soit contraire à la composition d'un suc aussi doux que le miel.

CHAPITRE XXXVIII.

LEs meilleures ruches sont celles qui sont faites d'écorce de liége, parce qu'elles sont impénétrables au chaud comme au froid, tels vifs qu'ils soient. On peut néanmoins en faire de férules. Au défaut de férules, on les fera avec des baguettes d'osier, ou avec du bois soit creusé, soit scié en planches comme celui des cuves. Les ruches de terre cuite sont les pires de toutes, parce qu'elles sont glaçantes en Hiver, & brûlantes en Eté. Au reste, il faudra construire dans l'endroit même que nous avons ordonné de clorre, des murs à hauteur d'appui, c'est-à-dire, de trois pieds d'élévation, que l'on revêtira d'un mortier de terre cuite, & que l'on crépira avec du stuc bien poli, pour parer aux dommages que causent ordinairement les lézards & les autres animaux qui se glissent par-dessus : on mettra ensuite les ruches sur ces murs, de façon que la pluie ne puisse pas pénétrer jusqu'à elles, avec l'attention de les séparer l'une de l'autre par de petits passages ouverts entre chacune. Il faut ce-

pendant que l'ouverture par laquelle les essains
y entreront soit étroite, à cause du désastre que
pourroit y occasionner le froid ou le chaud. Il
n'est pas douteux qu'il faut élever un mur plus
haut que le premier, qui réfléchira le Soleil sur
le domicile des abeilles en le protégeant contre
les vents froids. Toutes les ouvertures des ruches seront en face du Soleil d'Hiver, & il en
faudra deux ou trois dans chaque panier, dont
la largeur n'excede pas la grosseur du corps
d'une abeille, parce que la petitesse du passage
empêchera les animaux malfaisans de le forcer,
ou que, s'ils attendent les abeilles pour les at-
taquer à leur sortie, celles-ci pourront sortir par
un côté différent de celui où ils seront à l'affut.

CHAPITRE XXXIX.

Lorsque l'on sera dans le cas de faire une
emplette d'abeilles, on aura soin de n'acheter
que des ruches qui soient bien remplies : or, on
sera assuré qu'elles le sont, soit à l'inspection
même de la ruche, soit au murmure considérable qui s'y fera entendre, soit aux rentrées ou
aux sorties fréquentes de l'essain. Il faudra aussi
les acheter dans le voisinage plutôt que dans un
canton éloigné, de peur que le changement d'air
ne vienne à les incommoder. Si cependant l'on

est dans le cas d'en faire venir de loin, on apportera les ruches sur son col pendant la nuit, & l'on
se gardera de les mettre en place ou de les ouvrir avant la chute du jour. On examinera ensuite, pendant trois jours de suite, si l'essain ne
sort point tout à la fois, parce que ce seroit un
signe qu'il méditeroit sa fuite. Nous donnerons
par détail ce qu'il y aura à faire chaque mois
pour obvier à cet accident & à d'autres. On
croit cependant que les abeilles ne prennent jamais la fuite, lorsqu'on a frotté les ouvertures des paniers avec la fiente d'un veau pre-
mier-né.

CHAPITRE XL.

IL ne sera pas mal-à-propos, lorsque l'abondance de l'eau en donnera la facilité, qu'un
Chef de famille s'occupe du soin de construire
une salle de bains, parce que c'est une chose
qui contribue beaucoup à l'agrément & à la santé. On placera donc cette salle du côté où la
chaleur se fera le plus sentir, & dans un lieu
exempt de toute humidité, de peur que le voisinage de l'eau ne raffraîchisse les fourneaux. On
donnera des jours à cette salle du côté du Midi
& de celui du couchant d'Hiver, afin que l'aspect
du Soleil l'éclaire & la maintienne dans l'état
où elle doit être pendant toute la journée. Voici

comme on fera le fouterrein au-deffus duquel les bains feront placés. On commencera par en couvrir l'aire de tuiles de deux pieds, de façon néanmoins que cette couverture forme vers le fourneau une inclinaifon telle qu'une balle ne puiffe pas fe tenir deffus fans être forcée de rouler jufqu'au fourneau. C'eft le moyen que la flamme qui tend néceffairement en haut échauffe davantage les bains. On conftruira fur ce pavé des piliers de petites briques liées entre elles avec un mortier d'argille & de crin : ces piliers feront à la diftance d'un pied & demi l'un de l'autre, & élevés de deux pieds & demi (1). On établira fur ces piliers deux tuiles de deux pieds l'une fur l'autre, que l'on couvrira d'un mortier de terre cuite qui fervira de pavé, après quoi on y mettra du marbre fi l'on en a fuffifamment. Quant au *miliarium* (2) de plomb qui fera affis fur un plateau de cuivre (3), on le

---

(1) Ces piliers en foutenant le plancher des bains, & en laiffant des paffages à la vapeur du fourneau par leur féparation, aideront cette vapeur à fe communiquer au plancher.

(2) C'eft le nom du vafe dans lequel on faifoit chauffer l'eau pour les bains : ce vafe étoit haut & étroit (Voy. le Ch. 8. du L. V.) afin que, lorfqu'il étoit placé dans le milieu du braffer où le feu étoit le plus violent, l'eau pût s'y échauffer plus aifément & plus promptement.

(3) On ne voit pas d'autre utilité à ce plateau, que celle d'effuier à lui feul toute l'action du feu, & d'en préferver par conféquent le *miliarium*, qui autrement auroit pû fe fondre, puifqu'il étoit de plomb.

mettra directement au-deffus du fourneau, &
on le fera paffer entre les bains. Il y aura un
tuyau dirigé vers ce *miliarium* (1), pour y conduire l'eau froide, & il en partira un autre de
même calibre que le premier qui fera dirigé vers
le bain, pour y porter autant d'eau chaude que
le premier tuyau aura porté d'eau froide dans le
miliarium (2). Les falles de bain feront difpofées
de façon qu'elles ne foient pas quarrées, mais
que fi elles ont, par exemple, quinze pieds de
long, elles n'en aient que dix de large, parce
que la chaleur dominera avec plus de force dans un
lieu étroit. La forme du fiege qui fera dans le bain
fera à la volonté de chacun. Les falles de bains
d'Eté recevront le jour du côté du Septentrion,
& celles d'Hiver le recevront du côté du Midi.
Il faut, fi faire fe peut, qu'elles foient fituées
de façon que toute leur lavaffe puiffe couler à
travers les jardins. Les voutes de ces falles, qui
feront faites en ouvrage de Signia, feront les
plus folides; mais fi on les fait de planches, ces
planches feront foutenues avec des arcs de fer
traverfés par des verges de fer. Si on ne veut
point que ces voutes foient faites en planches, on
mettra fur ces arcs & fur ces verges des tuiles
de deux pieds raffemblées par des crampons de
fer, & liées entre elles avec un mortier de crin
& d'argille, après quoi on les revêtira par-deffous
d'un enduit de terre cuite, qu'on embellira enfuite avec du ftuc bien poli. On peut auffi, fi
l'on confulte fes intérêts, faire fes appartemens

d'Hiver au-deſſus des bains : c'eſt le moyen d'entretenir la chaleur ſous ſon habitation & d'épargner des fondations.

CHAPITRE XLI.

PUISQUE nous en ſommes ſur le chapitre des bains, il eſt bon de connoître le ciment dont on ſe ſert pour réparer les ouvrages deſtinés à contenir l'eau, tant chaude que froide, parce que ſi les bains viennent à ſe crevaſſer, on pourra y remédier ſur le champ. Voici la compoſition du ciment qu'on emploie pour réparer les ouvrages deſtinés à contenir de l'eau chaude : on prend de la poix dure, de la cire blanche, de l'étouppe, de la poix liquide, de la terre cuite réduite en poudre & de la fleur de chaux, de façon que le poids de la cire blanche ſoit égal à celui de la poix dure, & que celui de la poix liquide ſoit moitié du poids total de ce mélange. On mêle toutes ces matieres enſemble, & après les avoir broyées dans un mortier, on fait remplir les crevaſſes de cette compoſition. Autre recette : on broie avec un pilon du ſel Ammoniac réduit en poudre, des figues, de l'étouppe & de la poix liquide, & on enduit les crevaſſes de cette compoſition. Autre recette : on enduit les crevaſſes de ſel Ammoniac & de ſoufre réduits l'un & l'autre en poudre, ou bien on les en remplit. On les enduit auſſi de poix dure & de cire blanche mêlées enſemble & ſaupoudrées de ſel Ammoniac, & l'on fait paſſer le cautere par-deſſus cet enduit. On les enduit encore de fleur de chaux & d'huile mêlées enſemble, & l'on ſe garde bien d'y mettre de l'eau auſſitôt après. Autre recette : on mêle de la fleur de chaux avec du ſang de taureau & de l'huile, & l'on enduit les fentes avec cette compoſition. On broie encore enſemble des figues, de la poix dure & des écailles d'huitres ſeches, & on enduit avec attention les fentes avec ce mêlange. Voici auſſi le ciment qu'on emploie pour réparer les ouvrages deſtinés à contenir de l'eau froide : on broie enſemble avec un pilon du ſang de bœuf, de la fleur de chaux & du machefer, & on en fait une eſpece de cerat, dont on enduit ces ouvrages. On empêche également l'eau froide de filtrer entre des fentes, en les enduiſant de ſuif fondu mêlé avec de la cendre paſſée au crible.

CHAPITRE XLII.

SI l'on fait une grande conſommation d'eau dans les bains, il faudra que leurs égoûts ſe rendent aux Boulangeries, afin d'y moudre le bled avec des moulins à eau (1) qu'on y formera, &

---

(1) Il eſt ſingulier que Palladius ſoit le ſeul de nos Auteurs qui ait parlé des moulins à eau, encore n'eſt-ce que pour en

d'épargner par-là la peine des hommes & celle des bêtes.

CHAPITRE XLIII.

ON se pourvoira de tout l'attirail nécessaire à la campagne. Voici en quoi il consiste : des charrues simples, ou, si l'on cultive un pays plat qui en permette l'usage, des charrues à oreilles, par le moyen desquelles on fasse les raies du labour plus élevées, afin que les semences aient moins à craindre de la part de l'eau qui séjourne sur terre pendant l'Hiver ; des hoyaux, des bêches, des serpettes pour tailler les arbres & la vigne. Item, des faulx, tant pour la moisson que pour la fenaison, des houes, des *lupi*, c'est-à-dire, des scies emmanchées tant grandes que petites, dont les plus grandes n'aient pas cependant plus d'un *cubitus*, afin de pouvoir être introduites facilement dans les troncs d'arbres ou dans les seps de vignes, à l'effet de les couper, ce qui seroit impratiquable avec une scie commune ; des alênes

---

dire un seul mot, mais ce qui paroît bien plus singulier, c'est que les Anciens n'en aient presque point fait usage lorsqu'ils les ont une fois connus. En effet, Pline 18, 10, nous apprend que même de son temps la plus grande partie de l'Italie broyoit encore le bled, quoique les moulins à eau fussent connus. A quoi donc attribuer cette espèce de mépris pour une des choses les plus utiles qui soient au monde, si ce n'est à la multitude des esclaves qu'il étoit important d'occuper ?

pour enfoncer les farmens dans les terres façonnées au *paftinum* (1) , des ferpettes tranchantes
par le dos & faites en forme de croiffant (2).
Item, des petits couteaux recourbés avec lefquels
on puiffe couper aifément les rejettons fecs des
jeunes arbres, ou ceux qui empiettent fur le tronc.
Item, de très-petites faucilles à dents, avec lefquelles on eft dans l'ufage de couper la fougere,
de plus petites fcies que celles dont nous avons
parlé, des houes, des outils pour extirper les
épines, des haches fimples ou faites en forme de
doloires , des farcloirs fimples ou à deux four-
chons, ou des haches dont le dos reffemble à
des rateaux. Item, des cauteres , des inftrumens
de fer, tant pour la caftration que pour la tonte,
ou pour le traitement des animaux malades ; des
tuniques de peau avec des capuchons , des guê-
tres & des gants de peau qui puiffent fervir non-
feulement dans les forêts mais encore dans les
buiffons, tant aux travaux ruftiques qu'à la chaf-
fe. Après avoir achevé tout ce qui concerne les
préceptes généraux, nous allons à préfent détailler les travaux de chaque mois de l'année , en
commençant par celui de Janvier.

---

(1) Voy. la Note 5 du Chap. VI.

(2) Voyez-en la defcription dans le Chap. XXV. de l'Economie rurale de Columelle , Liv. IV.

Fin du premier Livre.

L'ÉCONOMIE

L'ÉCONOMIE
RURALE
DE PALLADIUS RUTILIUS
TAURUS ÆMILIANUS.

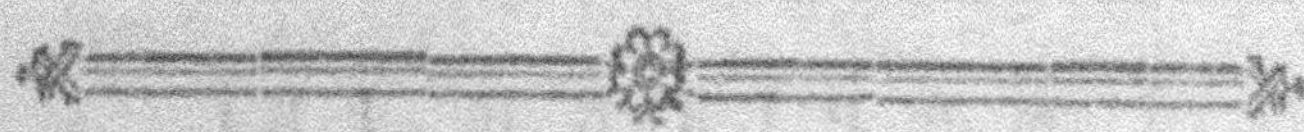

LIVRE SECOND.
JANVIER.

CHAPITRE PREMIER.

Il faut déchausser les vignes ce mois-ci dans les climats tempérés ; c'est ce que les Italiens appellent *excodicare* (1). Cette opération consiste à

____

(1) Ce mot ne se trouvant point dans les bons Auteurs, il paroît qu'il n'étoit usité que parmi les Paysans, d'où il faut

ouvrir, avec précaution, la terre à l'aide de la
doloire autour du tronc de la vigne, & à y laisser
des especes de lacs, après en avoir bien nettoyé
toutes les racines, afin que la chaleur du Soleil
& la pluie l'excitent à pousser.

CHAPITRE II.

IL faut nettoyer dès à présent les prés, & les
mettre à l'abri des insultes des bestiaux dans les
lieux exposés au Soleil, ou maigres, ou secs.

CHAPITRE III.

ON peut déja donner le premier labour & les
premiers apprêts aux campagnes grasses & seches.
Au reste, il est mieux d'attacher les bœufs au joug
par le col que par la tête. Lorsque les bœufs seront arrivés à l'endroit du sillon où le laboureur
doit les faire retourner, il les retiendra & poussera le joug en avant, afin que leurs cols se raf-

---

conclurre que la langue Italique étoit celle du Vulgaire, au
lieu que celle des gens instruits étoit la langue Romaine
ou Latine. C'est ainsi que chez nous le peuple se sert de
certains mots, pour exprimer les choses relatives aux mé-
tiers qu'il professe, dont les bons Auteurs s'abstiennent.

fraîchissent. Un sillon de labour ne doit pas avoir plus de cent vingt pieds de long; & il faut prendre garde de laisser de la terre entre les sillons sans la retourner. On éparpillera toutes les mottes de terre avec des doloires. Pour reconnoître si la terre a été remuée également par-tout, on fait passer une perche à travers les sillons, & cette précaution réitérée souvent empêche les bouviers de tomber dans la négligence sur ce point là. Il faut observer de ne pas labourer un champ lorsqu'il est bourbeux, ou lorsqu'il est humecté d'une pluie légere après de longues sécheresses (comme il arrive fréquemment) ; car on prétend qu'une terre, à laquelle on a touché pour la premiere fois dans le temps qu'elle étoit bourbeuse, ne peut plus être maniée de toute l'année, & l'on assure que, lorsqu'on en laboure une pendant que sa superficie est légérement humectée & que l'intérieur en est sec, elle devient stérile pour trois ans. C'est pourquoi, il faut donner le premier labour à des terres qui soient médiocrement humectées, sans être ni bourbeuses ni seches. Si ce sont des collines, on y fera les sillons en traverse sur les côtés de la hauteur, & on observera la même marche lorsqu'on les ensemencera.

CHAPITRE IV.

Lorsque l'Hiver n'aura point été rude, on semera dans les climats tempérés, vers les Ides (1) de Janvier, de l'orge de Galatie (2), qui est un grain pesant & blanc : il en faudra huit *modii* pour ensemencer un *Jugerum*.

CHAPITRE V.

On seme la gesse ce mois-ci dans un terrein gras, sous un climat humide. Il en faut trois *modii* pour ensemencer un *Jugerum*. Mais cette espece de semence réussit rarement, parce que les vents du Midi ou la sécheresse, qui sont des accidens presque inévitables dans le temps qu'elle fleurit, en font tomber la fleur.

CHAPITRE VI.

On seme à la fin de ce mois-ci la vesce que l'on a intention de ne pas couper en fourage, mais

(1) Voy. la Note 1 du Chap. XXVIII. de l'Economie rurale de Varron, Liv. I.

(2) Voy. la Note 11 du Chap. IX. de l'Economie rurale de Columelle, Liv. II.

de récolter en graine. Il en faut six *modii* pour
ensemencer un *Jugerum*. Il faut la semer après la
seconde ou la troisieme heure du jour (1), lorsque la rosée, qu'elle ne peut pas supporter, sera
disparue, & dans une terre qui ait reçu le premier labour; mais on aura l'attention de la couvrir aussi-tôt de terre, parce que, si elle restoit à
découvert pendant la nuit, l'humidité de la nuit
la corromproit. On observera de ne pas la semer
avant le vingt-cinquieme jour de la Lune, autrement les limaçons la vexeroient.

CHAPITRE VII.

NOus semons en Italie le fenu-Grec que nous
devons récolter en graine, à la fin du mois de
Janvier, vers les Calendes (1) de Février. Six
modii suffisent pour ensemencer un *Jugerum*. Il
faut que les sillons de la terre, dans laquelle on
le seme, soient drus sans être profonds, parce
qu'il vient difficilement, quand il est enfoncé
de plus de quatre doigts en terre. C'est pourquoi
il y a des personnes qui ne se servent que de

---

(1) Voy. la Note 4 du Chap. XI. de l'Economie rurale
de Columelle, Liv. II.

(1) Voy. la Note 1 du Chap. XXVIII. de l'Economie rurale de Varron, Liv. I.

charrues très-petites pour donner le premier labour à la terre dans laquelle elles le sement, & qui le recouvrent aussitôt de terre avec des sarcloirs.

CHAPITRE VIII.

ON peut aussi semer l'ers à la fin de ce mois-ci dans un terrein sec & maigre. On en seme cinq *modii* par *Jugerum*.

CHAPITRE IX.

IL faut profiter des jours secs & sereins de ce mois-ci pour sarcler les bleds, quand il ne gele point. La plupart des Auteurs prétendent que c'est une opération qu'il ne faut jamais faire, parce qu'elle découvre ou qu'elle coupe les racines des bleds, de façon qu'ils périssent aux froids qui viennent ensuite; mais il me semble qu'on peut la faire, pourvû que ce ne soit que dans des terreins pleins d'herbes. Au surplus, on sarcle le froment & le bled *ador* (1) quand ils ont

---

(1) Voy. la Note 1 du Chap. XXXIV. de l'Économie rurale de Caton.

quatre feuilles; l'orge, quand il en a cinq; les fèves
& les légumes, lorsqu'ils sont élevés de quatre
doigts sur terre. Pour le lupin qui n'a qu'une seule
racine, il périroit si on le sarcloit : d'ailleurs il
n'exige pas qu'on lui donne ce soin, parce qu'il
fait mourir les herbes lui-même & sans le secours du Cultivateur. Quant à la fève, si on la
sarcle deux fois, elle profitera d'autant mieux,
& produira un fruit aussi recommandable par sa
grosseur que remarquable par sa quantité, puisqu'il n'en faudra presque pas davantage pour
combler la mesure d'un *modius* lorsqu'il sera moulu, qu'il n'en faudroit s'il étoit en cosses. En sar-
clant les plantes dans le temps qu'elles sont séches, c'est un petit secours qu'on leur procure
contre la rouille. L'orge sur-tout doit être sarclé
quand il est sec.

CHAPITRE X.

C'Est à présent le temps de façonner la terre
au *pastinum* (1); ce qui se fait de trois façons, ou
en fouillant un terrein dans toute son étendue,
ou en y faisant des tranchées, ou en y creusant
des fosses. Il faut fouiller un terrein dans toute
son étendue quand il est en friche, afin de le dé-

______

(1) Voy. la Note 5 du Chap. VI. Liv. I.

barraſſer des troncs d'arbres ſauvages , & des racines de fougere ou de celles des autres mauvaiſes herbes. Mais quand ce ſont des jacheres qui
ne ſont point embarraſſées , il faut les façonner
au *paſtinum* (1) en y creuſant des foſſes , ou en y
faiſant des tranchées , quoiqu'il ſera encore mieux
d'y faire des tranchées , parce que ces tranchées
livreront un paſſage à l'eau , de façon qu'elle
abreuvera tout le terrein. On fera donc ces tranchées de la longueur que l'on voudra donner aux
planches , & de deux pieds & demi ou de trois
pieds de largeur , de façon que deux foſſoyeurs y
travailleront enſemble au hoyau , en ſe réglant
ſur une ligne qui ſera marquée au cordeau ,
& les creuſeront à la profondeur de trois pieds
ou de deux pieds & demi. Après quoi , s'il s'a-
git d'un vignoble qui doive être cultivé à mains
d'homme, ils laiſſeront ſans le remuer un intervalle de terrein égal à celui qu'ils auront labouré ,
& creuſeront une autre tranchée de la même maniere que la premiere , au lieu que s'il s'agit de
vignobles qui doivent être labourés à la charrue
(2) , ils laiſſeront entre chaque tranchée un intervalle de cinq ou ſix pieds ſans le fouiller. Si l'on
veut faire des foſſes , on leur donnera trois pieds
de profondeur , deux pieds & demi de largeur &

---

(2) On ne laboure pas les vignes elles-mêmes à la charrue , mais on peut labourer ainſi le terrein qu'on aura laiſſé
libre entre les ſeps allignés.

trois pieds de longueur. Soit que l'on cultive les vignobles à mains d'hommes, soit qu'on les cultive avec des bœufs (2), on laissera entre ces fosses, dans l'un ou l'autre cas, les mêmes intervalles que ceux que nous avons prescrits à l'égard des tranchées. Mais il ne faut pas donner aux fosses plus de trois pieds de profondeur, de peur que les sarmens qu'on y plantera ne soient incommodés par le froid (3). Il faut que les côtés des fosses soient coupés perpendiculairement, de peur que si le sep s'y trouvoit posé obliquement (4), il ne vint à être blessé par une suite des efforts que feroit le fossoyeur pour pénétrer au fond de la terre avec ses outils. Quant aux terreins façonnés au *pastinum* (1), dont on voudra remuer la terre dans toute leur étendue, on les fouillera à la profondeur de trois pieds ou de deux pieds & demi, & l'on prendra garde que le fossoyeur ne cache par fraude des parties de terre non labourées. C'est à quoi veillera le gardien, en sondant de temps en temps le terrein à mesure qu'il sera fouillé, avec une verge sur laquelle sera marquée

—

(3) Si les fosses avoient plus de trois pieds de profondeur, le plant auroit à souffrir du froid, parce que les rayons du Soleil pénètrent difficilement la terre au-delà de trois pieds.

(4) C'est-à-dire, s'il n'étoit pas couché tout de son long au milieu de la fosse, & redressé ensuite à l'un des angles droits de ses côtés, mais qu'il fût penché sur le talus formé par leur inclinaison. Voy. le Chap. IV. de l'Economie rurale de Columelle, Liv. IV.

la mesure de la profondeur que nous venons de prescrire (5). On fera aussi rejetter sur la superficie du terrein toutes les racines & toutes les immondices , & principalement celles qui seront occasionnées par les ronces & par la fougere. Il faut prendre ces soins dans tous les terreins , telle que soit leur position , & par tout pays.

CHAPITRE XI.

Pour ce qui est de la distribution du terrein en planches (1) , le Propriétaire suivra son goût , ou se réglera sur l'exigence du lieu pour la faire , soit en faisant des planches d'un *Jugerum* entier , soit en les faisant d'un *semijugerum* , soit enfin en ne faisant que des planches *quartanaria* , c'est-à-dire , des planches quarrées qui ne contiendront que le quart du *Jugerum*.

(5) Voy. la description de cette verge dans le Chap. XIII. de l'Economie rurale de Columelle , Liv. III.

(1) Les Arpenteurs donnoient le nom de *tabula* que nous traduisons par celui de *planche* , usité chez nos Jardiniers , à une superficie de soixante & douze perches quarrées , dont chaque côté portoit dix-huit perches , comme on le voit par un fragment *de jugeribus metiundis* qui se trouve dans la Collection des Auteurs Agraires , au lieu que les Agriculteurs donnoient ce nom à telle superficie quarrée , que ce pût être , de telle longueur que fussent ses côtés.

CHAPITRE XII.

VOICI la mesure de terre façonnée au *pastinum*
(1) que contiendra la planche quarrée d'un *Jugerum*
entier (2). Chacun de ses côtés aura cent quatre-
vingt pieds de longueur, qui, multipliés l'un par
l'autre, donneront, pour toute sa superficie, trois
cent vingt - quatre perches quarrées de dix pieds
chacune. Or, on estimera, d'après ce calcul, tous
les terreins que l'on voudra façonner au *pastinum* (1), puisque dix-huit perches, de dix pieds
chacune, multipliées par dix-huit en donneront
trois cent vingt - quatre. Ainsi cet exemple ap-

---

(1) Voy. la Note 5 du Chap. VI. LIV. I.

(2) La planche du *Jugerum* entier ne devroit contenir que
288 perches ou 28800 pieds quarrés, la perche étant sup-
posée de dix pieds. (Voy. le mot *Jugerum* à la Table des
poids & mesures, &c. *ad Cat.*) C'est aussi d'après ce calcul,
ainsi que nous l'avons vû dans la Note 1 du Chap. précédent, que la planche des Arpenteurs étoit de 72 perches quarrées ou de 7200 pieds quarrés, c'est-à-dire, du quart du *Jugerum*; mais Palladius procede ici tout autrement pour faire ses
calculs : en effet il prend la moyenne proportionelle entre
la longueur du *Jugerum* qui est de 240 pieds, & sa largeur
qui est de 120 pieds, cette moyenne proportionelle est
180, dont le quarré donne 32400 pieds quarrés, ou 324
perches, d'où il résulte une mesure bien plus considérable
que la véritable.

prendra à mesurer tous les terreins selon qu'ils seront plus ou moins grands.

CHAPITRE XIII.

IL faut que le terrein que l'on veut planter en vignes ne soit ni trop compact , ni absolument réduit en poussiere , mais qu'il tienne plus de ce dernier que du premier; qu'il ne soit ni maigre, ni très-gras , mais qu'il tienne beaucoup d'un terrein gras ; qu'il ne soit ni plat ni escarpé , mais qu'il tienne d'un terrein plat qui seroit élevé; qu'il ne soit ni sec ni marécageux , mais néanmoins médiocrement arrosé ; enfin qu'il ne soit ni salé ni amer , parce que tous ces défauts corrompent le vin & le rendent désagréable au goût. Il faut aussi que le climat tienne le milieu entre toutes les qualités dont il est susceptible, quoiqu'il doi-ve être plus tempéré que froid & plutôt sec que pluvieux. Mais ce que la vigne redoute le plus , ce sont les tempêtes & les vents. Quand on vou-dra façonner un terrein au *pastinum* (1) , on en choisira un de préférence qui soit inculte ou en-tiérement couvert de broussailles. La pire de tou-tes les qualités qu'il pourroit avoir seroit d'avoir été anciennement planté en vignes. Si cependant

(1) Voy. la Note 5 du Chap. VI. Liv. I.

l'on eſt forcé par la néceſſité de tourner ſon choix
ſur un terrein pareil, il faudra commencer par le
tourmenter par de fréquens labours, afin d'extirper les racines des anciens ſeps, & de détruire
toute la pourriture & la malpropreté qu'elles auront pû y dépoſer, pour y mettre avec plus de
confiance du jeune plant. Quand le tuf & les autres terreins encore d'une nature plus dure ſont
ramollis par la gelée ainſi que par le Soleil, ils
portent de très-belles vignes, parce qu'ils main-
tiennent leurs racines fraîches en Eté, & qu'ils
conſervent bien l'humidité. Pour le roc qui eſt
couvert de terre, il n'expoſe jamais les racines de
la vigne à ſouffrir la ſoif pendant l'Eté, parce
qu'il eſt frais & qu'il conſerve bien l'humidité.
Il en eſt de même d'un gravier réſous en pouſſiere, d'un terrein plein de cailloux, & des pierres
mouvantes (pourvu néanmoins que toutes ces na-
tures de terreins ſoient mêlangées de quelques
mottes de terre qui ſoient graſſes), ainſi que des
terreins ſur leſquels la terre s'ébonle des hauteurs voiſines, ou des vallées engraiſſées par les
amas qu'y auront dépoſés les rivieres; quoique
tout ceci ne doive s'entendre que des lieux qui
ne peuvent pas être moleſtés par la gelée ni par
les brouillards. La terre mêlée d'argille eſt encore
bonne pour la vigne, mais l'argille pure lui eſt
très-contraire, ainſi que les autres choſes que j'ai
détaillées dans les préceptes généraux que j'ai

donnés (2). Pour les terreins qui n'auront jamais
produit que de misérables broussailles, ou qui seront marécageux, ou salés, ou amers, ou altérés
& secs, on les connoîtra à l'essai. Le sable noir
ainsi que le rouge sont bons, pourvu qu'ils soient
mêlés de terre forte ; le charbon maigrit les vignes à moins qu'il ne soit fumé. Elles prennent
difficilement dans la terre rouge : il est vrai que
par la suite elles y trouvent suffisamment de nourriture, mais cette espece de terre est rebelle au
travail, parce que, pour peu que l'humidité ou
le Soleil s'y fassent sentir, elle devient ou trop
humide ou trop dure. Au surplus, le meilleur
de tous les terreins est celui qui tient le milieu
entre tous les extrêmes, & qui approche plutôt
d'un terrein dilaté que d'un terrein compact. Il
faut que la vigne soit exposée dans les pays froids
au Midi, dans les pays chauds au Septentrion,
& dans les pays tempérés au Levant, pourvu cependant que la contrée ne soit point sujette à des
vents de Midi ou d'Est qui soient malfaisans,
auquel cas on fera mieux d'exposer ses vignobles
au vent d'Aquilon ou au *Favonius* (3). Il faut

----

(2) Voy. le Chap. VII. du premier Livre. C'est ce premier
Livre qui contient les préceptes généraux, dont l'Auteur parle ici.

(3) Voy. la Note 6 du Chap. VII. de l'Economie rurale
de Caton.

commencer par débarrasser le terrein que l'on voudra façonner au *pastinum* (1), de tous les obstacles qu'on y pourra rencontrer & de tous les arbres qui s'y trouveront brisés, de peur que, lorsque la terre aura été fouillée, elle ne se raffermisse par la suite à force d'être foulée aux pieds. Si le terrein est plat on le labourera au *pastinum* (1) à la profondeur de deux pieds & demi; si c'est une petite éminence de terre, on la labourera à la profondeur de trois pieds; si c'est une colline escarpée, on la labourera à la profondeur de quatre pieds, de peur que la terre n'en soit trop tôt entraînée (4); enfin si c'est une vallée, on la labourera à la profondeur de deux pieds. Mais il ne faut pas fouiller à plus d'un pied & demi de profondeur un terrein marécageux, où l'eau sourcilleroit s'il étoit fouillé plus profondément, tel que le terroir de Ravenna. Des expériences suivies m'ont appris que les vignes viennent mieux, lorsqu'elles sont plantées soit au moment que la terre vient d'être fouillée, soit peu de temps après, c'est-à-dire, avant que le gonflement de la terre, occasionné par le labour au *pastinum* (1), soit affaissé, & qu'elle ait repris sa fermeté. J'ai reconnu la même chose à l'égard des tranchées

---

(4) Plus un labour est profond, plus le poids de la terre qui a été remuée est considérable, & par conséquent plus il est difficile à l'eau de l'entraîner, à moins qu'elle ne soit en très-grande abondance.

ou des fosses, sur-tout quand la terre étoit médiocre.

CHAPITRE XIV.

IL faut semer la laitue aux mois de Janvier
ou de Décembre, pour la transplanter au mois
de Février. On la seme aussi au mois de Février,
pour pouvoir la transplanter au mois d'Avril.
Mais il est certain qu'on peut très-bien la semer
dans tout le courant de l'année, pourvu que ce
soit dans un terrein gras, fumé & arrosé. On en
coupera les racines également, & on les enduira
de fumier liquide avant de la planter, ou, si
elle est déja plantée, on les mettra à jour pour
leur donner du fumier. Cette plante veut un
terrein qui soit labouré, gras, humide & fumé.
Il faut arracher les herbes qui croîtront entre les
laitues avec la main, & non pas avec un sarcloir.
La laitue deviendra plus épaisse si on la seme
claire, ou qu'après avoir coupé légérement sa
tige, lorsqu'elle commencera à pousser, on la
comprime avec une motte de terre ou avec une
tuile. On croit qu'on fait blanchir les laitues
en jettant fréquemment, sur la planche où elles
sont, du sable de riviere ou de mer, & en ras-
semblant leurs feuilles pour les lier. Si la laitue
vient à durcir promptement par le vice du terrein,

rein, ou par celui du temps qu'il aura fait , ou
enfin par la mauvaise qualité de la graine qu'on
aura semée , on la déterrera & on la replantera
de nouveau pour la rendre plus tendre. Elle aura
aussi plusieurs goûts différens, si après avoir creusé délicatement , avec une alène , une crotte de
chevre , & avoir inséré dedans de la graine de
laitue, de cresson alenois, de basilic , de roquette
& de raifort , on enveloppe cette crotte dans du
fumier , & qu'on l'enfonce dans une petite fosse
creusée sur un terrein très-bien cultivé. En effet ,
le raifort se portera vers la racine de la laitue ,
& les autres plantes s'élanceront par en haut ainsi
que la laitue elle-même, qui les absorbera en con-
servant le goût de chacune d'elles. D'autres parviennent au même but de cette façon-ci : ils déterrent une laitue & tondent les feuilles qui tiennent à ses racines , & après les avoir piquées à
l'endroit par où elles y tiennent avec un scion
d'arbre , ils déposent dans ces feuilles les graines que nous venons de nommer, à l'exception
de celle du raifort , après quoi ils remettent
en terre cette laitue ainsi arrangée , au moyen
de quoi les tiges que produisent ces semences
croissent autour d'elle. On a donné à la laitue
le nom de *lactuca* , parce qu'elle contient une
grande quantité de lait (1). Il est constant qu'il
faut semer dans ce mois-ci comme en tout au-

---

(1) Du mot *lac*, qui veut dire *lait*.

tre temps, le creſſon alenois, n'importe en quel lieu ni ſous quel climat : il ne veut point de fumier, & quoiqu'il aime l'eau, peu lui importe de n'en pas avoir. On dit qu'en le ſemant avec de la laitue, il vient admirablement. Ne tardez pas à ſemer la roquette à préſent, ainſi que dans tel mois & en tel lieu qu'il vous plaira. On peut auſſi ſemer les choux dans ce mois-ci, comme pendant toute l'année, quoiqu'il ſera mieux de les ſemer dans les autres mois que nous leur avons aſſignés dans le courant de cet ouvrage. On ſeme auſſi très-bien l'ail & l'oignon de Cypre ce mois-ci, mais l'ail profite mieux dans une terre blanche que par-tout ailleurs.

CHAPITRE XV.

ON ſeme très-bien les cormes aux mois de Janvier, de Février & de Mars dans les pays froids, & dans les pays chauds aux mois d'Octobre & de Novembre, en les mettant en terre dans une pépiniere quand elles ſont mûres. J'ai éprouvé par moi-même que des arbres venus naturellement de leurs propres fruits avoient ſouvent très-bien réuſſi, & que non-ſeulement ils étoient crûs heureuſement, mais qu'ils avoient encore rapporté beaucoup de fruits. Si cependant quelqu'un vouloit auſſi

les planter en pied, il en seroit le maître, pourvu qu'il les mît en terre dans les pays chauds au
mois de Novembre, dans les pays tempérés aux
mois de Janvier ou de Février, & dans les pays
froids vers la fin du mois de Mars. Ces sortes
de fruits aiment les lieux humides, montagneux
& qui tiennent plus du froid que du chaud : ils
veulent aussi un terrein qui soit très-gras, qualité dont on aura un indice certain, lorsqu'il en
viendra une grande quantité par-tout le terrein.
Il faut transférer les cormiers en pied quand ils
sont devenus forts : ils veulent être plantés dans
une fosse profonde, & être séparés l'un de l'autre
par de larges intervalles, afin que l'agitation
continuelle du vent (qui leur est très-utile) les
aide à croître. S'ils sont tourmentés par certains
vermisseaux malfaisans, ordinairement roux &
poilus, qui s'insinuent dans l'intérieur de leur
moëlle, on arrache de l'arbre quelques-uns de
ces animaux, sans l'endommager, & on les brûle
dans son voisinage. On croit que ce remede les
met en fuite ou qu'il les fait périr. Lorsque cet
arbre commence à rapporter moins de fruit, on
insere dans ses racines un coin de bois gommeux de pin (1), ou bien l'on fait une fosse au

____

(1) Ces sortes d'insertions de morceaux de bois, de
pierres & d'autres matieres également dures, sont souvent recommandées non-seulement par notre Auteur mais
encore par d'autres Economistes, pour remédier à la sté-

pied de son tronc, que l'on recouvre ensuite d'un amas de cendre. On greffe les cormiers au mois d'Avril sur eux-mêmes, sur des coignassiers & sur l'épine blanche sauvage, & on les greffe tant sur le tronc qu'entre l'écorce. Voici la maniere de conserver les cormes : on les cueille dans le

---

rilité des arbres. On seroit tenté de croire que ce remede n'a d'autre fondement que la superstition, ou même que ce n'est qu'une pure imagination calquée sur l'opération de la nature dans la copulation des animaux, comme si on eût voulu appliquer aux arbres une espece de mâle pour les féconder. Cependant, en y réfléchissant de plus près, il ne paroit pas impossible de trouver une raison plausible de ce procédé. En effet, l'introduction de ces sortes de matieres, le plus souvent très-dures, resserrant les fibres de l'arbre à l'endroit où on les place, dès-lors le mouvement de la seve qui doit se porter dans toutes ses parties se trouve accéléré, après avoir vaincu la résistance qu'elle avoit trouvée, & cette accélération se continue lors même qu'elle trouve un passage plus libre. C'est à peu près ce qui arrive dans les cheminées dont le conduit est plus étroit au milieu du tuyau que dans le reste de sa longueur, & qui ressemblent à des cônes ou à des pyramides tronqués, qui seroient posés l'un sur l'autre par le côté où ils sont tronqués. En effet ces sortes de cheminées attirent mieux la fumée que celles dont le tuyau est d'une largeur uniforme dans toute sa longueur. On voit aussi que la Nature a suivi cette espece de méchanisme dans la formation du corps des plantes & de celui des animaux, puisque les nœuds des arbres paroissent servir d'obstacles au libre passage de la seve, comme les soupapes des veines & des arteres en servent à la circulation du sang.

temps qu'elles font encore dures, & on les ferre ; lorfqu'enfuite elles commencent à mûrir, on en remplit jufqu'aux bords de petites cruches de terre que l'on recouvre de gyp, & que l'on enterre la gueule renverfée par en bas dans une foffe de deux pieds creufée dans un endroit fec & expofé au Soleil, après quoi on les recouvre avec de la terre que l'on foule aux pieds. On les coupe auffi par quartiers, & on les fait fécher au Soleil à l'effet de les conferver dans de petits vaiffeaux pour l'Hiver. Lorfqu'on veut enfuite en faire ufage, on les met tremper dans de l'eau bouillante, & elles reprennent toute leur faveur agréable. Quelques perfonnes les cueillent vertes avec leurs queues, & les fufpendent dans des lieux ombragés & fecs. On dit auffi que l'on fait du vin ainfi que du vinaigre avec des cormes mûres, de même qu'avec des poires (1). D'autres affurent que l'on peut conferver long-temps des cormes dans du vin cuit jufqu'à diminution de moitié. L'amande fe feme aux mois de Janvier & de Février, & dans les pays chauds aux mois d'Octobre & de Novembre, tant en nature qu'en rejettons que l'on arrache de la racine d'un grand amandier. Mais la meilleure méthode, par rapport à cette efpece d'arbre, eft d'en faire des pépinieres. On fouillera donc une fuperficie quel-

---

(1) Voyez-en la méthode dans le Chap. XXV. du Livre fuivant.

conque de terrein à la profondeur d'un pied &
demi, & on y entertera des amandes, en ne les
couvrant pas de plus de quatre doigts de terre,
de façon qu'elles soient fichées en terre par la
pointe, & séparées de deux pieds l'une de l'autre. Les amandiers aiment un terrein dur, sec
& plein de gravier, ainsi qu'un climat très-
chaud, parce qu'ils ont coutume de fleurir de
bonne heure : il faut les disposer de façon qu'ils
soient exposés au Midi. Lorsqu'ils auront pris
quelque croissance dans la pépiniere, on y laissera le nombre de pieds suffisant pour la remplir,
& on transplantera les autres au mois de Février. Mais on choisira, pour les mettre en terre,
des amandes nouvelles & qui soient grosses, &
avant de les y mettre, on les fera tremper la
veille dans de l'hydromel, qui ne soit pas trop
miellé, de peur que l'âpreté, causée par la trop
grande quantité de miel, ne fasse mourir leur
germe. D'autres commencent par les faire macérer dans du fumier liquide pendant trois jours,
après quoi ils les laissent pendant un jour & une
nuit dans de l'hydromel, qui n'ait cependant
qu'un soupçon de douceur. Lorsque l'on aura
arrangé des amandes dans une pépiniere, s'il
survient de la sécheresse, on les arrosera trois
fois par mois, & on les débarrassera souvent des
herbes qui croîtront autour d'elles en les bêchant. La terre de la pépiniere doit être mêlée
de fumier. Il suffira de laisser vingt ou vingt-

cinq pieds d'intervalle entre ces arbres. Il faut
les tailler au mois de Novembre & en retrancher les branches superflues, seches & trop drues.
Il faut les mettre à l'abri des insultes des bestiaux, parce que, s'ils venoient à les ronger, ils
rendroient leurs fruits amers. Il ne faut jamais
les bêcher quand ils sont en fleurs, autrement la
fleur tomberoit. Ils rapportent davantage quand
ils sont vieux. S'ils ne sont pas fertiles, on fichera dans leur racine, après l'avoir percée avec
une tarriere, un coin de bois gommeux de pin,
ou bien on y insérera un caillou (1), de façon
que l'écorce le recouvre par la suite. Martialis
(3) dit que voici la maniere de les préserver dans
les pays froids des gelées blanches qui y sont à
craindre : on découvre leurs racines avant qu'ils
soient en fleurs, & on accumule autour de ces
racines de très-petites pierres blanches mêlées

---

(3) Nous avons déja parlé dans notre Préface de ce Gargilius Martialis, auquel on a voulu attribuer mal-à-propos
le Livre de Columelle *de Arboribus*. Au surplus, on ignore
quel étoit cet Auteur, & de quel pays il étoit. Lampridius nous
apprend seulement dans Alexandre Severe, Chap. XXXVII.
qu'il vivoit sous cet Empereur, & l'on voit par d'autres Auteurs qu'il avoit écrit non-seulement sur l'Histoire & sur le
Jardinage, mais encore sur l'Art vétérinaire. Gesner a même
donné dans sa Collection des Auteurs Economiques un fragment de lui, qui est relatif au traitement des bœufs. C'est
tout ce qui nous reste des ouvrages de cet Auteur, encore ce
fragment est-il si mutilé qu'il ne mérite aucune attention.

de fable, que l'on couvre d'abord de terre &
que l'on retire par la suite, lorsque le temps où
ils doivent germer paroît approcher. Il prétend
aussi que l'amandier donnera des amandes tendres, si on déchausse ses racines avant qu'il soit
en fleurs, & qu'on les arrose d'eau chaude pendant quelques jours. D'ameres que sont les amandes, on les rend douces, soit en bèchant le pied
de l'amandier à trois doigts de distance de sa
racine, & en pratiquant sur le tronc une ouverture à travers laquelle filtrera l'humeur qui lui
fait tort, soit en le perçant par le milieu avec
une tarrierre & en fichant dans ce trou un coin
de bois enduit de miel (1), soit en répandant
autour de ses racines de la fiente de porc. Les
amandes avertissent du moment où elles sont mûres
& bonnes à être cueillies; c'est celui où elles quittent leur écorce. Elles se conservent long-temps
sans aucun soin de la part de l'homme. Si leur
peau s'enleve difficilement, elle se relâchera
bientôt, pour peu qu'on les enseveliffe dans de
la paille. De même, si après les avoir dépouillées
de leur peau, on les lave dans de l'eau de mer
ou dans de l'eau salée, elles blanchissent & se
conservent plus long-temps. On greffe les amandiers au mois de Décembre ou au mois de Janvier vers les Ides (4), & même au mois de Fé-

---

(4) Voy. la Note 1 du Chap. XXVIII. de l'Economie rurale de Varron, Liv. I.

vrier dans les pays froids, pourvu cependant que l'on ait eu soin de ferrer d'avance les scions que l'on emploiera avant qu'ils germent. Les meilleurs scions sont ceux que l'on prend sur le sommet de l'arbre. On les greffe non-seulement sous l'écorce, mais encore dans le tronc, tant sur euxmêmes que sur le pêcher. Les Grecs assurent qu'il viendra des amandes sur lesquelles il y aura des caractères gravés, si l'on prend une amande saine, & qu'après l'avoir dépouillée de sa peau, pour écrire dessus ce que l'on voudra, on la mette en terre enveloppée de boue & de fiente de porc. On semera les noix à la fin de Janvier ou de février. Le noyer aime les lieux montagneux, humides & froids, & communément ceux qui sont pleins de pierres. On peut cependant en élever aussi dans les pays tempérés avec le secours de l'eau. Il faut semer la noix en nature de la même maniere que l'on seme les amandes, & dans les mêmes mois. Mais quand on la seme au mois de Novembre, on la fait sécher quelque temps au Soleil, afin que son humidité, qui est un vrai poison, se dessèche. Pour celles que l'on semera aux mois de Janvier ou de février, il suffira de les avoir fait tremper la veille dans l'eau. On les mettra en terre transversalement, de façon que leur flanc, c'està-dire, la carene formée par leur coquille soit couchée en terre, & l'on dirigera leur pointe du côté de l'Aquilon. Il faut aussi mettre sous elles une pierre ou une tuile , afin qu'elles ne s'en tiennent pas à produire une feule racine , mais que celle qui germera la premiere , étant repouf-fée par la réfiftance qu'elle trouvera , fe diftribue en plufieurs autres. Le noyer devient plus beau quand on le tranfplante fouvent. Il faut le tranf-planter dans les pays froids à l'âge de deux ans , & dans les pays chauds à l'âge de trois. Quand on plante cet arbre en pied , il ne faut pas en couper les racines (comme on a coutume de le pratiquer à l'égard des autres arbres) , mais il faut les tremper dans de la fiente de bœuf ; quoi-qu'on fera encore mieux de répandre de la cen-dre dans les foffes où on le dépofera , de peur que la chaleur du fumier ne le brûle , d'autant que la cendre attendrit fon écorce , & qu'elle lui fait rapporter une plus grande quantité de fruits. Cet arbre fe plaît dans de grandes fof-fes eu égard à fa grandeur , & il demande à être féparé de tout autre arbre par de larges intervalles , parce que l'eau qui dégoutte de fes feuilles nuit aux arbres qui l'avoifinent , fuffent-ils de fon efpece. Il faut quelquefois bêcher la terre autour de fon tronc de peur qu'il ne fe cave en vieilliffant , & s'il vient à fe pourrir , il faut creufer une longue rigole depuis le haut du tronc jufqu'en bas , moyennant quoi le Soleil & le vent feront durcir les parties qui tendoient à la pour-riture. Quand un noyer eft dur ou plein de nœuds , il faut couper fon écorce autour du tronc , pour détourner l'humeur vicieuse qui cause cet accident. D'autres coupent l'extrémité de ses racines, & d'autres percent sa racine avec une tarriere, & enfoncent dans le trou qu'ils y ont fait un morceau de buis, ou un clou soit de cuivre soit de fer (1). Si l'on veut avoir des noyers de Tarente, il ne faut mettre en terre dans la pépiniere que la chair seule de la noix, après l'avoir enveloppée de laine à cause des fourmis. Si l'on veut qu'un arbre qui porte déja des noix se change en cette espece de noyer, on l'arrose trois fois par mois pendant une année entiere avec de l'eau de lessive. Quand la noix quitte son brou, c'est une preuve qu'elle est mûre, & bonne à être semée. On conserve les noix soit en les ensevelissant dans de la paille, ou dans du sable, ou dans des feuilles de noyer seches, soit en les renfermant dans une caisse de bois de noyer, soit enfin en les mêlant avec des oignons auxquels en revanche elles font perdre leur âcreté. Martialis (2) assure, & prétend l'avoir éprouvé par lui-même, que, si l'on plonge dans du miel des noix vertes sans autre apprêt que celui de les débarrasser de leurs coquilles, elles sont encore vertes au bout d'un an, & que ce miel devient lui-même si médicinal, que pris en potion il peut servir de remede contre les maladies qui attaquent les arteres & la gorge. On greffe le noyer (suivant presque tous les Auteurs) au mois de Février sur l'arbousier; mais, suivant d'autres, il est mieux

de le greffer sur le prunier ou sur lui-même, &
d'insérer la greffe dans le tronc. C'est dans ce
mois-ci qu'on greffe le jujubier sur le coignassier.
C'est aussi à présent que l'on met en terre les
noyaux de pêches dans les pays tempérés : quant à
l'arbre qui produit ce fruit, on le greffe sur lui-
même, sur l'amandier & sur le prunier, au lieu
qu'on ne greffe l'abricotier, ainsi que le pêcher qui
donne la pêche précoce que sur le prunier seul.
C'est de même à présent qu'il faut greffer le prunier avant qu'il jette sa gomme : on le greffe sur
lui - même ou sur le pêcher. Il sera également
temps de greffer le cerisier sauvage.

CHAPITRE XVI.

C'EST dans ce mois-ci, comme le dit Columelle (1), que l'on marque d'une empreinte les
agneaux venus à temps, ainsi que tous les animaux tant grands que petits. C'est aussi le temps
préfix de faire du lard, de saler du hérisson, de
confire des raves & de faire des jambons.

(1) Voy. le Chap. II. du Liv. XI. de son Economie rurale.

CHAPITRE XVII.

ON fera ce mois-ci de l'huile avec des baies de myrthe de la maniere qui fuit : on mettra une *uncia* de feuilles de myrthe fur une livre d'huile, avec une *hemina* de vieux vin qui foit aftringent fur dix *unciæ* des mêmes feuilles, & on les fera bouillir avec l'huile. Si on les afperfe de vin, c'eft pour éviter qu'elles ne foient frites avant d'avoir bouilli.

CHAPITRE XVIII.

ON fait encore du vin de myrthe avec les mêmes baies de la maniere fuivante : on met fur dix *fextarii* de vin vieux, mefure de ville (1), trois *fextarii* de graine de myrthe concaffée, même mefure, & on la laiffe infufer pendant dix-neuf jours. Enfuite on paffe cette graine en l'exprimant, & l'on met dans le vin un demi fcrupule de faffran avec un fcrupule de feuille Indienne ; enfin on tempere le tout avec dix livres d'excellent miel.

---

(1) On voit par ce paffage que la mefure du *fextarius* n'étoit pas la même à Rome que dans le refte de l'Italie.

CHAPITRE XIX.

ON fera aussi de l'huile avec des baies de laurier de la façon qui suit : on fera bouillir dans de l'eau chaude une grande quantité de baies de laurier que leur maturité aura bien grossies , & quand elles auront bouilli long-temps , on fera passer dans des vases la vague de l'huile qu'elles auront rendue & qui surnagera , en se servant de plumes pour la ramasser légérement.

CHAPITRE XX.

C'EST aussi le temps de faire de l'huile de lentisque ; or , voici comme on s'y prend : on ramasse une grande quantité de graine de lentisque qui soit mûre , & on la laisse amoncelée pendant un jour & une nuit ; ensuite on pose sur plusieurs petits vases des corbeilles remplies de cette graine , & après l'avoir arrosée avec de l'eau chaude , on la foule pour l'exprimer , après quoi on ramasse l'huile de lentisque qui surnage sur l'eau qui coule de ces corbeilles , ainsi que l'on fait pour l'huile de laurier (1). Mais on se sou-

(1) Voy. le Chap. précédent.

viendra d'arrofer cette graine avec de l'eau chaude, afin que le froid ne puiffe pas refferrer l'huile.

CHAPITRE XXI.

LEs poules reprennent leur fécondité ce mois-ci, après s'être repofées pendant le Solftice, & l'on commence à leur faire couver des œufs pour avoir des pouffins à élever.

CHAPITRE XXII.

C'Est auffi dans ce mois-ci qu'il faut couper le bois de conftruction pendant que la Lune eft dans fon déclin, & qu'il faut faire des échalas & des pieus.

CHAPITRE XXIII.

(1) CE mois-ci s'accorde avec celui de Décembre par rapport à la durée des heures : en voici les mefures raffemblées.

---

(1) Quoique nous ayons déja parlé dans la Note 9 du Chap. XI. de l'Econ. rur. de Varron, Liv. II. ainfi que dans

A la premiere & à la onzieme heure, le Gnomon donne vingt-neuf pieds d'ombre.

---

la Note 4 du Chap. XI. de celle de Columelle , Liv. II.
de la diftinction entre les jours naturels & les jours civils,
nous croyons devoir entrer dans un plus grand détail fur
cette matiere, pour aider à l'intelligence de ce que Palladius donne à la fin de chaque mois, fur la durée des heures & fur la longueur des ombres.

Les jours naturels , ainfi que nous l'avons déja dit *ibid.*
font compofés, depuis le coucher du Soleil jufqu'au coucher
fuivant , de vingt-quatre parties égales que l'on appelle
heures équinoctiales. Les jours civils, au contraire, ne font
compofés, depuis le lever du Soleil jufqu'à fon coucher, que
de douze parties inégales appellées *heures vulgaires.* Ce font
de ces dernieres qu'il faut entendre Palladius.

Les heures vulgaires ne font jamais plus courtes qu'au
Solftice d'Hiver ; en effet, elles font alors d'un tiers moins
longues que les heures équinoctiales : d'un autre côté, elles
ne font jamais plus longues qu'au Solftice d'Eté, puifqu'elles
font alors d'un tiers plus longues que les équinoctiales , & par
conféquent moitié plus longues que les vulgaires d'Hiver.
Les unes & les autres font au contraire égales entre elles ,
tant au Printemps, lorfque le Soleil entre dans le Signe du
Belier, qu'en Automne, lorfqu'il entre dans le Signe de la
Balance. Ainfi les heures vulgaires croiffent depuis le Solftice d'Hiver jufqu'au Solftice d'Eté à mefure que les jours
croiffent , comme elles diminuent depuis le Solftice d'Eté
jufqu'à celui d'Hiver à mefure que les jours diminuent.

Tous les jours civils étant compofés ainfi que les nuits
de douze heures, la fixieme heure d'un jour civil eft toujours le milieu du jour, ou midi, puifque la premiere commence au lever Soleil, comme la douzieme finit à fon cou-

A

A la seconde & à la dixieme , il en donne
dix-neuf.

---

cher. Par conséquent , si les heures vulgaires sont , ainsi
que nous l'avons dit, presque égales aux équinoctiales dans
le mois de Mars , la premiere heure du jour civil est alors
la même que la treizieme du jour naturel ; la seconde est
la même que la quatorzieme; la troisieme , que la quinzieme ; la quatrieme, que la seizieme ; la cinquieme, que la
dix-septieme ; la sixieme , que la dix-huitieme ; la septieme,
que la dix-neuvieme ; la huitieme, que la vingtieme ; la
neuvieme, que la vingt & unieme ; la dixieme , que la
vingt-deuxieme ; la onzieme, que la vingt-troisieme ; & la
douzieme, que la vingt-quatrieme.

Dans le mois de Juin au contraire, où les heures vulgaires
sont les plus longues possibles , la premiere est la même que
la neuvieme & le tiers de la dixieme équinoctiale ; la seconde est la même que le reste de la dixieme avec les deux tiers
de la onzieme ; la troisieme est la même que la douzieme
avec un tiers de la onzieme (d'où il résulte que trois heures
vulgaires en comprennent alors quatre équinoctiales) ; la
quatrieme est la même que la treizieme avec le tiers de la
quatorzieme ; la cinquieme est la même que le reste de la
quatorzieme avec les deux tiers de la quinzieme ; la sixieme
est la même que le reste de la quinzieme avec toute la seizieme, & c'est alors Midi ou le milieu du jour. De même la
septieme, la huitieme & la neuvieme vulgaires en comprennent, à elles trois, quatre équinoctiales, qui sont la dix-septieme, la dix-huitieme, la dix-neuvieme & la vingtieme ;
comme la dixieme, la onzieme & la douzieme vulgaires
comprennent la vingt & unieme, la vingt-deuxieme, la
vingt-troisieme & la vingt quatrieme équinoctiales.

Voici à présent la méthode qu'a suivie Palladius , pour

Tome. V. H

A la troisieme & à la neuvieme, il en donne quinze.

---

trouver les heures vulgaires par les ombres. Supposez un plan quarré fait à la regle & au niveau, dans un endroit découvert & qui soit éclairé pendant tout le jour par le Soleil ; que chacun des côtés de ce plan soit tourné, l'un au Septentrion, l'autre au Midi, le troisieme au Levant & le quatrieme au Couchant. Supposez ensuite un Gnomon placé au milieu de ce plan, & observez la longueur de l'ombre qu'il marquera le premier jour de chaque mois, au moment qu'il sera frappé des rayons du Soleil ; le résultat des observations sera conforme aux calculs de Palladius. Ainsi, par exemple, en Janvier le Gnomon donnera vingt-neuf pieds d'ombre à la premiere heure ; il en donnera dix-neuf à la seconde ; quinze à la troisieme ; douze à la quatrieme ; dix à la cinquieme ; & neuf à la sixieme : or, cette sixieme heure est toujours (comme je l'ai déja dit) le milieu du jour, temps auquel le Soleil donne l'ombre la plus courte, parce qu'il est alors au plus haut de sa course. Mais, lorsqu'il commence à s'abbaisser vers le Couchant, les ombres augmentent dans la même proportion qu'elles avoient diminué tant qu'il s'élevoit, ce qui fait qu'à la septieme heure, qui est la premiere après Midi, le Gnomon donne dix pieds d'ombre, comme à la cinquieme d'avant Midi ; qu'à la huitieme, il en donne douze, comme à la quatrieme ; qu'à la neuvieme il en donne quinze, comme à la troisieme ; qu'à la dixieme il en donne dix-neuf, comme à la seconde ; qu'à la onzieme il en donne vingt-neuf, comme à la premiere.

Palladius observant avec raison que le mois de Janvier s'accorde avec celui de Décembre, par rapport à la durée des heures, il s'ensuit que les ombres seront les mêmes à toutes les heures dans ces deux mois ; & il faut dire la même chose

A la quatrieme & à la huitieme, il en donne douze.

---

des autres mois, en les accollant de même deux à deux, de façon que Février s'accordera aussi avec Novembre par rapport à la durée des heures & à la longueur des ombres ; Mars avec Octobre ; Avril avec Septembre ; Mai avec Août ; Juin avec Juillet, ainsi qu'on le verra dans le cours de cet Ouvrage à la fin de chaque mois.

On observera néanmoins que Palladius n'a donné la mesure des ombres que pour les premiers jours de chaque mois, & qu'elles ne sont pas les autres jours de la longueur qu'il a fixée ici, puisqu'elles diminuent toujours quand les jours croissent, comme elles augmentent quand ils diminuent. Si l'on vouloit donner un tableau qui contint la mesure de toutes les ombres pour tous les jours de chaque mois, outre que ce seroit un volume, il faudroit de plus un nombre d'années considérable pour rassembler toutes les observations nécessaires à ce calcul : ce qui paroît une chose impraticable sur-tout en Europe, où il n'arrive jamais que tous les jours d'une année entiere soient sereins depuis le lever du Soleil jusqu'à son coucher. Il faudroit par conséquent, pour parvenir à former ce tableau, observer les jours sereins d'une multitude immense d'années. Mais comme ce seroit un travail aussi laborieux que dégoûtant, non-seulement Palladius n'a pas crû devoir l'entreprendre, mais on ne soupçonne pas que personne l'entreprenne jamais.

Nous ajouterons que les divisions des cadrans chez les Anciens se faisoient en heures vulgaires, & non pas en heures équinoctiales comme chez nous.

On demandera peut-être quel est le cadran auquel Palladius a rapporté ses mesures, car il est certain qu'elles doivent varier à proportion de la longueur du Gnomon & de l'élé-

A la cinquieme & à la septieme, il en donne dix.

A la sixieme, il en donne neuf.

---

varion du Pole, qui varie suivant les différens pays. Nous
répondrons qu'il les a probablement rapportées au cadran
de Rome, auquel les cadrans des Provinces devoient se
conformer au moins en ce qui concernoit la longueur du
Gnomon.

Fin du second Livre.

L'ÉCONOMIE RURALE

DE PALLADIUS RUTILIUS TAURUS ÆMILIANUS.

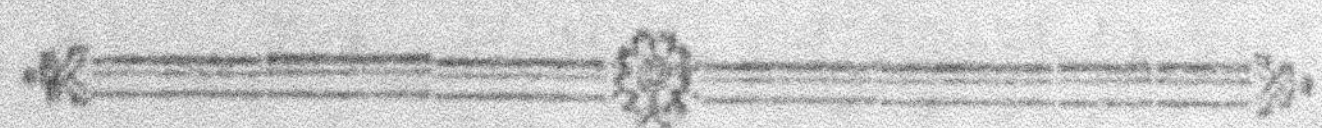

LIVRE TROISIEME.

FÉVRIER.

CHAPITRE PREMIER.

ON commencera pendant ce mois-ci à garder les prés dans les pays tempérés, après les avoir engraissés, s'ils sont maigres, avec du fumier qu'on y aura jetté pendant que la Lune croîtra. Plus le fumier, que l'on aura jetté sur la partie la plus élevée du terrein, à l'effet que le suc puisse s'en distribuer dans les autres parties, sera nouveau, plus il aura de vertu & mieux il fournira aux herbes leur nourriture.

CHAPITRE II.

ON donnera ce mois-ci le premier labour aux coteaux gras dans les pays chauds, ou dans tout autre pays, lorsque le temps aura été doux & sec.

CHAPITRE III.

IL faut semer ce mois-ci toutes les especes de grains trémois.

CHAPITRE IV.

ON semera aussi ce mois-ci la petite lentille dans un terrein médiocre & réduit en poussiere, ou même dans un terrein gras, pourvu qu'il soit très-sec, parce que sa trop grande fertilité altéreroit cette graine, ainsi que son humidité. On la seme très-bien jusqu'au douzieme jour de la Lune, & si l'on veut qu'elle leve de bonne heure & qu'elle profite ensuite, il faut la mêler avec

du fumier sec, & ne la semer qu'après qu'on
l'aura laissée pendant quatre ou cinq jours dans
ce fumier. Un *modius* de graine suffira pour ensemencer un *Jugerum*. On seme aussi la gesse ce
mois-ci dans les terreins que je viens de dire,
& de la façon que j'ai prescrite.

CHAPITRE V.

ON semera le chanvre à la fin de ce mois-ci
dans une terre grasse, fumée & arrosée, ou dans
une campagne platte, humide & labourée profondément. On en met six grains sur un pied quarré
de terrein.

CHAPITRE VI.

IL faut donner à présent le second labour aux
champs que l'on doit ensemencer en luzerne,
(herbe dont nous examinerons la nature (1)
lorsqu'il sera question de la semer) & les herser
avec soin, après les avoir épierrés. Et, quand ils
seront labourés à la maniere des jardins, on y
fera, vers les Calendes (2) de Mars, des planches

(1) Dans le Chap. I. du Liv. V.
(2) Voy. la Note 1 du Chap. XXVIII. de l'Économie rurale de Varron, Liv. I.

auxquelles on donnera dix pieds de largeur &
cinquante de longueur , afin qu'il soit facile de
les arroser & d'en arracher les mauvaises herbes
en se tenant sur leurs côtés. Après quoi on répandra de vieux fumier sur ces planches , & on les
laissera tranquilles jusqu'au mois d'Avril après
les avoir munies de ces préparatifs.

CHAPITRE VII.

ON peut encore semer l'ers dans tout le courant de ce mois-ci , parce qu'il ne faut pas le
semer au mois de Mars , de peur qu'il n'incom-
mode les bestiaux qui viendront à en manger ,
& qu'il ne rende les bœufs fous.

CHAPITRE VIII.

SI l'on jette à présent de vieille urine au pied
des arbres fruitiers & des seps de vignes , ils rap-
porteront des fruits remarquables par leur quantité, & par leur beauté : il sera bon d'y mêler de
la lie d'huile extraite sans sel sur-tout à l'égard
des oliviers : mais il faut faire cette opération
quand les jours seront encore froids , & avant
que la chaleur commence à se faire sentir. On

semera auffi à préfent dans les pays froids, vers les Calendes (1) de Mars, l'orge de Galatie (2), qui eft un grain blanc & pefant.

CHAPITRE IX.

C'EST dans ce mois-ci que l'on garnit de vignes toutes les fortes de terreins façonnés au *paftinum* (1), foit qu'on y ait préparé des tranchées, foit qu'on y ait préparé des foffes. Au refte, la vigne eft une plante de nature à fupporter les climats & les fols de toutes les efpeces, pourvu que les différens genres de raifin leur foient adaptés convenablement. On plantera donc dans une campagne platte l'efpece de vigne qui foutient les brouillards & les gelées; fur les coteaux, celle qui fupporte la féchereffe & les vents; dans un terrein gras, les vignes grêles & peu fécondes; dans un terrein maigre, les vignes fertiles & robuftes; dans un terrein compact, les vignes fortes & chargées de feuilles; dans un terrein froid & fujet aux brouillards, celles qui devan-

____

(1) Voy. la Note 1 du Chap. XXVIII. de l'Economie rurale de Varron, LIV. I.

(2) Voy. la Note 12 du Chap. IX. de l'Economie rurale de Columelle, LIV. II.

(1) Voy. la Note 5 du Chap. VI. LIV. I.

cent l'Hiver par la prompte maturité de leur raifin, où celles qui, ayant le grain dur, fleuriffent fans danger au milieu des brouillards ; dans un terrein expofé aux vents, les vignes ftables & tenaces ; dans un terrein chaud, celles dont le grain fera tendre & humide ; dans un terrein fec, celles qui ne peuvent pas fupporter la pluie : & pour ne pas nous étendre davantage fur cette matiere, nous nous contenterons de dire en général qu'il faut toujours choifir les vignes, dont les défauts annoncent clairement qu'elles fe plairont dans des lieux oppofés à ceux dans lefquels elles ne pourroient pas fubfifter. Il n'eft pas douteux qu'un climat où l'air eft toujours calme & le Ciel ferein, recevra fans danger telle efpece de vigne que ce puiffe être. Il eft inutile de les détailler toutes : mais perfonne n'ignore qu'il faut réferver pour la table le raifin dont les grappes font les plus groffes & les plus belles à l'œil, & dont les grains font durs & fecs, comme il faut garder pour la vendange les vignes les plus fertiles, celles dont les raifins ont la peau tendre & le goût diftingué, & principalement celles qui quittent leur fleur de bonne heure. Le changement de terrein influe fur la nature de la plupart des vignes. Il n'y a que les Amminées qui donnent toujours de très-bon vin en tel lieu qu'elles foient plantées, quoiqu'elles fupportent cependant plutôt un climat chaud qu'un climat froid, & qu'elles ne puiffent pas paffer d'un terrein gras dans un terrein maigre, à moins qu'on ne les aide de fumier. Il y en a de deux especes, sçavoir, la grande & la petite ; mais la petite quitte mieux sa fleur que l'autre & de meilleure heure, ses entrenœuds sont aussi moins longs, & le grain de son raisin est plus petit. Si on la marie à l'arbre, elle demande une terre grasse, au lieu que si on la cultive plantée par rangées elle en veut une médiocre ; elle s'inquiette peu des pluies ou des vents, qui font souvent périr la grande pendant qu'elle est en fleurs. Le raisin muscat est encore un raisin distingué. Il suffit d'avoir cité ces especes : un homme intelligent choisira celles qu'il aura éprouvées, & ne les confiera qu'à des terres qui aient quelque analogie avec celles d'où elles auront été tirées, moyennant quoi chacune conservera sa qualité particuliere. Mais il vaut mieux transférer la vigne ainsi que les arbres d'un terrein maigre dans un gras, parce qu'on n'en pourroit pas attendre de fruits si on les transféroit d'une terre grasse dans une maigre. Il faut choisir les sarmens que l'on doit planter dans le milieu d'un sep, & ne les prendre ni sur l'une ni sur l'autre de ses extrémités, parce qu'ils ne dégénerent pas aisément quand ils ont été pris dans cette place pour être transplantés. Ces sarmens doivent sortir du bois vieux à une longueur de cinq à six boutons. Mais il faut les prendre sur une vigne féconde : & qu'on ne s'imagine pas que des bras de vigne soient féconds

pour avoir porté une ou deux grappes chacun , puisqu'il est nécessaire , pour qu'ils soient
réputés l'être , qu'ils soient courbés sous le poids
des grappes. En effet , il peut arriver qu'un sep
de vigne fécond ait des bras qui soient plus féconds les uns que les autres. Ce sera encore une
marque de fécondité , lorsque la vigne portera du
fruit sur quelque partie de son bois dur , de
même que lorsque les branches qui seront venues sur son extrémité inférieure en donneront
beaucoup. Au reste, il en faudra faire note pendant la vendange , en mettant des signaux aux
seps qui seront dans ce cas-là , pour ne pas les
confondre avec d'autres. Il faut choisir , pour la
planter , une jeune branche sur laquelle il ne
reste point de bois dur ni de vieux sarment ,
autrement il lui arriveroit souvent de se gâter
quand ce bois viendroit à se pourrir. On rejettera les extrémités des fouets , ainsi que les rejettons qui n'auront point donné de preuve de
fertilité, quoique nés dans un bon endroit du sep.
Quand même un pampre , né sur le bois dur , auroit porté quelques fruits , il ne faudra pas en conclurre qu'il en rapportera beaucoup , parce que , s'il
a pû être fécondé par sa mere dans la place qu'il
occupoit sur elle , il se trouvera affecté , dès qu'il
sera transféré , du vice de stérilité qu'il tient du
fort de sa naissance. Il ne faut pas tordre ni tourmenter d'aucune maniere la tête du sarment que
l'on met en terre , dans la crainte que si sa partie

la plus féconde se trouve absolument enterrée,
il n'y ait plus hors de terre que ce qui se trouvera le plus voisin de sa partie stérile (2); ajoutez à cela qu'il ne seroit pas possible de le tordre
sans le tourmenter, tandis que la partie, dont on
attend des racines, ne doit souffrir aucun genre
de dommage, contre lequel elle soit obligée de
lutter avant de pouvoir prendre en terre. On
plantera la vigne par un temps chaud & dans un
jour calme. Il faut prendre garde que les sarmens
ne soient brûlés par le Soleil ou par le vent quand
on les plantera, & par conséquent les planter
aussitôt qu'on les aura tirés du sep, ou les conserver jusqu'à ce qu'on les plante en les ensève-
lissant sous terre. C'est à commencer de ce mois-ci
jusqu'à la fin du Printemps, qu'il faudra planter la
vigne dans les contrées froides & sujettes aux
brouillards, ainsi que dans les campagnes grasses
& dans les Provinces humides. On donnera un
cubitus de longueur au sarment que l'on mettra
en terre. Quand la terre sera grasse par sa nature,
on laissera de plus grands intervalles entre les
seps, quand elle sera maigre, on en laissera de
moindres. C'est pour cela qu'en distribuant des

---

(1) En effet, lorsqu'on recourbe le sarment en le mettant
en terre, il n'en reste plus sur terre que l'extrémité supérieure, à laquelle les Agriculteurs donnoient le nom de *sagitta*,
partie qu'ils regardoient comme absolument stérile. Voy. le
Chap. XVII. de l'Economie rurale de Columelle, LIV. III.

seps sur toute la superficie d'un terrein façonné au
pastinum (1), il y a des personnes qui laissent trois
pieds d'intervalle en tout sens entre chacun de ces
seps : or, en se réglant sur cette distribution, il
y aura trois mil six cent sarmens de plantés dans
une planche d'un *Jugerum* (3), au lieu que si l'on
ne veut laisser que deux pieds & demi d'intervalle entre chaque sep, il y en aura cinq mil
cent quatre-vingt quatre (4). Mais voici la maniere dont on s'y prendra pour les planter en
ordre : on fera sur une ficelle des marques blanches ou de telle autre couleur que ce soit, en
se réglant sur les intervalles que l'on voudra garder : ensuite après avoir étendu cette ficelle à
travers la planche, on fichera en terre des témoins de bois ou des roseaux à toutes les places

---

(3) Voy. les Notes 1 du Chap. II. & 2 du Chap. XII,
Liv. II. Le calcul que fait ici Palladius est juste ; en
effet, d'après la méthode qu'il a donnée dans le Chap.
XII. du Liv. II. pour mesurer la planche d'un *Jugerum*,
chacun de ses côtés doit avoir 180 pieds, & contenir par
conséquent 60 sarmens, puisque ces sarmens sont supposés
ici éloignés de trois pieds les uns des autres : or 60 multipliés par 60 donnent 3600.

(4) Le texte porte 4753 dans l'édition de Gesner, &
5476 dans d'autres, mais il est visible qu'il y a erreur dans
ces nombres, car le côté de la planche du *Jugerum* étant
de 180 pieds, comme nous l'avons vû dans la Note précédente, ce nombre divisé par deux & demi, mesure de l'intervalle qui se trouve ici entre chaque sep, donnera pour
quotient 72, dont le quarré est 5184.

où il faudra planter un sep, de façon que la superficie de la planche soit entiérement couverte d'un nombre de témoins correspondant au nombre de seps qui devront y être plantés, & que celui qui doit les planter ne puisse pas se tromper, lorsqu'il n'aura qu'à planter les sarmens qui auront été posés à terre auprès de ces témoins. Observez de plus qu'il ne faut pas que tout un terrein façonné au *pastinum* (1) soit rempli d'une unique espece de vigne, de peur que, s'il survenoit une année qui fût contraire à l'espece que l'on auroit choisie, cette année ne ruinât l'espérance de la vendange. C'est pourquoi on plantera des sarmens de quatre ou cinq sortes de vignes de bonne qualité, & il sera très-utile d'en réunir les especes différentes dans des planches particulieres, qui seront séparées les unes des autres par des sentiers, à moins que la difficulté d'une distribution pareille ne dégoûte d'en prendre la peine, quoique, si l'on a d'anciens vignobles, il soit aisé de planter dans des planches séparées des rejettons pris sur toutes les especes de vignes contenues dans ces vignobles, & de parvenir par conséquent à la forme de culture que nous prescrivons; forme qui est belle & avantageuse, puisqu'elle procure à toutes les especes de vignes, qui ont chacune des temps différents pour fleurir comme pour mûrir, l'avantage de fleurir & de mûrir dans le temps qui leur est propre. En effet, on s'exposeroit à un dommage réel, si l'on étoit obligé de cueillir le fruit mûr en même-temps que le verd, parce qu'ils se trouveroient réunis sur une même planche, puisqu'on ne pourroit pas se régler sur la vendange de telle ou telle espece de vigne qu'il seroit temps de faire, sans courir le danger de donner un goût de verdeur à son vin, comme on ne pourroit pas, d'un autre côté, attendre la maturité tardive de telle ou telle autre espece de vigne, sans perdre la vendange de celles qui seroient mûries les premieres. Ajoutez à ces avantages que les vendanges de chaque espece de vignes se succédant par degrés les unes aux autres, suivant leur différente nature, il faudra moins d'ouvriers, en suivant notre méthode, pour les expédier toutes (5) & pour les serrer par classes : d'ailleurs chaque sorte de vin sera plus en état de conserver le goût qui lui est propre, quand ce goût ne sera pas contrebalancé par celui d'un vin différent, qui ne pourroit que l'altérer. Si cette pratique paroît difficile, il faut au moins ne pas planter ensemble d'autres vignes que celles dont le goût, la fleur & la maturité ont quelque

____

(5) Quand tout le raisin qu'on a à vendanger se trouve mûr à la fois, il faut plus de mains pour le cueillir, au lieu que, lorsque chaque planche mûrit successivement, tel ouvrier qui a vendangé le raisin précoce, peut encore cueillir par la suite le raisin qui mûrira en second, & après celui-ci, le raisin tardif.

analogie.

analogie enfemble. Mais la méthode que nous venons de donner par rapport à la plantation des vignes, est celle que l'on fuivra dans les terreins façonnés au *pastinum* (6) ou dans les tranchées; quant aux farmens que l'on mettra dans des fosses, il faudra les y mettre aux quatre coins, &, comme le prefcrit Columelle (7), jetter dans la fosse, au moment qu'on les y mettra, du marc de raisin mêlé avec du fumier, &, si le terrein est maigre, de la terre grasse ou de la terre rapportée. Au furplus, lorsqu'on arrangera un pied de vigne ou un mailleton dans une fosse, on les y mettra en travers : il faut aussi que le terrein en foit médiocrement humide, & plutôt fec que bourbeux, & que le plant ait deux boutons hors de terre, afin qu'il prenne plus aifément.

---

(6) C'est-à-dire, dans ceux où la terre aura été fouillée au *pastinum* dans toute fon étendue. Palladius les appelle ici par excellence des terreins façonnés au *pastinum* (Voy. la Note 5 du Chap. VI, Liv. I), en les oppofant aux tranchées & aux fosses, quoiqu'il ait déja mis ces dernieres au nombre des façons au *pastinum* dans le Chap. X. du Liv. II.

(7) Ce passage étant tiré du Chap. IV *de Arboribus*, & ne fe trouvant point dans l'Economie rurale de Columelle, c'est une preuve que cet Economiste est l'Auteur du Livre *de Arboribus*, comme nous l'avons avancé dans notre Préface.

CHAPITRE X.

SI c'est votre goût d'avoir un plant d'arbres mariés à des vignes, il faudra commencer par élever dans une pépiniere des pieds de vigne d'une bonne qualité, que vous transporterez de-là, lorsqu'ils auront pris racine, dans des fosses qui seront creusées auprès des arbres. Or nous donnons le nom de pépiniere à une planche labourée uniformément à la profondeur de deux pieds & demi. On dépose des farmens en terre, à très-peu de distance les uns des autres, dans cette planche que l'on fait plus ou moins grande, suivant le nombre des seps ou des autres especes de plantes que l'on veut y mettre, & si cette planche est située dans une vallée ou dans une campagne platte qui soit humide, on laisse trois gros boutons à ces farmens, indépendamment des petits dont leur extrémité inférieure sera garnie : ensuite, quand ils auront pris la forme de petits seps ou de petits arbres garnis de racines, on les transferera au bout de deux ans, temps auquel ils auront pris une certaine consistance, & lorsqu'on les mettra dans la fosse qui leur sera destinée, on les réduira à un seul jet, en coupant toutes leurs parties galeuses & en écourtant leurs racines, au cas qu'il s'en trouve quelques-unes d'endommagées. Au

furplus, quand on veut marier des vignes aux
arbres, on met deux de ces feps enracinés dans la
même foffe ; mais, pour empêcher qu'ils ne fe
touchent par les racines, on les fépare avec des
pierres d'environ cinq livres pefant, & on les
applique aux côtés oppofés de la foffe. Magon
(1) affure qu'il ne faut pas remplir la foffe de
terre la premiere année, mais qu'il ne faut la
combler que fucceffivement & par intervalle, afin
que les racines de la vigne y pénetrent plus profondément. Cependant cette méthode ne peut
convenir que dans les provinces feches ; car pour
ce qui eft des provinces humides, le plant y pourriroit fi l'on n'y combloit pas auffi-tôt la foffe,
& qu'on laiffât le temps à l'eau de la noyer.
Quiconque veut former un plant d'arbres mariés
à des vignes, y doit mettre des pieds d'arbres
choifis parmi les efpeces fuivantes, fi elles font
multipliées dans le canton, fçavoir, le peuplier,
l'orme, & le frêne dans les terreins montagneux
& efcarpés où l'orme ne viendroit pas bien. Columelle (2) prétend qu'il faut auffi élever ces arbres dans des pépinieres. Mais, comme il n'y a

---

(1) Virgile dit la même chofe dans le Liv. II. des Géorg.
C'eft pourquoi quelques Commentateurs ont voulu qu'on lût
ici *Maro* au lieu de *Mago*, mais rien n'empêche que cet
ancien Auteur d'Agriculture n'ait donné ce précepte avant
Virgile.

(2) Voy. le Chap. VI. du Liv. V. de fon Econ. rur.

point de Province qui n'en produise quelques-
uns, soit d'une espece, soit d'une autre, sans culture, il me semble qu'il vaut mieux mettre en ce
temps-ci, auprès des seps qui seront déposés dans
les fosses, des pieds d'arbres d'une certaine grandeur que l'on transférera à cet effet de tel endroit
que ce puisse être, ou même des troncs d'arbres
avec leurs racines, que l'on choisira dans le nombre des especes que nous venons de nommer. Si
le terrein dans lequel on forme un plant d'arbres mariés à des vignes est destiné à rapporter
du bled, on laissera quarante pieds d'intervalle
entre chaque arbre, afin de pouvoir ensemencer
ce terrein, & vingt pieds seulement si le terrein
est maigre. Quant au sep qui sera planté dans la
fosse, il doit être éloigné de son arbre à la distance d'un pied & demi, parce que, s'il en étoit
trop proche, il seroit opprimé par l'arbre,
quand celui-ci viendroit à croître. Il faut aussi
encager le sep pour le protéger contre les insultes des bestiaux qui chercheront à le ronger, &
l'attacher dès le premier moment à son arbre.
Voici encore une autre méthode fort avantageuse
pour transférer un sep d'un plant d'arbres mariés
à des vignes : on fait un petit panier d'osier d'environ un pied de diametre ou un peu moins,
que l'on porte auprès de l'arbre auquel la vigne
est mariée, & on le perce par le milieu de son
fond à l'effet de faire passer un sarment par
cette ouverture. Après avoir donc introduit dans

ce panier un sarment du sep dont on veut transporter du plant, on suspend le panier même à quelque coin de l'arbre, & on le remplit de terre végétale, de façon que ce sarment, que l'on a soin de tordre auparavant, puisse y être entiérement caché. Avec ces précautions, le sarment renfermé dans ce petit panier y jette des racines au bout d'un an, & quand il y a pris racine, on le coupe dessous le panier, pour le porter avec le panier même à l'endroit que l'on veut remplir de seps mariables à des arbres, & on l'y enterre auprès des racines de l'arbre auquel on a intention de le marier. On transférera par cette méthode tel nombre de seps que l'on voudra, sans avoir à craindre qu'ils ne prennent point.

CHAPITRE XI.

ON fait des vignobles en Province de bien des façons : mais la meilleure consiste à avoir des seps qui se tiennent sur une jambe très-courte, comme de petits arbres. On commence par les faire tenir à l'aide d'un roseau, jusqu'à ce qu'ils soient bien affermis ; mais il ne faut pas que ces seps aient plus d'un pied & demi de hauteur : quand ils seront devenus forts, ils se tiendront tout seuls. Il y a une autre méthode qui consiste à distribuer plusieurs roseaux autour d'un sep, dont

on lie les farmens à ces rofeaux pour les arrondir
en forme de cercles. La pire de toutes les pofi-
tions pour la vigne eft d'être renverfée & couchée à terre. Toutes ces différentes efpeces de
vignes fe plantent dans des foffes & dans des
tranchées.

CHAPITRE XII.

C'Est précifément dans ce mois-ci qu'il eft temps
de tailler la vigne dans les pays qui font froids
jufqu'à un certain degré, ainfi que dans les
pays tempérés. Mais quand on a beaucoup de
vignes, on les partage en deux portions, dont on
taille au Printemps celle qui eft expofée au Septentrion, & en Automne celle qui l'eft aux autres côtés du Ciel qui font plus doux. Au furplus, attachons-nous toujours dans la taille à donner de la force au pied de la vigne, & à ne
jamais laiffer deux bois durs à une jeune vigne
tant qu'elle eft foible. Il faut retrancher les farmens qui rapportent beaucoup (1), ainfi que ceux
qui font tors, foibles & nés dans un mauvais

---

(1) Nous avons déja vû dans la Note 3 du Chap. VI.
Liv. I, que les branches de telle plante que ce foit, qui rapportent trop de fruits, nuifent au refte de la plante par
leur gourmandife.

endroit du sep. Il faut aussi couper le sarment qui sera né sur un sep entre deux de ses bras, mais s'il est déja fortifié au point d'affoiblir l'un de ces bras, on coupera celui-ci pour lui substituer ce sarment. Il faudra néanmoins qu'un homme intelligent dans l'art de la taille ménage toujours les sarmens inférieurs qui seront nés dans un bon endroit, pour les employer à renouveller la vigne, & qu'il les laisse sur le sep en les rognant jusqu'au premier ou au second bouton. On pourra laisser à la vigne la liberté de s'étendre par en haut dans les climats doux, au lieu qu'il faudra la ravaller dans les terreins maigres ou dans les climats plus chauds, ainsi que dans les terreins pentifs ou sujets aux tempêtes. On laissera dans les terres grasses deux fouets à chaque bras d'un sep. Mais il est d'un homme prudent d'apprécier les forces de la vigne. En effet celle que l'on cultive dans l'intention de la faire monter en haut, & qui est féconde, ne doit pas avoir plus de huit branches à fruit, sans compter le courson que l'on conservera toujours dans sa partie inférieure. Il faut couper tout ce qui sera venu autour du pied de la vigne, à moins qu'elle n'ait besoin d'être renouvellée (1). Si le tronc d'une vigne est creusé, soit par la violence du Soleil ou des pluies, soit par des animaux mal-

------

(1) Par le moyen d'une nouvelle branche qu'on substituera à son pied, après que celui-ci aura été coupé.

faifans, on retranche tout le bois mort , & on enduit la plaie, qui réfulte de cette opération, de lie d'huile & de terre , précaution excellente pour obvier aux accidens qui pourroient s'en fui-vre. On ôte auffi l'écorce qui s'eft détachée du fep & qui pend à terre , & cette attention di-minue la quantité de lie qu'auroit autrement le vin. On ratiffe la mouffe par-tout où il s'en trouve. Au furplus, les plaies que l'on fera à la vigne fur fon bois dur feront obliques & rondes. En retranchant, ainfi que je l'ai prefcrit ci-deffus, tous les farmens qui feront nés dans un mauvais endroit du fep , ou ceux qui feront vieux , on conservera les jeunes ainfi que ceux qui porteront du fruit. On coupera auffi les ergots des cour-fons quand ils feront defféchés, & qu'ils auront un an, de même que tout ce qui fe trouvera de vieux ou de galeux fur un fep. On laiffera qua-tre bras aux vignes que l'on cultive dans l'inten-tion de les laiffer monter , ainfi qu'à celles qui font au joug ou en treilles , dès qu'elles feront élevées de quatre pieds fur terre. On laiffera un fouet par bras à une vigne maigre , & deux à une vigne graffe. Mais il faut avoir l'attention que les farmens , qu'on laiffera fur un bras, ne foient pas tous fur le même côté , auquel cas la vigne fe deffécheroit comme fi elle eût été frappée de la foudre. Il ne faut pas laiffer de farmens fur le bois dur de la vigne, non plus qu'à fon extré-mité fupérieure, parce que les premiers, fembla-

bles à des pampres inutiles, ne rapportent point
de fruits, & que les seconds sont à charge au
sep par la trop grande quantité des leurs, outre
qu'ils le font monter trop haut. C'est donc dans
le milieu du corps de la vigne qu'il faudra choisir les sarmens qu'on lui laissera. La plaie de la
raille ne doit jamais être faite auprès d'un bouton, mais il faut la faire un peu au-dessus, &
du côté opposé au bouton, à cause des pleurs
qu'elle répandra.

CHAPITRE XIII.

Culture de la vigne mariée aux arbres. On
coupera le premier bois que cette vigne aura
jetté, jusqu'au second ou au troisieme bouton,
ensuite on laissera croître insensiblement toutes
les années un peu de bois qui montera à travers
les rameaux de l'arbre, en dirigeant toujours un
fouet vers son sommet. Ceux qui veulent avoir
une très-grande quantité de fruits, laissent un
grand nombre de fouets s'étendre à travers les
rameaux de l'arbre, au lieu que ceux qui visent
à avoir de meilleur vin, attirent les sarmens vers
son sommet. Il faut mettre plus de sarmens sur
les rameaux de l'arbre qui seront les plus forts,
& en mettre moins sur les plus foibles. Voici la
façon de tailler cette espece de vigne : on coupera

tous les anciens farmens qui auront porté du fruit
la premiere année , & on laissera les nouveaux , en
coupant les tendons & les petites branches inutiles dont ils seront environnés. Mais il faut avoir
l'attention de délier & de relier toutes les années
cette espece de vigne , pour la raffraîchir. Il faut
ajuster les rameaux des arbres qui soutiennent
une vigne , de façon qu'ils ne soient pas perpendiculairement les uns au-dessous des autres sur
la même ligne. Quand un terrein est gras , il
faut que l'orme soit sans rameau jusqu'à huit
pieds de terre , & jusqu'à sept pieds dans un
terrein maigre. Dans les pays sujets à la rosée &
aux brouillards, on dirigera par la taille les rameaux de l'arbre qui soutient la vigne vers les
côtés du Levant & du Couchant , afin que ses
flancs étant découverts , la vigne puisse être exposée aux rayons du Soleil dans toutes ses parties. Il faut aussi faire en sorte que la vigne ne
soit pas trop fournie sur l'arbre. Dès qu'il commencera à manquer quelques arbres , il faudra
leur en substituer d'autres. Dans les pays montueux , il faudra tenir les rameaux des arbres
plus bas , au lieu qu'on les tiendra plus hauts
dans les pays plats & humides. Il ne faut pas
attacher à l'arbre les branches à fruit de la vigne
avec un osier trop dur , de peur qu'une pareille
ligature ne les coupe ou ne les froisse. C'est une
attention d'autant plus importante à avoir , que
la branche à fruit couvre toujours de grappes la

portion d'elle-même qui pend par-delà la ligature, au lieu qu'elle réserve celle qui est au-dessous de la ligature pour donner du bois l'année suivante.

CHAPITRE XIV.

SI l'ont veut former, à la mode des Provinces, de ces especes de vignes que j'ai dit (1) se tenir sur leurs pieds comme de petits arbres, on leur laissera des bras de quatre côtés, & on conservera sur ces bras le plus grand nombre de sarmens que la vigne en pourra comporter. Pour celles que l'on arrondit à l'aide de roseaux, on les taillera de la même maniere que celles qui sont appuyées sur des échalas ou sur des pieus. Quant à celles qui sont couchées à terre, sans aucun soutien, & auxquelles on ne doit avoir recours que lorsque la nature du sol peut s'en accommoder, ou que la Province, où l'on vit, détermine à s'en contenter, on ne leur laissera la premiere année que deux boutons, au lieu qu'on leur en laissera un plus grand nombre les années suivantes. Au reste, les vignes de cette derniere espece doivent être taillées de très-court.

____

(1) Dans le Chap. XI.

CHAPITRE XV.

COLUMELLE dit (1) qu'il faut commencer dès la premiere année à façonner une jeune vigne sur son seul & unique jet, & qu'il ne faut pas la couper toute entiere au bout de la seconde année, comme on le pratique ordinairement en Italie, soit parce que les vignes meurent quand elles sont ainsi coupées toutes entieres, soit parce qu'elles ne produisent que des sarmens peu féconds, attendu que, lorsque leur tronc est coupé, elles ne peuvent plus s'élancer que d'une partie de bois dur, à la maniere des pampres inutiles, d'où il conclut qu'il faut laisser un ou deux boutons auprès de la commissure même du vieux sarment : en quoi il a raison ; & c'est effectivement la méthode qu'il faut observer à l'égard d'une jeune vigne, dès qu'elle est un peu forte, en l'aidant d'ailleurs pendant son enfance avec des roseaux ou avec de petits pieus, jusqu'à ce qu'elle puisse en recevoir de plus forts la troisieme année ; d'autant que si elle est dans un terrein gras, on fera bien de la contraindre à élever trois jets dès l'âge de quatre ans. Aussi-tôt après la taille, on retirera des vignobles les sarmens qui auront été

_____

(1) Voy. les Chap. VI. & XI. de son Econ. rur. Liv. IV.

abbatus, ainſi que les ronces & tout ce qui pourroit arrêter le foſſoyeur.

CHAPITRE XVI.

IL faut auſſi propager les vignes ce mois-ci ;
mais il ſera mieux de renouveller avec des ſautelles les vignes vielles & ruinées, dont les bois
durs ſe feront étendus trop au loin, comme dit
Columelle (1), que de les enterrer toutes entieres
dans des foſſes ; car il eſt conſtant que les Agriculteurs n'approuvent point cette derniere méthode.
Nous appellons ſautelle une eſpece d'arc qui reſte
hors de terre, quand on a mis en terre une portion de ſep. En effet, lorſque les vignes ſont couchées toutes entieres à terre, elles ſont fatiguées,
comme l'obſerve Columelle (2), par la multitude
de racines qui ſortent de toutes les parties de
leur corps. On coupera au bout de deux ans les
ſautelles ſur l'arc qui eſt hors de terre, ſans dé-
ranger les ſeps dont on les avoit abbaiſſées,
quoique, ſi l'on en croit les Agriculteurs, lorſqu'on les coupe au bout de deux ans, elles n'ont

---

(1) Voy. le Chap. XXII. de ſon Econ. rur. Liv. IV.

(2) On ne trouve point dans Columelle ce paſſage tel qu'on
le lit ici. On n'y trouve tout au plus que des principes qui
ont pû ſervir de baſe à l'obſervation de Palladius.

encore pour l'ordinaire que de foibles racines ; de sorte qu'elles périssent aussi-tôt qu'elles ont été coupées.

CHAPITRE XVII.

ON fait très-bien la greffe ce mois-ci dans les lieux chauds & exposés au Soleil : on compte trois différentes façons de la faire, dont il n'y en a que deux qui soient pratiquables en ce temps-ci, la troisieme étant réservée pour l'Eté. On peut donc greffer ou sous l'écorce, ou sur le tronc, ou en écusson. Voici comme on s'y prend pour greffer sous l'écorce : on scie le tronc d'un arbre ou l'une de ses branches, en ménageant l'écorce, à un endroit qui paroisse très-brillant & qui soit sans cicatrices, après quoi on tagrée la plaie avec des instrumens de fer bien tranchans. Ensuite on enfonce, à la profondeur d'environ trois doigts, entre l'écorce & le bois (mais avec beaucoup de circonspection, de peur que la bande de l'écorce n'éclate) une espece de coin mince, soit de fer, soit d'os, & particuliérement d'os de lion, & après avoir retiré ce coin de l'endroit où on l'avoit enfoncé, on insere aussi-tôt dans la fente qu'il aura faite un scion que l'on prend la précaution de tailler d'un côté, en ménageant non-seulement sa moëlle, mais encore l'écorce

dont il est couvert du côté opposé à celui qui
est taillé, côté qui doit rester en saillie sur l'arbre
à la hauteur de six ou huit doigts. On met
deux ou trois greffes sur le même arbre, ou
même un plus grand nombre suivant la qualité
de l'arbre, en les séparant l'une de l'autre par
un intervalle de quatre doigts ou plus, après
quoi on les resserre avec du jonc, de l'orme ou
de l'osier, & on les enveloppe d'un lut couvert
de mousse, que l'on y applique de façon que la
greffe puisse sortir de quatre doigts au-dessus de
ce lut. Il y a des personnes qui aiment mieux
fendre par le milieu le tronc de l'arbre, qu'ils ont
coupé après l'avoir serré bien fort avec des liens,
& enfoncer dans cette fente des scions ratissés des
deux côtés en forme de coins, sans que la moëlle
en soit altérée, après y avoir introduit préalablement un petit coin, afin que, lorsque ce coin sera
retiré de l'arbre, la greffe que l'on y aura enfon-
cée puisse être resserrée par le bois même qui se
rapprochera à l'endroit de la plaie. Au reste on a
recours à ces deux façons de greffer au Printemps,
lorsque la Lune croît & que les boutons des arbres commencent à grossir. Il faut que les branches d'arbres, que l'on doit employer en greffes,
soient jeunes, fécondes & pleines de nœuds, qu'elles soient nées sur un rameau qui ne soit point
vieux, & coupées sur le côté de l'arbre qui sera
exposé au Levant : il faut aussi qu'elles aient un
petit doigt d'épaisseur & qu'elles soient garnies de

deux ou trois cornes & d'un grand nombre de boutons. Si l'on veut greffer un petit arbre, qui montre
de trop grands accroiffemens, on le coupera près de
terre, on inférera la greffe entre fon bois & fon
écorce, & on la liera. Cette méthode eft la meilleure de toutes. Il y a des perfonnes qui enfoncent au
milieu de l'arbre qu'elles veulent greffer, une petite branche ratiffée des deux côtés & d'une groffeur égale à celle de l'arbre, de façon que l'é-
corce de cette petite branche joigne bien celle
de l'arbre dans toute fa circonférence. Au furplus, quand on greffe un jeune arbre, il faut labourer la terre à fon pied & la ramaffer pour
l'entaffer jufqu'à la greffe même, afin de protéger
celle-ci contre le vent & la chaleur. Un Agriculteur très-attentif m'a affuré que toutes les efpeces de greffes prenoient fans difficulté, lorfqu'en
les inférant dans l'arbre on enfonçoit en même-
temps dans la plaie de la glu non détrempée,
afin que cette glu fît, pour ainfi dire, l'effet
d'une efpece de colle, & qu'elle amalgamât les
fucs de l'un & l'autre bois. Nous parlerons de
la greffe en écuffon dans le mois où on la fait
(1). Columelle a donné (2) une quatrieme façon
de greffer, que voici : il ordonne de percer un
arbre jufqu'à fa moëlle avec une tarriere Gau-

---

(1) C'eft au mois de Juin. Voy. le Chap. V. Liv. VII.
(2) Dans le Chap. VIII. de fon Liv. *de Arboribus*. Voy. la
Note 7 du Chap. IX. Liv. III.

loife,

loiſe, en inclinant légérement la plaie en-dedans,
enſuite d'enfoncer à force dans ce trou, après en
avoir retiré toute la poudre occaſionnée par l'effet
de la tarriere, un ſep de vigne ou une branche d'arbre dont on aura proportionné la largeur à celle
de l'ouverture du trou en la ratiſſant ; mais il
faut que cette branche ſoit pleine de ſeve & humide, & qu'elle déborde l'arbre d'un ou de
deux boutons : on recouvre enſuite exactement
d'argille & de mouſſe l'endroit où eſt la greffe. On
peut ſe ſervir de cette méthode pour greffer la
vigne ſur un orme. Un Eſpagnol m'a enſeigné
le nouveau genre de greffe que voici, en m'aſ-
ſurant qu'il en avoit fait l'eſſai ſur un pêcher. Il
veut que l'on perce avec une tarriere le milieu
d'une branche de ſaule, qui ſoit de l'épaiſſeur
du bras, forte & longue de deux *cubiti* ou plus,
& que l'on faſſe paſſer par le trou que l'on y
aura pratiqué un pied de pêcher, ſans l'arracher
de la terre à laquelle il tient par ſes racines,
après l'avoir dépouillé de toutes ſes branches
pour ne lui laiſſer que ſa tige ; qu'on courbe pour
lors en forme d'arc cette branche de ſaule pour
l'enfoncer en terre par ſes deux extrémités, & que
l'on bouche le trou, par lequel paſſe le pêcher,
avec un lut & de la mouſſe, le tout bien lié ;
qu'enſuite on coupe au bout d'un an le pêcher
au-deſſous de la branche de ſaule, dès que ſa
tige ſera ſuffiſamment rejointe en cet endroit
avec le ſaule, pour que ces deux plantes n'en

faſſent plus qu'une ſeule ; enfin qu'on tranſporte le pêcher & qu'on entaſſe aſſez de terre auprès de lui , pour pouvoir en recouvrir non - ſeulement l'arc formé par le ſaule , mais encore la pointe du pêcher qui ſort de cet arc par en haut , & il prétend qu'en conſéquence de cette opération le pêcher donnera des pêches qui n'auront point de noyaux : mais il ajoûte que cette ſorte de greffe ne convient qu'aux terreins humides ou arroſés , & qu'il faut même aider le ſaule par des arroſemens , afin que ce bois , qui aime naturellement l'humidité , puiſſe prendre aſſez de forces pour ſuffire à la nutrition d'un arbre qui eſt d'une nature différente de la ſienne , en partageant avec lui ſes ſucs ſuperflus.

CHAPITRE XVIII.

C'EST dans ce mois - ci que l'on formera des plans d'oliviers dans les pays tempérés , auquel cas il faudra ou planter ces arbres dans des terreins labourés au *paſtinum* (1) , de façon qu'ils bordent l'extrémité des planches qui touche aux ſentiers qui les ſéparent , ou leur affecter un terrein particulier. Si on les plante dans un terrein labouré au *paſtinum* (1) , on profitera du moment où la

____

(1) Voy. la Note 5 du Chap. VI. Liv. I.

terre sera gonflée par le labour , pour y faire un trou avec un pieu dans lequel on les déposera sur des grains d'orge , en pieds garnis de leurs racines , après leur avoir coupé la tête ainsi que les bras , & avoir réduit leur tronc à la hauteur d'un *cubitus* & un *palmus* : 'on commencera donc par délivrer ces arbres de tout ce qui pourra s'y trouver de pourri ou de séché , après quoi on leur coupera la tête qu'on recouvrira de lut & de mousse, & on finira par les resserrer avec des liens d'orme ou avec telle autre espece de ligature que ce puisse être , pourvu qu'elle soit en état de les affermir. Mais une des choses qui peut le plus contribuer à les faire profiter & grandir, c'est de marquer avec de la sanguine les côtés du Ciel auxquels ils étoient exposés dans le temps qu'ils étoient en terre , afin de les mettre sous la même exposition. On les mettra à quinze ou vingt pieds de distance les uns des autres. On arrachera de temps à autre toutes les herbes qui croîtront autour d'eux , & toutes les fois qu'il aura plû, on les excitera à pousser par de très-petites fouilles que l'on réitérera souvent: on prendra aussi de temps en temps de la terre à leurs pieds, & après l'avoir remuée & brouillée, on l'entassera auprès de leur tronc jusqu'à une certaine hauteur. Si l'on veut destiner un terrein particulier à des plans d'oliviers , on choisira à cet effet les genres de terres que voici : une terre mêlée de gravier, de l'argille résoute par le sable qu'elle contiendra dans son sein, du sable gras & de la terre qui soit d'une nature compacte & humide. Il faut rejetter absolument l'argille que les Potiers emploient, ainsi que les terres marécageuses & dans lesquelles l'eau croupit habituellement, le sable maigre & le gravier pur, parce que, quoique ces arbres prennent dans ces sortes de terres, ils n'y acquerent jamais de forces. On peut aussi les planter dans des terreins qui auront porté précédemment des arbousiers ou des yeuses. Car pour ce qui est du *cerrus* (2) & de l'*æsculus* (3), lors même qu'ils sont abbatus, ils laissent dans la terre des racines perfides, dont le poison tue les oliviers. Cet arbre se plaît dans les climats brûlans sur les coteaux exposés au Septentrion, dans les climats froids sur ceux qui sont exposés au Midi, & il aime dans les climats tempérés les éminences de terre. Il ne s'accommode ni des terreins bas, ni de ceux qui sont escarpés, mais il préfere les petites éminences, telles que celles du pays des Sabins & de la Bétique. On compte bien des especes d'olives, qui ont chacune leur nom propre, telles que la *Pausia* (4), l'*Orchis* (5), l'olive longue, celle de Sergius, celle

---

(2) Voy. la Note 2 du Chap. IX. LIV. I.

(3) Voy. la Note 1 *ibid.*

(4) Voy. la Note 2 du Chap. VI. de l'Economie rurale de Caton.

(5) Voy. la Note 1 *ibid.*

de Licinins (6), la *Cominia* (7) & d'autres qu'il est
inutile de nommer. Quoique l'huile que rend la
Pausia (4) soit excellente tant qu'elle est verte ,
elle ne tarde pas à se gâter pour peu qu'elle soit
gardée. L'olive de Licinius (6) donne d'excellente huile , celle de Sergias en donne une grande quantité. Mais il suffira de dire en général ,
par rapport à toutes ces especes d'olives, que les
plus grosses sont bonnes à manger , & que les
plus petites sont propres à faire de l'huile. Si
l'on destine le terrein que l'on plante en oliviers à
rapporter du bled , on mettra ces arbres à quarante
pieds de distance les uns des autres , au lieu que,
si c'est un terrein maigre, on ne les y mettra qu'à
vingt-cinq pieds de distance. Ce sera le mieux
que les rangées d'oliviers soient tournées du côté
d'où souffle le vent *Favonius* (8). Lorsqu'on les
plantera , il faudra les mettre dans des fosses seches qui soient creusées à quatre pieds de profondeur , & avec la terre desquelles on mêlera du
fumier , ainsi que du gravier lorsqu'on manquera
de pierres. Si l'endroit où ils seront est clos , on
les enterrera , de façon qu'il n'en sorte qu'une
petite portion hors de terre ; mais , si l'on est
dans le cas d'avoir à craindre les insultes des bestiaux, il faudra que les troncs en sortent de terre

____

(6) Voy. la Note 7 *ibid.*
(7) Voy. la Note 3 *ibid.*
(8) Voy. la Note 6 *ibid.*

à une plus grande hauteur. On les arrosera aussi dans les Provinces seches quand il ne tombera pas de pluie. Si l'on est dans une Province où il n'y ait point d'oliviers, & que l'on ne sache d'où en faire venir en pieds pour les planter, on en fera une pépiniere, c'est-à-dire, qu'on fouillera une planche de terre de la maniere que j'ai donnée plus haut (9), pour y déposer, comme le prescrit Columelle (10), des branches d'oliviers de la longueur d'un pied & demi coupées avec une scie : après quoi on pourra en transférer des pieds d'arbres qui seront devenus forts au bout de cinq ans, & les planter dans le courant de ce mois-ci dans les pays froids. Je scais que bien des personnes, vû la facilité & l'utilité de cette pratique, sont dans l'usage de distribuer, soit dans une pépiniere, soit dans un plan d'oliviers, suivant leur goût, des racines de ces sortes d'oliviers qui se trouvent communément dans les forêts ou dans les lieux déserts, après les avoir coupées de façon à ne leur laisser qu'un *cubitus* de longueur. En effet, si on aide leurs accroissemens en mêlant du fumier avec la terre, il arrivera que ces racines, qui auront été prises sur un seul pied d'arbre, donneront par la suite un très-grand nombre d'arbres.

---

(9) Dans le Chap. X.

(10) Voy. le Chap. IX. de son Econ. rur. Liv. V.

CHAPITRE XIX.

ON peut auſſi arranger, dans les terreins façonnés au *paſtinum* (1), du côté du Septentrion, les
eſpeces d'arbres à fruits ſur leſquels nous donnerons par la ſuite des préceptes particuliers (2).
La terre qui convient aux vignes convient également aux fruits. Mais on fera pour les arbres
à fruits des foſſes plus grandes que celles que
l'on fait pour les vignes, eu égard à l'utilité qui
leur en reviendra, tant du côté de leur bois que
du côté de leur fruit. Si l'on veut avoir un ver-
ger, on laiſſera trente pieds d'intervalle entre les
rangées d'arbres à fruits, & on n'y mettra que
des pieds d'arbres qui ſoient garnis de leurs racines; c'eſt en effet la meilleure méthode. Mais
on préſervera leurs cimes du danger d'être bri-
ſées par les hommes ou rongées par les animaux,
ce qui les empêcheroit de croître. On deſtinera
à chaque eſpece d'arbre ſa rangée particuliere, de peur que les plus foibles ne ſoient opprimés par les plus forts. On fera auſſi une marque aux pieds d'arbres que l'on tranſportera, afin
de les tourner du côté du Ciel auquel ils

---

(1) Voy. la Note 5 du Chap. VI. Liv. I.
(2) Dans le Chap. XXV.

éroient exposés avant d'être transférés. On les
transférera toujours d'un coteau sec & maigre
dans un terrein plat, gras & humide. Si on veut
mettre en terre des troncs d'arbres tout formés,
on aura soin qu'ils soient élevés d'environ trois
pieds sur terre. Quand on mettra deux plantes
dans une même fosse, on prendra garde qu'elles
ne se touchent mutuellement; autrement les vers
les feroient mourir. Mais les arbres sont plus
fertiles, ainsi que l'observe Columelle (3), quand
on en a semé la graine, c'est-à-dire, les noyaux,
qu'ils ne le sont lorsqu'on les a plantés en pieds
ou en boutures. Quand le pays est trop sec, on
les aide à croître en les arrosant.

CHAPITRE XX.

IL faut bêcher à présent la vigne dans les contrées
voisines de la mer & chaudes, ou la labourer (si
c'est l'usage de la Province) : il faut aussi l'échalasser & la lier dans les mêmes contrées avant
que ses bourgeons paroissent, parce que, s'il ar-
rivoit qu'on les secouât ou qu'on les brisât, il
en résulteroit un grand dommage. On donne à

(3) On ne trouve rien dans Columelle qui ait rapport à
ceci. Aurions-nous eu le malheur de perdre quelque chose
de cet Auteur ?

préfent du fumier aux oliviers ainfi qu'aux autres arbres, dans le temps que la Lune eft dans fon déclin. Un *vehis* de fumier fuffira pour un grand arbre, & un demi *vehis* pour un petit : pour mettre ce fumier, on écartera la terre du pied de l'arbre, & après l'avoir mêlée de fumier, on la rapprochera de fes racines. Il faut fouiller dans ce temps-ci le pied des arbres qui font dans les pépinieres, & en couper les branches fuperflues, ou les petites racines qui feront pouffées hors de terre autour de leurs troncs.

CHAPITRE XXI.

ON fera des plans de rofiers dans ce mois-ci, en mettant des rofiers formés en arbriffeaux, ou de la graine de rofes dans une très-petite tranchée ou dans des foffes. Mais qu'on ne s'imagine point que la graine de rofes foit cette petite fleur de couleur d'or qui fe voit au milieu de la rofe, car la rofe donne des baies qui reffemblent à une très-petite poire, & qui font remplies de graine : quoique ces baies foient communément mûres après la vendange, on pourra cependant juger du temps où elles le feront à leur couleur brune & à leur molleffe. Si l'on a des rofiers anciennement plantés, on les fouillera auffi par le pied dans ce temps-ci avec des farcloirs ou avec des doloires, & l'on coupera tout ce qui pourra s'y rencontrer de sec. On peut aussi renouveller à présent celles de ces anciennes plantations qui seront trop clair - semées, en attirant des branches des rosiers pour les propager. Si l'on veut avoir des roses de très-bonne heure, on fera une fouille en forme de cercle autour des rosiers, à deux *palmi* de distance de leurs pieds, & on les arrosera deux fois par jour avec de l'eau chaude. On mettra aussi à présent en terre des oignons de lys, où l'on sarclera les lys que l'on aura eus précédemment avec beaucoup de précaution, afin de ne pas endommager les yeux qui seront venus autour de leurs racines ni leurs petits cayeux, lesquels serviront à former de nouveaux plans de lys, lorsqu'on les aura séparés de leur mere pour les mettre dans de nouvelles rangées. Il faut aussi planter des pieds de violettes & des bulbes de saffran, ou en fouiller avec ménagement les anciennes plantations.

<hr>

CHAPITRE XXII.

IL y a des personnes qui jettent dans ce mois - ci dix *modii* de graine de lin sur un *Jugerum* de terre dans un sol gras, & qui en récoltent du lin très-fin.

CHAPITRE XXIII.

ON fera dans ce temps-ci des plans de cannes en creusant de très-petites fosses, & en enterrant dans chacune de ces fosses des yeux de cannes, que l'on éloignera d'un demi pied les uns des autres. Si l'on cultive la terre dans une Province chaude & seche, on destinera à ces plans des vallées qui soient humides ou arrosées, au lieu que si la contrée est froide, on les placera à mi-côte & dans des lieux où puissent se rendre les eaux qui s'écouleront des Métairies. On peut aussi jetter de la graine d'asperges entre les cannes, afin que ces deux plantes viennent ensemble, parce que l'une se cultive comme l'autre, & qu'on met également le feu à toutes les deux. Mais si l'on a d'anciennes cannaies, on les sarclera dans ce temps ci, après avoir coupé tout ce qui pourra gêner leurs racines, c'est-à-dire, les parties qui seront pourries, celles qui s'étendront mal, & celles qui n'auront point d'yeux capables de reproduire. On plantera à présent des pieds de saules (si l'on en manque) ainsi que de toutes les especes de plantes qui sont à l'usage des vignes mariées aux arbres, telles que les genêts. On fera aussi des pépinieres pour les baies de myrthe & pour celles de laurier, ou bien on cultivera celles qui auront été faites précédemment.

CHAPITRE XXIV.

IL faut faire, vers les Ides (1) de Février, des hayes de jardins avec de la graine d'épines entassée sur des cordes, de la maniere que nous avons donnée, en parlant des différentes façons de clorre les jardins (2). Les Grecs prescrivent aussi de couper de grosses branches de ronces en petits morceaux, que l'on enterre dans des fosses d'un *palmus*, & que l'on entretient en les fouillant, & en les arrosant tous les jours jusqu'à ce qu'elles portent des feuilles. On seme la laitue dans ce mois-ci, afin de pouvoir la transplanter au mois d'Avril. On y seme aussi, de même que dans le mois de Novembre, le chardon cultivé, le cresson des jardins, la coriandre & le pavot, ainsi que l'ail & l'oignon de Cypre. On seme à présent la sarriette, en l'entremêlant de ciboule, dans un champ gras, & qui ne soit pas fumé, mais qui soit exposé au Soleil, ou, ce qui est encore mieux, voisin de la mer. On seme aussi la ciboule dans ce mois-ci, mais il est constant qu'il en faut semer en Automne comme au Prin-

---

(1) Voy. la Note 1 du Chap. XXVIII. de l'Economie rurale de Varron, Liv. I.

(2) Dans le Chap. XXXIV. du Liv. 1.

temps. Si on la seme en graine, elle donnera une grosse bulbe, mais elle rendra moins de graine, au lieu que si on en plante la bulbe, elle n'aura, à la vérité, qu'une bulbe maigre, mais elle donnera beaucoup de graine. Les oignons demandent un terre grasse, qui soit bien remuée, arrosée & fumée. On leur fera des planches que l'on débarrassera de toutes les herbes & de toutes les racines. On les semera dans un jour calme & serein, & sur-tout lorsque le vent du Midi ou de l'Est souffleront : ceux qui sont semés dans le déclin de la Lune viennent plus petits & plus âcres, que ceux qui le sont quand elle croît ; ceux-ci au contraire sont plus forts & ont un goût plus adouci. Il faut les semer clairs, arracher souvent les mauvaises herbes qui croissent avec eux, & les sarcler de même souvent. Si l'on veut qu'ils aient de grosses bulbes, il faudra arracher toutes leurs feuilles, afin que tout le suc nourricier se porte par en bas ; on soutiendra sur des appuis ceux dont on doit ramasser la graine, dès que leur tige commencera à monter. Lorsque la graine en sera noire, ce sera une preuve de sa maturité. Il faut en arracher les tiges garnies de leur graine avant qu'elles soient tout-à-fait seches, & les faire sécher en cet état au Soleil. C'est dans ce mois-ci qu'on semera l'anet dans les pays froids. Il se fait à toutes sortes de climats, mais il préfere les plus tempérés. On l'arrosera s'il ne pleut pas. On le semera clair. Il

y a des personnes qui n'en couvrent pas la graine de
terre , parce qu'elles imaginent qu'aucun oiseau
n'y touche. On peut aussi semer à présent la moutarde. On semera encore dans ce mois-ci les choux,
que l'on peut aussi semer dans tout le courant
de l'année. Ils aiment un sol gras & qui soit
suffisamment labouré , & redoutent l'argille & le
gravier ; ils ne se plaisent ni dans le sablon , ni
dans le sable , à moins qu'ils n'y trouvent la ressource d'une eau toujours courante. Ils s'accom-
modent de toute espece de climats , mais ils
préferent les climats froids. Quand ils sont exposés au Midi , ils rapportent plutôt , au lieu
que quand ils le sont au Septentrion , ils rapportent plus tard ; mais ces derniers l'emportent sur
les premiers par leur goût & par la force de leur
tige. Ils aiment les terreins penrifs ; c'est pourquoi il faut , quand on les transplante , les mettre sur l'ados des planches. Ils se plaisent à être
fumés & sarclés. Quand ils sont clair-semés , ils
acquierent de la force. Ils cuisent plutôt , & sans
rien perdre de leur verdeur , lorsqu'on a versé
dessus , avec un petit crible , du nitre broyé dans
le temps qu'ils avoient trois ou quatre feuilles ,
& qu'on leur a donné par-là une sorte de ressemblance avec un charbon ardent. Columelle
dit (3) qu'il faut envelopper les racines de cette
plante d'algue marine pour lui faire conserver

____

(3) Dans le Chap. III. de son Econ. rur. Liv. XI.

sa verdeur, en les couvrant en même-temps de
fumier. Il faut que les pieds de choux qu'on met
en terre soient d'une certaine grosseur, parce que,
quoiqu'ils prennent alors plus tard, ils deviennent plus forts. On les plantera, si l'on est en
Hiver, lorsque le jour commencera à être tempéré, au lieu que, si l'on est en Eté, on les plantera lorsque le Soleil sera prêt à se coucher. Ils
deviendront plus gros si on les couvre assiduement de terre. La graine de chou se change en
raves, quand elle est vieille (4). On commencera
après les Ides (1) de ce mois-ci à former de nouvelles pattes d'asperges avec la graine de ce légume, ou a en planter d'anciennes. Il me paroît
également utile & plus prompt de jetter dans un
terrein inculte ou du moins pierreux, une grande
quantité de racines d'asperges sauvages qui donneront aussi-tôt du fruit, attendu que ce terrein n'aura
eu précédemment aucune production à nourrir:
on en brûlera les rasles toutes les années, afin que
le fruit monte en plus grande quantité & qu'il
soit plus fort. Cette espece d'asperges est celle qui
a le goût le plus agréable. On peut aussi semer à
présent la mauve. On plantera aussi la mente en pied
ou en racines dans un terrein qui soit humide, ou

-----

(4) Ces sortes d'observations ont bien l'air de n'être fon-
dées que sur l'erreur de quelque Jardinier qui, entre des
graines dont la différence est peu sensible, aura pris l'une pour
l'autre, faute de se rappeller l'endroit où il les avoit serrées.

autour des eaux. Cette plante veut être dans un
terrein exposé au Soleil , qui ne soit ni gras ni
fumé. On semera ce mois-ci le fenouil dans un
terrein exposé au Soleil & légérement pierreux.
On seme au commencement du Printemps le panais en graine, ou on le plante en pied, dans un
terrein gras, résous en poussiere & façonné profondément au *pastinum* (5). Il faut qu'il soit clair-
semé pour prendre des forces. On seme aussi à
présent l'origan , & on le cultive de la même
maniere que l'ail ou la ciboule. On semera à présent le cerfeuil dans les pays froids après les Ides
(1) : cette plante demande un champ qui soit
gras, humide & fumé. On seme la poirée dans
ce mois-ci, quoiqu'on puisse aussi la semer pendant tout le courant de l'Eté. Elle aime un champ
qui soit ameubli, humide & gras. Il faut la transplanter quand elle aura quatre ou cinq feuilles,
en enduisant ses racines de fumier nouveau. Elle
aime à être fréquemment bêchée & rassasiée d'une
grande quantité de fumier. Il faut semer le porreau dans ce mois-ci : si l'on veut qu'il soit bon
à être coupé à différentes reprises, on pourra le
couper deux mois après qu'il aura été semé , en
le laissant sur sa planche, quoique Columelle assure (6) que celui même qu'on voudra couper à
différentes reprises durera plus long-temps & sera

---

(5) Voy. la Note 5 du Chap. VI , Liv. I.
(6) Dans le Chap. III. de son Écon. rur. Liv. XI.

meilleur,

meilleur, lorsqu'on le transplantera & qu'on l'aidera à croître avec de l'eau & du fumier, toutes les fois qu'on le coupera : si l'on veut au contraire qu'il se forme en bulbe, il faudra le transplanter en Octobre quand il aura été semé au Printemps. Il faut le semer dans un terrein gras, & sur-tout en plaine, sur une planche platte, façonnée profondément au *pastinum* (3), & qui ait été bêchée & fumée depuis long-temps. Si l'on veut qu'il soit bon à être coupé à différentes reprises, on le semera dru, au lieu que si l'on veut qu'il se forme en bulbe, on le semera plus clair. Il faut lui faire sentir souvent le sarcloir & le purger des mauvaises herbes. Lorsqu'il aura un doigt d'épaisseur, on le transplantera en coupant préalablement ses feuilles par le milieu, & en tronquant ses racines, après quoi on l'enduira de fumier liquide, & on le mettra en terre en l'espaçant de quatre ou cinq doigts. Lorsqu'il aura pris racine, il faudra le saisir légérement avec le sarcloir pour le soulever de terre, afin qu'étant comme suspendu à terre, il se trouve contraint de remplir, par la grosseur de sa bulbe, le vuide qui sera sous lui. Si l'on met en terre plusieurs graines de porreaux jointes ensemble, il en naîtra un seul porreau qui sera très-gros. On dit aussi que, si, avant de le planter, on insere dans sa bulbe de la graine de raves sans se servir d'un instrument de fer pour l'y faire entrer, il grossira beaucoup : il sera encore mieux de répéter souvent cette opération. On feme l'année dans ce mois-ci, qui eſt celui dans lequel on forme des plans de cannes. On en met les yeux en terre comme on y met ceux des roſeaux, & il faut couper ces yeux & les couvrir légérement de terre en les arrangeant ſur des planches dreſſées au cordeau dans un terrein bêché & bien remué, où on les eſpacera de trois pieds. On mettra ce mois-ci en terre les bulbes des fèves d'Egypte. Elles aiment un lieu qui ſoit humide, gras & très-arroſé. Elles ſe plaiſent aux environs des fontaines & des ruiſſeaux ; & la qualité du ſol leur importe très-peu, pourvu qu'on les entretienne d'eau, ſans les en laiſſer jamais manquer. Elles ſont preſque toujours en état de donner des feuilles quand on les abrite contre le froid, en les couvrant comme on couvre les plants de citroniers. On feme dans ce mois-ci le cumin & l'anis dans une terre bien labourée, dans laquelle on aura mêlé du fumier. Il faut délivrer aſſiduement ces plantes des mauvaiſes herbes, quand elles feront femées.

CHAPITRE XXV.

ON mettra des pieds de poiriers en terre au mois de Février dans les pays froids, & au mois de Novembre dans les pays chauds : mais il faut femer les pepins même des poires au mois de

Novembre dans les pays tempérés , afin qu'ils y
trouvent la ressource d'un sol arrosé. C'est le
moyen que ces arbres donnent beaucoup de fleurs ,
& que leur fruit devienne très-gros. Quoique les
poiriers se plaisent dans un terrein pareil à celui que nous avons dit convenir aux vignobles (1) ,
un terrein gras aura cependant cet avantage ,
qu'il donnera des arbres forts & qui rapporte-
ront beaucoup de fruit. On croit que les poires
qui sont pierreuses perdent ce défaut quand elles
sont semées dans des terres molles. Il est vrai
que lorsqu'on plante le poirier en pied , il tarde
communément à venir , mais néanmoins ceux
qui préféreront cette méthode à d'autres , par la
raison qu'un plant dont la qualité sera excellente
ne se trouvera par - là mêlangé d'aucune âpreté
sauvage , auront soin de déposer dans de grandes
fosses , comme on le pratique à l'égard des oliviers , du plant de deux ou trois ans , garni de
ses racines , en lui laissant trois ou quatre doigts
d'élévation sur terre , après en avoir coupé la cime , & l'avoir recouverte de mousse mêlée d'argille. Si on seme des pepins de poires , il est bien
vrai qu'ils viendront infailliblement , parce que la
Nature , dont la durée doit être éternelle , ne peut
jamais être rebutée dans ses opérations par tel retar-
dement que ce puisse être, & qu'elle ranimera les
premiers principes de ces plantes; mais néanmoins

____

(1) Dans le Chap. XIII, du Liv. précédent.

comme ils ne viendroient que très-tard , & qu'ils perdroient toujours quelque chose de l'excellence de leur origine, l'homme se trouveroit dans le cas de les attendre trop long-temps. Il lui sera donc plus avantageux de planter au mois de Novembre des pieds de poiriers sauvages garnis de leurs racines dans des fosses bien labourées , & de les greffer ensuite quand ils y auront pris. Ceux qui seront venus de plant différeront de ceux qui auront été greffés sur d'autres arbres , en ce que le fruit des premiers conservera à la vérité sa douceur & sa mollesse , mais ne sera pas de garde , au lieu que celui des autres se gardera très-long-temps. On laissera trente pieds d'intervalle entre ces arbres. Si l'on veut qu'ils profitent, il faut les cultiver en les arrosant souvent , & en bêchant continuellement la terre à leurs pieds : ces fouilles leur sont en effet si avantageuses que, si on les en aide dans le temps même où ils ont coutume d'être en fleurs, on croit qu'ils ne perdront pas une seule des fleurs qu'ils auront montrées. Il y a aussi beaucoup de profit à leur donner au bout d'un an de telle espece de fumier que ce puisse être; on prétend néanmoins que la fiente de bœuf leur fera produire des fruits abondans, & qui seront très gros. Il y a des personnes qui y mêlent de la cendre , dans l'idée où elles sont qu'elle donnera au fruit un goût plus fin. Je crois qu'il est inutile de détailler toutes les différentes sortes de poires , puisqu'il n'y a aucune différence entre-elles toutes , quant à leur plantation & à leur culture. Lorsqu'un poirier est languissant , il faut ou percer sa racine avec une tarriere après l'avoir déchaussée, & y enfoncer un pieu de bois, ou introduire dans son tronc, après l'avoir également percé avec une tarriere , un coin de bois gommeux de pin, ou un coin de chêne à défaut de pin (2). On tue les vers qui s'attachent à cet arbre , & on empêche qu'il n'en revienne de nouveaux , en versant souvent sur ses racines du fiel de taureau. On l'empêche de même de languir quand il est en fleurs , en répandant pendant trois jours sur ses racines de la lie de vieux vin nouvelle. Quand les poires sont pierreuses, on retire de dessous l'arbre qui les donne, la terre sur laquelle est couchée l'extrémité de ses racines, ainsi que toutes les petites pierres qui peuvent s'y trouver , après quoi on y substitue d'autre terre passée au crible : mais ce remede ne fera son effet qu'au cas qu'on ne cesse pas d'arroser l'arbre. On greffe le poirier aux mois de Février & de Mars , sous son écorce & sur son tronc , conformément à la méthode que nous avons donnée en parlant de la greffe (3). On le greffe sur le poirier sauvage & sur le pommier : il y a des personnes qui le greffent sur l'amandier & sur le prunelier ; Virgile veut qu'on

---

(2) Voy. la Note 1 du Chap. XV, Liv. II.
(3) Dans le Chap. XVII.

L iij

le greffe sur le figuier sauvage , sur le frêne &
sur le coignassier , & d'autres veulent qu'on le
greffe sur le grenadier , mais il faut alors le greffer
en fente. Lorsqu'on le greffera avant le Solstice ,
on employera une greffe qui ait un an , & avant
de l'insérer dans l'arbre, on la dépouillera de ses
feuilles & de tout le bois tendre qui en fera
partie , au lieu que , si on le greffe après le Solftice , on insérera dans l'arbre la partie de la greffe
sur laquelle sera venu le dernier de ses boutons.
Le poirier se greffe de toute maniere. Il faut confire les poires dans un jour calme & quand la Lune
est dans son déclin , depuis son vingt - deuzieme
jour jusqu'à son vingt - huitieme. On renferme
encore ces fruits dans un vase poissé , après les
avoir cueillis à la main dans un temps où ils
étoient secs , depuis la seconde heure du jour
jusqu'à la cinquieme, ou depuis la septieme jufqu'à la dixieme (4) , en séparant avec soin ceux
qui seront sains , presque durs & un peu verts
de ceux qui seront tombés d'eux-mêmes : ensuite
on met un couvercle sur ce vase , & on l'enterre , la gueule renversée par en bas , dans une
petite fosse creusée dans un lieu arrosé par
quelque eau de source. De même après avoir en-
tassé des poires qui aient la chair & la peau
dure , on les enferme , lorsqu'elles commencent

---

(4) Voy. la Note 4 du Chap. XI. de l'Économie rurale de
Columelle, Liv. II.

à s'amollir, dans un vase de terre bien cuit & bien poissé, sur lequel on met un couvercle, & que l'on enduit de gyp, après quoi on l'enfonce dans une petite fosse creusée dans un lieu où le Soleil donne tous les jours. Bien des personnes ont conservé des poires ensevelies dans de la paille ou dans du bled. D'autres les ayant renfermées, aussitôt après les avoir cueillies avec leurs queues, dans des cruches poissées, ont bouché la gueule de ces petits vases avec du gyp ou avec de la poix, & les ont exposés au plein air en les y couvrant de sable. D'autres ont conservé des poires en les arrangeant dans du miel, de façon qu'elles ne se touchassent pas mutuellement. On fait aussi sécher au Soleil des poires coupées par morceaux & purgées de leurs pepins. Il y a des personnes qui écument de l'eau salée, lorsqu'elle commence à bouillonner au feu, & qui plongent ensuite dans cette eau, quand elle est refroidie, les poires qu'elles ont intention de conserver, après quoi elles les retirent de l'eau au bout de quelque temps, & les renferment dans une cruche où elles les conservent en bouchant la gueule de cette cruche; ou bien elles les laissent pendant un jour & une nuit dans de l'eau salée, après quoi elles les mettent tremper pendant deux jours dans de l'eau pure, & les gardent ensuite plongées dans du vin cuit jusqu'à diminution des deux tiers, ou dans du vin fait de raisin séché au Soleil, ou dans du vin doux.

On fait du vin de poires, en les battant & en les renfermant dans un fac à mailles très-larges, où on les preffure à l'aide de poids dont on les charge, ou fous l'arbre du preffoir. Ce vin fe conferve durant tout l'Hiver, mais il s'aigrit au commencement de l'Eté. Maniere de faire du vinaigre de poires : on laiffe en un tas pendant trois jours des poires fauvages ou d'autres poires d'un acabit âcre qui foient mûres, après quoi on les renferme dans un petit vafe rempli d'eau de fontaine ou d'eau de pluie, qu'on laiffe couvert pendant trente jours : on y remettra au fur & à mefure autant d'eau que l'on en tirera de vinaigre par la fuite pour fon ufage, afin de fuppléer au déchet de cette liqueur. Maniere de faire du poiré à l'ufage des abftèmes : on foule des poires faines & très-mûres avec du fel; &, lorfque la chair en eft réduite en bouillie, on la renferme dans des petites barriques ou dans de petits vafes de terre poiffés. Au bout de trois mois on la fufpend pour lui faire rendre une liqueur qui eft, à la vérité, d'un goût agréable, mais dont la couleur eft blanchâtre ; c'eft pourquoi il fera bon, pour parer à cet inconvénient, de mêler avec les poires un peu de vin tirant fur le noir dans le temps qu'on les falera. On plantera des pommiers aux mois de Février & de Mars, &, fi le pays eft chaud & fec, aux mois d'Octobre & de Novembre. Ces arbres font de plufieurs efpeces qu'il eft inutile de détailler. Ils aiment un

fol gras & fertile, & qui foit fourni d'eau, plutôt
néanmoins par la Nature elle-même que par le
fecours des arrofemens, quoique, s'ils font plantés dans du fable ou dans de l'argille, il faudra
leur procurer la reffource des arrofemens. Il faut
les expofer au Midi dans les pays montueux : ils
viennent fort bien dans les pays froids, pourvu
qu'ils y trouvent la reffource d'un air doux : ils
ne refufent pas d'être plantés dans des lieux incultes & humides. Un terrein maigre & fec fait
que leurs fruits font fujets à être attaqués de vers
& à tomber. On les plante de toutes façons, comme les poiriers. Ils ne demandent ni à être labourés, ni à être bêchés ; c'eft pourquoi les prés
leur conviennent plus que tout autre terrein. Le
crottin de brebis, ou feul, ou mêlé avec de la
cendre, eft la feule chofe dont ils s'accommo-
dent volontiers, quoiqu'ils puiffent s'en paffer.
Ils aiment à être arrofés modérément. La taille
leur eft bonne, & principalement à l'effet d'en
retrancher les branches feches, ou celles qui font
nées dans une mauvaife place fur l'arbre. Ils
vieilliffent de bonne heure & dégénerent dans
leur vieilleffe. Quand leur fruit eft fujet à tomber, on introduit une pierre dans leur racine 2)
que l'on fend à cet effet, & cette précaution les
retient fur l'arbre. On les préferve de la pourriture en enduifant leur cime de fiel de lézard
verd. On fait mourir les vers qui s'y attachent
avec de la fiente de porc mêlée d'urine humaine,

ou avec du fiel de bœuf : quand il y en auroit une multitude immenfe autour de l'arbre, on eft sûr qu'il n'en reviendra point de nouveaux une fois qu'on les aura ratiffés avec un biftouri de cuivre, pourvu qu'on enduife de fiente de bœuf l'endroit d'où on les aura fait tomber. Si les branches font chargées d'une trop grande quantité de fruits, il faut en arracher les plus mauvais par-ci par-là, afin que la féve de l'arbre fuffife à la nutrition des autres, & que fa fertilité, qui fe confumoit en faveur d'une multitude de mauvais fruits, tourne au profit des bons. Le pommier peut être greffé fur toutes les efpeces d'arbres fur lesquels le poirier peut l'être. On le greffe aux mois de Février & de Mars, ainfi qu'aux autres mois auxquels on greffe le poirier, tant fur le pommier que fur le poirier, fur le prunier fauvage, fur le prunier, fur le cormier, fur le pêcher, fur le plane, fur le peuplier & fur le faule. Il faudra choifir avec attention les pommes que l'on voudra garder & les arranger par tas féparés, dans des lieux obfcurs & où l'air ne pénetre point, avec de la paille étendue fur une claie. On en multipliera les tas de façon que chacun d'eux ne foit pas trop fort. Il y a des perfonnes qui ont donné des méthodes différentes pour les garder : ces méthodes confiftent ou à les enfermer dans de petits vafes de terre poiffés & bouchés, ou à les envelopper d'argille, ou à en enduire fimplement leurs queues, ou à les arranger sur des planches en les y étendant sur de la paille, dont on les recouvre encore ensuite. On peut, sans se donner aucun soin, conserver pendant toute l'année les pommes rondes que l'on appelle *orbiculata* (5). Il se trouve des personnes qui renferment des pommes dans des vases de terre poissés & bouchés exactement, qu'ils plongent ensuite dans un puits ou dans une citerne. D'autres, après avoir cueilli des pommes saines, & en avoir plongé la queue dans de la poix bouillante, les arrangent sur des planchers où ils les étendent sur des feuilles de noyer. La plupart jettent entre les pommes de la sciure de peuplier ou de sapin. Il est constant qu'il faut les poser de façon que leur queue soit renversée, & n'y pas toucher avant le temps où elles nous paroîtront nécessaires pour notre usage. On fait du vin ainsi que du vinaigre avec les pommes, de la maniere que j'ai donnée ci-dessus en parlant des poires. Les Auteurs varient pour la plupart par rapport au temps auquel ils prétendent qu'on doit planter les coignassiers; quant à moi j'ai remarqué, d'après l'expérience que j'en ai faite, que des coignassiers, plantés avec leurs racines en Italie, dans les environs de Rome, au mois de Février ou au commencement de Mars dans un terrein façonné au *pastinum* (6), avoient

______

(5) Voy. la Note 16 du Chap. X. de l'Economie rurale de Columelle, Liv. V.

(6) Voy. la Note 5 Chap. VI, Liv. I.

ſi heureuſement pris, que ſouvent ils avoient eu l'avantage de rapporter des fruits dès l'année ſuivante, quand ils avoient été plantés déja grands. On les plantera dans les pays ſecs & chauds à la fin d'Octobre ou au commencement de Novembre. Les coignaſſiers aiment les terreins froids & humides. S'ils ſont plantés dans un terrein chaud, il faut les aider à venir par des arroſemens. Ils ſupportent néanmoins la poſition qui tient le milieu entre le froid & le chaud, & ils ne viennent pas moins dans les terreins plats que dans ceux qui ſont inclinés, quoiqu'ils préferent ces derniers. Il y a des perſonnes qui les plantent en cimes & en boutures, mais ils tardent à venir quand ils ſont plantés de l'une ou l'autre de ces façons. Il faut les eſpacer de telle maniere que, ſi le vent vient à les ſecouer, l'eau ne dégoutte pas des uns ſur les autres. Quand on les plante, & même tant qu'ils ſont petits, il faut les aider de fumier ; mais quand ils ſont devenus plus grands, il ſuffit de répandre une fois par an ſur leurs racines de la cendre ou de l'argille aſſez ſeche pour pouvoir être réduite en pouſſiere. L'humidité continuelle fera mûrir promptement leurs fruits, & les rendra plus gros. Il faut les arroſer toutes les fois que le Ciel refuſe de la pluie, & bêcher leurs pieds dans les pays chauds aux mois d'Octobre & de Novembre, & dans les pays froids aux mois de Février & de Mars, parce qu'à moins de prendre aſſiduement ce foin, ou ils deviennent ftériles, ou leurs fruits dégénerent. Il faut les tailler, d'après ce que j'ai éprouvé moi-même, & les débarraffer de tout ce qu'ils peuvent avoir de vicieux. Quand ils font malades, il faut verfer fur leurs racines de la lie d'huile coupée avec moitié eau, ou enduire leur tronc, foit de chaux vive détrempée avec de l'argille, foit de réfine de melefe mêlée avec de la poix liquide; ou bien, après les avoir déchauffés, on mettra autour de leurs racines un nombre impair de coings proportionné à la grandeur de l'arbre, que l'on affujettira à l'endroit où on les aura mis en les couvrant de terre : cette pratique obfervée toutes les années préfervera à la vérité l'arbre de toute maladie, mais d'un autre côté elle l'empêchera de vieillir. On greffe les coignaffiers au mois de Février : il eft mieux de les greffer fur le tronc que fous l'écorce. Il n'y a prefque point de greffe qu'ils ne reçoivent, tant celle du grenadier que celle du cormier, ainfi que celle de tous les pommiers qui donnent le meilleur fruit. S'ils font jeunes & qu'ils aient de la feve, on les greffe fous l'écorce, mais s'ils font plus grands, il fera mieux de les greffer dans la proximité de leurs racines, lieu où leur écorce & leur bois font humides, grace à la terre qui y eft adhérente. Il faut cueillir les coins quand ils font mûrs, pour les conferver, foit en les mettant entre deux tuiles dont on rejoint les bords avec un lut, foit en les faifant bouillir dans

du vin cuit jufqu'à diminution de moitié , ou
dans du vin fait avec du raifin féché au Soleil.
D'autres les confervent en les enveloppant dans des
feuilles de figuier , lorfqu'ils font gros. D'autres
fe contentent de les ferrer dans des endroits fecs
où l'air ne pénetre point. D'autres , après les
avoir coupés par quartiers avec un rofeau ou avec
un couteau d'yvoire , & en avoir ôté le cœur ,
les couvrent de miel dans un vafe de terre.
D'autres les mettent également dans du miel
tout entiers ; mais quand on veut les confire de
cette maniere , il faut les choifir fuffifamment
murs. D'autres les couvrent de millet ou les en-
feveliffent chacun à part dans de la paille. D'autres les mettent dans de petits vafes remplis
d'excellent vin , ou les confervent dans un mélange égal de vin cuit jufqu'à diminution de
moitié , & de vin fans apprêt. D'autres les plongent dans des futailles de mout , qu'ils bouchent
enfuite , ce qui donne en même-temps de l'odeur
au vin. D'autres enfin les mettent chacun à part
dans un plat neuf qu'ils couvrent de gyp fec. On
met la femence ou le plant du carrouge en terre aux
mois de Février & de Novembre. Quoiqu'il aime
les contrées voifines de la mer , chaudes , feches &
plantes , il devient néanmoins plus fertile dans les
pays chauds quand on lui donne de l'eau , ainfi
que je m'en fuis convaincu par ma propre expérience. On peut auffi le planter en boutures. Il
lui faut une foffe large. Il y a des perfonnes qui

croient qu'on peut le greffer au mois de Février
sur le prunier ou sur l'amandier. On conserve
très-longtemps les siliques qu'il produit en les
exposant sur des claies. Le mûrier est ami de la
vigne. Cet arbre vient à la vérité de graine, mais
en ce cas son fruit dégénere ainsi que son bois.
Il faut donc le planter en boutures ou en cimes,
mais il vaut encore mieux le planter en boutures d'un pied & demi de longueur, qui soient
bien ragréées des deux côtés & enduites de fumier. Ainsi, après avoir fait d'abord un trou en
terre avec un pieu, on les enfoncera dans ce trou
& on les recouvrira de cendre mêlée de terre,
qu'on n'entassera cependant pas à plus de quatre
doigts d'épaisseur. On plante le mûrier depuis
le milieu de Février jusqu'à la fin de Mars,
mais, quand le pays est chaud, on le plante à la
fin d'Octobre ou au commencement de Novembre, quoiqu'il vaille encore mieux le planter au
Printemps le neuf des Calendes (7) d'Avril. Cet
arbre aime les terreins chauds & sablonneux, &
plus communément les contrées voisines de la mer.
Il prend difficilement dans le tuf ou dans l'argille.
On croit que l'humidité continuelle ne lui est
pas bonne; il aime à être bêché & fumé. Il faut
en tailler au bout de trois ans les branches pourries & seches. On en transfere le plant, lorsqu'il

---

(7) Voy. la Note 1 du Chap. XXVIII. de l'Économie rurale de Varron, Liv. I.

est fort , aux mois d'Octobre ou de Novembre , & , lorsqu'il est jeune , aux mois de Février & de Mars. Ces arbres veulent être plantés dans des fosses profondes , & séparés les uns des autres par de grands intervalles , afin qu'ils ne soient pas opprimés réciproquement par l'ombre qu'ils donnent. Quelques Auteurs ont dit que pour qu'un mûrier fût plus fertile & plus haut , il falloit en percer le tronc des deux côtés , & y insérer deux coins (1), un de térebinthe d'un côté , un de lentisque de l'autre. Il faut déchausser le mûrier vers les Calendes (7) d'Octobre , & verser sur ses racines de la lie de vin vieux très-nouvelle. On le greffe sur le figuier & sur lui-même, mais on ne le greffe que sous l'écorce. Si on le greffe sur un orme , la greffe y prend à la vérité , mais il en résulte de grands accidens (8). Il faut semer les avelines en nature , & ne pas les recouvrir de terre à plus de deux doigts d'épaisseur. J'ai cependant éprouvé que les aveliniers viennent encore mieux de plant & de rejettons. On en met le plant ou les amandes en terre au mois de Février. Ils se plaisent dans un terrein maigre , hu-

---

(8) On voit dans le Chap. XI. de l'Économie rurale de Varron, Liv. I. & dans Pline 15 , 15 , que les Anciens croyoient superstitieusement que les greffes , faites sur certains arbres, attiroient le tonnerre & causoient d'autres accidens : c'est sans doute à ce genre de superstition qu'il faut rapporter ce que dit ici Palladius.

mide ,

mide, froid & sablonneux. Les avelines sont mûres vers les Nones (7) du mois de Juillet, pourvu cependant que le pays soit chaud. C'est à présent que l'on seme les noyaux de sebestes sous un climat tempéré, & dans une terre réduite en poussiere & médiocrement humide, en les mettant dans un vase où on les laisse jusqu'à ce que leur pousse ait acquis la solidité d'une plante. On greffe les arbres qui portent ce fruit au mois de Mars sur des cormiers ou sur des pruniers sauvages. C'est aussi à présent que l'on greffe les pêches-noix; que l'on met en terre les presses en noyaux ou en plant, qu'on les transfere & qu'on peut les greffer; enfin que l'on greffe le nefflier, & que l'on seme les noyaux de prunes. On peut aussi planter à présent le figuier dans les pays tempérés, semer la corme, couvrir de terre l'amande sur des planches, & greffer l'amandier au commencement de ce mois-ci dans les pays tempérés, & à la fin du même mois dans les pays froids, pourvu cependant qu'on en ait pris la greffe avant qu'elle germât. On peut aussi mettre à présent en terre du plant de pistachier ou greffer cet arbre, de même qu'on peut semer des châtaignes, mettre des noix dans des pépinieres & greffer le noyer. Enfin on peut encore faire à présent des plants de pin dans les contrées froides & humides.

CHAPITRE XXVI.

C'Est sur-tout à présent qu'il faudra faire couvrir les truies. On choisira à cet effet des verrats
grands & forts, dont le corps soit plus arrondi
qu'allongé, qui aient le ventre & les fesses am-
ples, le grouin court & le chignon bien fourni
de petites glandes, qui soient lascifs & qui n'aient
qu'un an : ils pourront être employés à ce service jusqu'à l'âge de quatre ans. On choisira des
truies qui aient les flancs allongés, & un ventre
d'une grande capacité & qui se prête à soutenir
le poids de leur portée : quant au reste, il faudra
qu'elles ressemblent aux verrats. Ces animaux
doivent avoir le poil épais & noir dans les pays
froids : pour ce qui est des pays chauds, leur couleur y est indifférente. Il suffira que les femelles,
que l'on destinera à multiplier, le fassent jusqu'à
l'âge de sept ans, & qu'elles aient un an lorsqu'elles commenceront à concevoir. Les truies mettent
bas au bout de quatre mois, c'est-à-dire, au
commencement du cinquieme. Or, comme elles
conçoivent, ainsi que je viens de le dire, au
mois de Février, leurs petits pourront se nourrir
des herbes qui seront déja fortes au moment de
leur naissance, & de la paille qui viendra après
ces herbes. Quand on a la faculté de se défaire

des cochons de lait , on les vend à mesure qu'ils
sont nés, afin de mettre plus promptement les
meres en état de donner d'autres portées. On
peut avoir de ce bétail dans toutes sortes de
lieux, quoiqu'il soit mieux d'en avoir dans des
campagnes marécageuses que dans des terreins
secs, sur-tout quand on aura dans ces campagnes
la ressource d'une forêt, dont les arbres donneront des fruits, qui, mûrissant successivement les
uns après les autres, fourniront à ces animaux leur
pâture pendant toute l'année. Ils se nourrissent
au mieux dans des terreins fertiles en herbes, &
mangent très-bien les racines de la canne ou du
jonc. Mais lorsque la pâture vient à leur manquer pendant l'Hiver , il faut leur donner de
temps à autre du gland, de la châtaigne ou de
vieilles criblures de tels grains que ce soient, principalement au printemps , temps auquel la ver-
dure nouvelle qui est pleine de lait a coutume
de les incommoder. On ne renferme pas les truies
par troupeaux comme les autres bestiaux , mais
on fait des toits sous des appentis où l'on renferme chaque mere à part , afin qu'étant elles-
mêmes en sûreté, elles puissent garantir du froid le
troupeau qu'elles auront à nourrir. Ces toits seront
découverts dans leur partie supérieure , afin que
le Gardien puisse faire aisément la revue des petits, & leur porter souvent du secours en les retirant de dessous leurs meres, quand celles-ci les
écraseront. Mais il aura l'attention de renfermer

chaque portée féparément avec fa mere. Une truie ne doit pas nourrir plus de huit porcs, fuivant ce que dit Columelle (1) ; pour moi, il me paroît plus à propos, d'après ma propre expérience, de ne lui en donner que fix à nourrir au plus, quand la pâture ne lui manquera pas, parce que, quoiqu'à la rigueur elle puiffe en élever davantage, elle fe ruineroit fi elle donnoit à tetter à un plus grand nombre. Il y a un autre profit à retirer des porcs qui confifte à les envoyer dans les vignes avant qu'elles foient en boutons ou après la vendange, parce qu'ils rempliffent la fonction d'un foffoyeur attentif en faifant la guerre aux herbes.

CHAPITRE XXVII.

ON fera au commencement de ce mois-ci du vin de myrthe d'une façon différente de celle que nous avons donnée (1). On mettra dans un flacon dix *fextarii* de vin vieux, dans lequel on jettera cinq livres de baies de myrthe. Quand on les aura laiffées pendant l'efpace de vingt-deux jours dans ce vafe, que l'on aura foin d'agiter tous les jours, on paffera ce mélange à

---

(1) Dans le Chap. IX. de fon Econ. rur. Liv. VII.
(1) Dans le Chap. XVIII. du Liv. II.

travers une corbeille de palmier, & on ajoutera
fur ces dix *fextarii* cinq livres d'excellent miel
extrémement broyé.

CHAPITRE XXVIII.

MANIERE de faire une vigne thériacale qui
fera fi utile que fon vin, fon vinaigre, fon raifin ou la cendre de fes farmens feront bons
contre les morfures de telle bête que ce foit.
On fait au bas du farment que l'on veut planter
une fente de trois doigts de longueur, & on en
retire la moëlle, à laquelle on fubftitue un médicament de thériaque, puis on le met en terre
en l'affujettiffant bien avec un lien. Il y a des
perfonnes qui, après avoir raffafié le farment du
médicament, le cachent dans un oignon de
feille, & le mettent en terre de la maniere que
nous venons de dire. D'autres verfent l'antidote
fur les racines de la vigne. Il n'eft pas douteux
que, fi l'on prend un farment d'une vigne ap-
prêtée de la forte pour le transférer, il n'aura
pas la vertu médicinale qu'avoit fa mere, de
même que, lorfque cette vertu vieillira, il faudra la renouveller en arrofant affiduement le fep
de thériaque.

CHAPITRE XXIX.

IL y a une belle espece de raisin qui ne renferme point de pepins : aussi peut-on en avaler avec grand plaisir une grappe entiere comme si c'étoit un fruit d'une seule tenue, & sans trouver d'obstacle qui arrête. Or on fait ce raisin, suivant les Auteurs Grecs, de la maniere qui suit, attendu que la Nature se prête à l'Art. Il faut faire au sarment, que l'on veut planter, une fente d'une longueur égale à celle du bois qui sera en terre, & après en avoir ôté toute la moëlle & l'avoir creusé exactement, on en rapprochera les bords, & on le mettra en terre en les assujettissant avec un lien. Ces Auteurs assurent néanmoins qu'il faut que ce lien soit de papier, & que le sarment soit mis après ces préparatifs dans une terre humide. Il y a des personnes qui, après avoir lié exactement ce sarment sur toute la longueur qui en aura été fendue, l'enfoncent dans un oignon de scille, parce qu'ils assurent que cet oignon aide toutes les plantes à prendre plus aisément. D'autres creusent le plus profondément qu'ils peuvent, dans le temps même de la taille, une branche à fruit d'un sep qu'ils viennent de tailler, pour en retirer la moëlle, après quoi ils l'attachent à un roseau fixé auprès de cette branche, afin qu'elle ne puisse pas se renverser (1). Ensuite ils versent dans le trou qu'ils y ont fait de la liqueur, que les Grecs appellent ὀπὸς κυρηναϊκὸς (2), après l'avoir détrempée avec de l'eau jusqu'à ce qu'elle ait acquis l'épaisseur du vin cuit jusqu'à diminution des trois quarts ; ils ne cessent pas de recommencer cette opération tous les huit jours jusqu'à ce que les bourgeons de la vigne paroissent. Les Grecs assurent qu'on peut faire la même chose sur les grenadiers & sur les cerisiers. C'est ce qu'il faudroit essayer.

<hr>

CHAPITRE XXX.

QUAND les vignes se dessechent par la trop grande abondance de la seve qui monte, & qu'à force de pleurer elles privent le fruit de la vertu que renferme leur bois, les Grecs ordonnent de déchirer leur tronc pour y faire une poche ; &, si ce remede est sans effet, de couper le bois le plus épais de leurs racines, afin que cette blessure guérisse leur maladie. Mais on aura soin de frotter la partie blessée avec de la lie d'huile

______

(1) S'il n'étoit point fixé & qu'il se renversât, le suc du laser, dont il est plein, s'écouleroit.

(2) C'est-à-dire, *du suc de Cyrène*, ou autrement du laser.

extraite fans fel, qui aura été cuite jufqu'à réduction de moitié, lorfqu'elle fera refroidie, & de répandre du vinaigre fort fur la plaie.

CHAPITRE XXXI.

LEs Grecs ordonnent encore de compofer du vin de myrthe de la maniere fuivante : on mettra dans un linge huit *unciæ* de baies de myrthe mûres, que l'on aura broyées après les avoir fait fécher à l'ombre, & on fufpendra ce pacquet dans le vin, après quoi on couvrira le vafe & on le bouchera. Quand ces baies feront reftées plufieurs jours dans le vin, on les en retirera pour en faire ufage. Il y a des perfonnes qui foulent aux pieds ou qui expriment entre leurs mains des baies de myrthe, qu'elles ont cueillies dans leur maturité par un temps où il ne faifoit pas de pluie & dans des terreins très-fecs, & qui en mettent la valeur de huit *cotulæ* fur une amphore de vin. Ce vin s'emploie auffi en Médecine, quand on eft dans le cas d'avoir recours aux aftringens ; fon effet ordinaire eft de fortifier les eftomacs délabrés, de couper court aux crachemens de fang, d'arrêter le flux de ventre & de durcir, avec fuccès pour la fanté, les matieres qui occafionnent les douleurs de la dyfenterie.

CHAPITRE XXXII.

ON prétend que les vignes donneront d'elles-mêmes du vin, soit d'absynthe, soit de rose ou de violette, (de façon que l'on recevra de la Nature ce que l'on doit ordinairement à l'industrie) pour peu que l'on plonge des sarmens dans un vase rempli jusqu'à moitié de ces sortes de liqueurs, en y faisant dissoudre en même-temps de la terre végétable en maniere de lessive, & qu'on les y laisse jusqu'à ce que leurs yeux commencent à paroître, après quoi on mettra ces sarmens où on voudra quand ils bourgeonneront, ainsi qu'on le pratique à l'égard de toute autre vigne.

CHAPITRE XXXIII.

VOICI la méthode que les Grecs ont prescrite pour faire produire au même sep des grappes de raisin blanc & des grappes de raisin noir : si l'on a un sep de raisin blanc & un de raisin noir qui soient voisins l'un de l'autre, on joint ensemble au temps de la taille des sarmens pris sur chacun de ces seps, & fendus en deux, de façon que, lorsqu'ils seront joints, les boutons, qui font au milieu de ces farmens, femblent être fur un feul & même farment, après quoi on les lie ensemble avec du papier mou pour les relferrer, & on a foin de les enduire de terre humide, & de les arrofer de trois jours l'un, jufqu'à ce que le germe de la feuille nouvelle paroifle. A dâter de la fin de ce mois-ci, on pratiquera, fi l'on veut, cette méthode fur plufieurs farmens.

CHAPITRE XXXIV.

(1) CE mois-ci s'accorde avec celui de Novembre par rapport à la durée des heures : les voici raffemblées fous cette proportion de nombres.

A la premiere & à la onzieme heure, le Gnomon donne vingt-fept pieds d'ombre.

A la feconde & à la dixieme, il en donne dix-fept.

A la troifieme & à la neuvieme, il en donne treize.

A la quatrieme & à la huitieme, il en donne dix.

A la cinquieme & à la feptieme, il en donne huit.

A la fixieme, il en donne fept.

(1) Voy. la Note 1 du Chap. XXIII. Liv. II.

Fin du troifieme Livre.

L'ÉCONOMIE
RURALE
DE PALLADIUS RUTILIUS
TAURUS ÆMILIANUS.

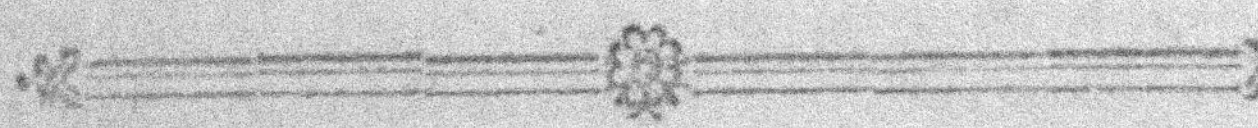

LIVRE QUATRIEME.
MARS.

CHAPITRE PREMIER.

LA taille de la vigne, dont nous avons amplement parlé au mois de Février (1), se fait au mois de Mars dans les pays froids, tant qu'il n'y a

(1) Voy. les Chap. XII. & suivans du Liv. précédent.

point de rifque d'endommager les bourgeons par cette opération. Il faut greffer à préfent les feps au moment où les larmes qu'ils répandront, au lieu d'être claires comme de l'eau, feront épaiffes. On aura deux chofes à obferver en ce cas : premiérement que le fep que l'on voudra greffer foit folide & plein de fucs nourriciers, fans être deffeché, foit par la vétufté, foit par les mauvais traitemens qu'il aura pû éprouver, fecondement que les rejettons que l'on y inférera, lorfqu'on l'aura coupé, foient fermes, ronds & bien fournis de boutons multipliés les uns auprès des autres, quoiqu'il fuffira d'y en laiffer trois, quand on les employera en greffes. Il faudra donc les ratiffer fur une longueur de deux doigts, en confervant leur écorce fur un de leurs côtés. Il y a des perfonnes qui n'en laiffent pas mettre la moëlle à jour, mais qui fe contentent de les ratiffer légérement, de façon que la partie ratiffée foit terminée infenfiblement en pointe, & que celle qui refte garnie de fon écorce puiffe être adaptée à l'écorce de fa mere future. Le dernier bouton doit être enfoncé dans le fep de maniere à y être incorporé : ce bouton fera tourné en-dehors du fep & attaché avec une ligature de faule, & on étendra deffus, pour le recouvrir, un lut dans lequel il entrera de la paille, puis on le protégera, à l'aide de quelque corps étranger dont on le couvrira, contre le vent & contre le Soleil, de peur qu'il ne foit agité par l'un & brûlé par l'autre. Si la chaleur commence à se faire sentir de bonne heure, il faudra verser vers le soir & à différentes reprises, à l'aide d'une petite éponge, un peu d'eau sur la ligature même de la greffe, afin que cet aliment l'anime assez pour lui faire supporter la violence de la chaleur. Lorsque le bouton sera parti, & que le fouet aura pris quelque accroissement, on l'attachera à un roseau pour l'aider à se tenir, de peur que quelque mouvement ne vienne à l'ébranler, tant qu'il sera dans un âge fragile, au lieu que, lorsqu'il aura acquis une certaine consistance, on coupera les liens qui le retiendront, de peur que son adolescence ne soit vexée par la dureté d'un nœud trop serré pour un germe aussi tendre. Il y a des personnes qui, après avoir déchaussé un sep à un demi-pied de profondeur, & y avoir inséré des rejettons, recouvrent ceux-ci d'un amas de terre, afin que cette terre fournisse de son côté des alimens aux sarmens nouvellement entés sur le sep nourricier, indépendamment de ceux qu'ils tireront de lui. D'autres assurent qu'il est mieux de greffer un sep vers la superficie de la terre, parce que, quand les greffes sont trop enfoncées en terre, elles prennent difficilement. On plantera des vignes dans les pays froids jusqu'aux Ides (2) de ce mois-ci, ou

---

(2) Voy. la Note 1 du Chap. XXVIII. de l'Économie rurale de Varron, Liv. I.

jufqu'à l'Equinoxe, foit dans un terrein façonné au *paftinum* (3), foit dans une tranchée ou dans des foffes, conformément à la méthode que nous avons donnée (4).

CHAPITRE II.

IL faut nettoyer à préfent les prés & les garder dans les pays froids. On y défrichera auffi les coteaux gras ainfi que les campagnes marécageufes, & on leur donnera le premier labour. Il faudra encore repaffer les guérets qui auront été mis en état au mois de Janvier.

CHAPITRE III.

ON femera le panis & le millet dans les contrées chaudes & feches. Ces plantes demandent une terre légere & ameublie, & viennent non-feulement dans le fablon, mais dans le fable même, pourvu que le climat foit humide & le fol arrofé : elles redoutent cependant un terrein fec & argilleux. On a foin de les délivrer

---

(3) Voy. la Note 5 du Chap. VI. Liv. I.
(4) Dans le Chap. XVII. du Liv. précédent.

assiduement des mauvaises herbes : il en faudra cinq *sextarii* pour ensemencer un *Jugerum*.

CHAPITRE IV.

IL faut semer à présent les deux especes de pois chiches dans un terrein qui soit très-gras & sous un climat humide, après les avoir fait tremper la veille dans l'eau, afin de les faire lever plutôt. Trois *modii* suffiront pour ensemencer un *Jugerum*. Les Grecs disent que les pois seront plus gros, lorsqu'on les aura arrosés d'eau chaude la veille du jour où on les semera : ils ajoutent qu'ils aiment les terreins voisins de la mer, & qu'ils viennent de meilleure heure quand ils sont sémés en Automne.

CHAPITRE V.

ON semera aussi le chanvre ce mois-ci, jusqu'à l'Equinoxe du Printemps, de la maniere que nous avons détaillée en Février (1).

______

(1) Voy. le Chap. V. du Liv. précédent.

CHAPITRE VI.

ON sème à présent la cicerole, qui ne diffère de la gesse que par sa couleur obscure & noire, dans un terrein gras qui aura reçû le premier ou le second labour. Un *Jugerum* en aura assez de quatre *modii*, quoiqu'on pourra se contenter d'y en semer trois, ou même deux.

CHAPITRE VII.

ON commence à présent à pulvériser les mottes de terre dans les vignobles, ce qu'il faut faire tant aux Calendes (1) de ce mois-ci, qu'à celles de tous les autres mois qui le suivront jusqu'à celui d'Octobre, non-seulement pour extirper les mauvaises herbes, mais encore pour empêcher que la terre, étant trop endurcie, n'étrangle le plant qui est encore tendre. On extirpera jusqu'aux racines du gramen qui causent un grand dommage aux vignes. Il faut bêcher à présent les vignobles dans les pays froids, & y échalasser les

_____

(1) Voy. la Note 1 du Chap. XXVIII. de l'Economie rurale de Varron, Liv. I.

seps & les lier , en obfervant d'employer pour les jeunes vignes des liens qui foient mols, parce que, s'ils étoient durs , ils les couperoient indubitablement, d'autant qu'elles font très-tendres. On appuyera les grands feps fur un pieu fort, & les petits fur un plus mince. Ce pieu fera pofé en face de l'Aquilon, & du côté du Ciel d'où vient le froid, attendu l'incommodité que fon ombre occafionneroit au fep s'il étoit pofé autrement ; il fera d'ailleurs éloigné du fep à la diftance de quatre doigts ou d'un demi-pied, afin qu'on puiffe bêcher librement autour du fep. Il y a des perfonnes qui tronquent à préfent les vieux feps à une certaine élévation de terre dans la vue de les renouveller ; mais cette méthode eft vicieufe , parce qu'il arrive communément qu'une plaie de cette nature pourrit au Soleil & à la pluie, parce qu'elle eft trop confidérable. C'eft pourquoi il vaudra mieux les renouveller de cette façon-ci : on commencera par les déchauffer profondément jufqu'à ce que leurs racines foient à découvert, enfuite on les coupera en terre au-deffus de ces racines , afin qu'étant recouverts de terre par la fuite, ils n'aient rien à craindre du froid ni du Soleil : encore n'en viendra-t-on à cette extrémité, que, lorfqu'il s'agira de feps d'une excellente efpece, & dont les racines feront très-profondes , autrement il vaudra mieux les greffer avec des farmens d'une bonne qualité. Tout ce que nous venons de dire doit être fait au commencement du mois dans les pays chauds, & après les Ides (1) dans les pays froids. On bêchera le pied des seps qui seront malades, ou dont le fruit séchera, & on les arrosera de vieille urine : on mettra aussi sous la terre qui les porte de la cendre de sarmens ou de chêne mêlée de vinaigre, ou bien, après les avoir coupés près de terre, on les réchauffera avec du fumier, & on en laissera croître les pousses qui paroîtront les plus fortes. Lorsqu'un sep aura été blessé par la houe ou par un instrument de fer quelconque, si la plaie est près de terre, enduisez-là de crotin de brebis ou de chevre, que vous y assujettirez avec des ligatures, & que vous recouvrirez de terre prise à son pied. Si c'est la racine d'un sep qui a été blessée, ajoutez à cet enduit du fumier liquide, lorsque vous recouvrirez la plaie.

CHAPITRE VIII.

ON versera à présent de la lie d'huile extraite sans sel autour des racines des oliviers qui seront malades : il n'en faudra que six *congü*, suivant Columelle (1), pour les plus grands arbres, quatre pour les arbres de moyenne taille, & plus

_____

(1) Voy. le Chap. II. de l'Economie rurale de Columelle, Liv. XI.

ou moins pour les autres à proportion de leur grandeur. D'autres jettent sur leurs racines de la paille de fèves jusqu'à la concurrence de deux *quasi* pour un grand arbre ; d'autres, après avoir préalablement couvert le tronc de l'arbre, répandent dessus la quantité de vieille urine d'homme qu'ils jugent suffisante, en faisant en même-temps à son pied une excavation propre à la contenir, sur-tout dans les lieux secs. On percera avec une tarrierre Gauloise un olivier stérile, après quoi on prendra, du côté du Midi, sur un autre arbre qui produise beaucoup, deux branches également longues, que l'on enfoncera dans ce trou par chacun de ses côtés, de façon qu'elles s'y trouvent resserrées (1) ; &, après avoir coupé les portions de ces branches qui déborderont de l'un & de l'autre côté du trou, on aura soin de les recouvrir avec un lut dans lequel il entrera de la paille. Si, au contraire, les arbres sont de belle venue, mais qu'ils ne rapportent

---

(1) Il faut supposer qu'on enfoncera ces branches d'un côté & de l'autre du trou chacune par leur cime, de sorte qu'en les prenant ensuite du côté opposé à celui par lequel on les aura introduites, on les tire fortement des deux côtés, à peu près comme les Cordonniers tirent leur fil, afin de réunir le bout le plus mince de l'une avec le plus gros bout de l'autre, comme deux coins qui seroient accollés par leur partie aiguë, & rapprochés l'un de l'autre jusqu'à ce qu'ils forment un parallélogramme. C'est en effet le moyen le plus sûr pour boucher bien exactement le trou.

point de fruits, on enfoncera dans leurs racines soit un pieu d'olivier sauvage, soit des pieus de pin ou de chêne (3). C'est aussi à présent que ceux qui sont dans l'usage de sarcler les bleds doivent le faire pour la seconde fois. On formera à présent, dans les pays froids, les pépinieres de baies & d'autres semences dont nous avons parlé au mois de Février (4), & on donnera les derniers soins aux plans de rosiers au commencement du mois.

CHAPITRE IX.

IL est très-bon de commencer à présent à s'occuper de la culture des jardins. On seme l'artichaut au mois de Mars. Ce légume aime une terre fumée & meuble, quoiqu'il lui soit plus aisé de venir dans une terre grasse : il sera à propos, si on veut le mettre à l'abri des taupes, de le semer dans une terre qui soit solide, afin que ces animaux pernicieux ne viennent pas aisément à bout de la fouiller. Il faut semer les artichauts dans le temps que la Lune croît, & sur une planche qui leur ait été préparée d'avance, en laissant un demi-pied d'intervalle en-

(3) Voy. la Note 1 du Chap. XV. Liv. II.
(4) Voy. le Chap. XXV. du Liv. précédent.

tre chaque graine. Il faut prendre garde que
leur graine ne soit pas en terre dans une position renversée, parce qu'elle ne donneroit que
des artichauts qui seroient petits, courbés &
durs. Il ne faut pas non plus enterrer profondément cette graine, mais on la tiendra entre trois
de ses doigts que l'on enfoncera dans la terre,
jusqu'à ce que la terre soit au niveau des premiers articles, après quoi on la recouvrira légé-
gérement de terre, & on ne manquera pas de
la délivrer assiduement par la suite des mauvaises herbes, jusqu'à ce que les plantes qu'elle produira soient fortifiées, comme de l'arroser s'il
survient de la chaleur. Si l'on brise la pointe
de la graine, il en viendra des artichauts sans
épines, de même que, si on la met tremper pendant trois jours dans de l'huile de laurier ou de
nard, ou dans du baume blanc, ou dans de
l'eau-rose, ou dans du mastic, & qu'on ne la
mette en terre qu'après l'avoir fait sécher, il en
viendra des artichauts qui auront le goût de celui de ces parfums dont elle aura été abbreuvée.
Il n'est pas douteux qu'il faudra arracher toutes
les années quelques tiges de cette plante, tant
pour soulager les meres que pour avoir des rejettons que l'on dispersera dans d'autres plans:
on les arrachera néanmoins avec une portion de
leurs racines. Quant aux artichauts que l'on réservera pour en tirer de la graine, il faudra,

après les avoir débarrassés de tous leurs rejettons , les couvrir d'un vase de terre ou d'une
écorce , parce que le Soleil ou la pluie en font
communément mourir la graine. Il est bon d'a-
voir souvent des chats au milieu des plans d'artichauts pour les garantir des taupes. Il y a des
personnes qui ont à cet effet des belettes. Quelques-unes remplissent les trous de ces animaux
de terre rouge & de jus de concombre sauvage.
D'autres creusent plusieurs cavernes auprès des
trous de taupes , afin que , lorsque le Soleil vient
à y pénétrer , l'effroi fasse prendre la fuite à
ces animaux. La plupart mettent à l'ouverture
de leurs trous des pieges suspendus avec des
soies d'animaux. On seme aussi très-bien ce mois-
ci , dans les pays froids , l'oignon de Cypre ,
l'ail , la ciboule & l'origan , ainsi que l'aner. On
peut aussi très-bien semer ou transplanter à présent la moutarde & les chous. On seme encore
la mauve & le grand raifort , & l'on transplante l'origan : on peut semer la laitue , la poirée ,
le porreau & les capres , ainsi que la fève d'E-
gypte , la sarriette & le cresson alenois. Il y a
des personnes qui sement aussi à présent la chicorée & les raiforts , quand elles veulent en avoir
pour l'Eté. Il faut semer à présent les melons :
comme il ne faut pas qu'ils soient trop pressés , on
en mettra les graines à deux pieds de distance
l'une de l'autre dans des terreins labourés ou

façonnés au *paſtinum* (1), & principalement dans du ſable. On aura ſoin de faire tremper auparavant ces graines pendant trois jours dans du vin mêlé de miel & dans du lait, pour ne les mettre en terre que lorſqu'elles ſeront ſéchées : cette précaution contribuera à donner aux melons une ſaveur agréable ; mais , ſi l'on veut qu'ils aient auſſi de l'odeur, on laiſſera la graine , quand elle ſera ſéchée , pendant pluſieurs jours entre des feuilles de roſes. On ſeme encore à préſent les concombres dans des ſillons écartés les uns des autres, auxquels on donne un pied & demi de profondeur & trois pieds de largeur. On laiſſera, ſans le labourer, un intervalle de huit pieds entre ces ſillons, ſur lequel les concombres pourront s'étendre : comme l'herbe leur fait du bien , il n'eſt pas néceſſaire de l'arracher ni de les ſarcler. Si l'on en fait tremper la graine dans du lait de brebis & dans de l'hydromel , ils ſeront doux & blancs , de même que , ſi l'on met à deux *palmi* de diſtance ſous eux un large vaſe rempli d'eau, ils deviendront tendres & s'allongeront en cherchant à gagner cette eau. Ils n'auront point de graine , lorſqu'avant d'en ſemer la graine on l'aura enduite d'huile du pays des Sabins, ou qu'on l'au-

____

(1) Voy. la Note 5 du Chap. VI, Liv. I.

ra frottée avec de l'herbe connue sous le nom de *culex* (2) broyée. Il y a des personnes qui mettent dans un roseau, après en avoir percé tous les nœuds pour le creuser, une fleur de concombre avec le bout de son tenon, de sorte que le concombre, qui vient dans ce roseau, s'étend jusqu'à une longueur immense. Ce légume redoute si fort l'huile que, si l'on en mettoit auprès de lui, il se recourberoit en forme de crochet : il se retourne aussi toutes les fois qu'il tonne, comme s'il étoit effrayé par la peur. Si l'on renferme sa fleur, sans la séparer de son tenon, dans un moule de terre cuite bien attaché, le concombre qui en naîtra prendra la forme de l'homme ou de l'animal que représentera ce moule. Tous ces faits sont attestés par Gargilius Martialis (3). Columelle (4) prétend que si l'on a des ronces ou des férules dans un lieu qui soit exposé au Soleil & fumé, & qu'après les avoir coupées près de terre, passé l'Equinoxe d'Automne, on les creuse avec un stilet de bois pour y enfoncer du fumier dans la moëlle, & y mettre ensuite une graine de concombre, il en naîtra des fruits qui pourront résister même au plus grand froid. On

---

(2) Le Pere Hardouin, Note 18 *ad Plin.* 19, 5, croit que c'est l'*herbe aux puces.*

(3) Voy. la Note 2 du Chap. XV. Liv. II.

(4) Voy. le Chap. III. de son Econ. rur. Liv. XI.

semera les asperges ce mois-ci , vers les Calendes (5) d'Avril , dans un terrein gras, humide &
labouré : il faudra à cet effet mettre dans de petites fosses allignées au cordeau deux ou trois
graines d'asperge , en les espaçant d'un demi-
pied , après quoi on couvrira le sol de fumier , &
on en arrachera de temps en temps les herbes ,
ou bien on étendra dessus pendant l'Hiver de la
paille que l'on ôtera au commencement du Printemps , moyennant quoi il en viendra des asperges au bout de trois ans. Mais il sera plus court
de mettre en terre des pattes d'asperges qui donneront du fruit promptement. Voici comme on
se procurera ces pattes : on creusera des fosses
sur un terrein gras & fumé , dans chacune desquelles on mettra , après les Ides (5) de Février ,
ce qu'on pourra pincer de graine d'asperge avec
trois de ses doigts , en la recouvrant légérement
de terre , & toutes ces graines venant à se réunir formeront une racine entortillée à laquelle
on donne le nom de *spongia*. Cependant cette
racine souffre elle-même des retards, puisqu'il faut
l'entretenir pendant deux ans dans sa pépiniere
avec du fumier , & en arracher souvent les mauvaises herbes , & qu'on ne la transfere qu'après
l'Equinoxe d'Automne , pour recueillir des asperges au Printemps. C'est pourquoi on trouvera
mieux son compte à acheter ces racines toutes

---

(5) Voy. la Note 1 du Chap. XXVIII. de l'Economie rurale de Varron , Liv. I.

venues, qu'à les attendre long-temps en les élevant soi-même. Au reste, de telle façon qu'on
se les soit procurées, on les arrangera sur le milieu de l'ados des planches, si le terrein est sec,
& sur la pointe de leur élévation, s'il est humide. Il faut que l'eau ne fasse que passer sur les
pattes d'asperges pour les arroser sans s'y arrêter.
On n'arrachera pas les asperges que ces pattes auront produites la premiere année, mais on les
rompra de peur d'ébranler les pattes elles - mêmes qui sont encore foibles, au lieu qu'il faudra les arracher les années suivantes, afin que
les yeux, qui doivent en produire de nouvelles,
soient découverts : en effet, si on continuoit de
les rompre, il arriveroit que des terreins, qui sont
ordinairement fertiles, se trouveroient barrés par
les racines d'asperges qu'on y auroit laissées. Au
surplus, c'est au Printemps qu'on pourra les consommer, & on réservera pour l'Automne celles
dont on voudra cueillir la graine : quand cette
graine sera cueillie, on mettra le feu à leur fanage, après quoi on couvrira les pattes de
fumier & de cendre vers l'Hiver. On seme ce
mois - ci la rüe dans des lieux exposés au Soleil; cette plante se contente d'avoir de la cendre répandue sur elle. Elle demande des terreins élevés, hors desquels l'eau puisse s'écouler
aisément. Si l'on en met les graines en terre sans
les tirer de leurs capsules, il faudra les y mettre
avec la main les unes après les autres, au lieu
que si elles sont dépouillées de leurs capsules,

lorsqu'on les semera, il faudra les jetter par-ci par-là, & les recouvrir avec un rateau que l'on fera passer dessus. Les tiges qui viendront de la graine qui aura été semée avec sa capsule seront plus fortes que les autres, mais d'un autre côté elles seront plus tardives. Les petites tiges que l'on arrachera de cette plante au Printemps avec une partie de son écorce tiendront lieu de plant, au lieu qu'elle périroit si on la transféroit entiere. Il y a des personnes qui inserent ces petites ti-ges dans une fève percée ou dans une bulbe quel-conque, avant de les mettre en terre, afin qu'el-les s'y conservent à l'aide de la vigueur que leur procureront ces corps étrangers. On donne aussi des malédictions à cette plante (6), & on préfere de la mettre dans une terre de brique dissoute, ce qui lui est effectivement avantageux. Mais elle viendra encore mieux (suivant ce qu'on as-sure) quand elle aura été volée (6). Elle aime à se reposer sous l'ombre du figuier. Elle ne souffre pas qu'on déracine l'herbe auprès d'elle, mais elle veut qu'on l'arrache. Elle craint d'être tou-chée par une femme dans le temps de ses regles. On seme la coriandre depuis ce mois-ci jusqu'à la fin d'Octobre. Cette plante se plait dans une terre grasse, quoiqu'elle vienne également dans un terrein maigre. On croit que plus sa graine est vieille, meilleure elle est. Elle aime l'eau.

---

(6) On n'attend pas de nous que nous cherchions les rai-sons de ces extravagances.

Une fois femée, elle vient avec toutes fortes de plantes potageres. Il faut femer les courges ce mois-ci. Ces plantes aiment un terrein gras, humide, fumé & meuble. Elles ont ceci de remarquable, que les graines que l'on tire de leur col donnent des courges longues & frêles, au lieu que celles que l'on tire de leur ventre en donnent de plus groffes, comme celles que l'on tire de leur extrémité inférieure en donnent de larges, pourvu qu'on les mette en terre la cime renverfée. Quand les courges ont commencé à prendre une certaine confiftance, on leur donne des appuis pour les aider à croître. On laiffe pendre à leurs tenons jufqu'en Hiver celles que l'on conferve dans la vue d'en avoir de la graine, après quoi on les enleve & on les met au Soleil ou à la fumée, fans quoi leur graine fe pourriroit & périroit. On feme ce mois-ci la blette dans tel terrein que ce puiffe être, pourvu qu'il foit cultivé; il ne faut ni délivrer des mauvaifes herbes ni farcler cette plante potagere. Quand une fois elle fera venue, elle fe renouvellera d'elle-même pendant une fuite de fiecles en répandant à terre fa femence, de façon qu'il ne fera pas facile, quand même on le voudroit, de la détruire. On feme auffi à préfent le ferpolet, tant en plant qu'en graine : celle-ci eft toujours meilleure lorfqu'elle eft vieille. Cette plante fera plus garnie de feuilles quand elle fera femée auprès d'une mare d'eau ou d'un lac, ou fur les bords d'un

puits. On feme auffi très-bien à préfent l'anis &
le cumin. Ces deux plantes réuffiffent mieux dans
des terreins fertiles , quoiqu'elles viennent également dans d'autres , pourvu qu'on les aide avec
de l'eau & du fumier.

CHAPITRE X.

ON femera la grenade au mois de Mars ou
d'Avril dans les climats tempérés , & au mois
de Novembre dans ceux qui feront chauds &
fecs. Le grenadier aime un terrein argilleux &
maigre , quoiqu'il ne réuffiffe pas moins dans un
terrein gras. Les pays chauds lui font favorables.
On le feme en plant arraché de la racine d'un
grand arbre. Quoiqu'il y ait plufieurs façons de
le femer, la meilleure cependant confifte à coucher obliquement dans une foffe une branche de
cet arbre de la longueur d'un *cubitus* , & de la
groffeur d'un manche d'inftrument, qui aura été
amincie par les deux bouts avec une ferpette
bien tranchante, & que l'on aura eu foin d'enduire auparavant de fiente de porc, tant du côté
de la tête que du côté d'en bas. On peut encore
l'enfoncer profondément à l'aide d'un maillet
dans un terrein non labouré. Quand la branche
qu'on mettra en terre aura été prife fur l'arbre
dans le temps qu'il étoit déja garni de boutons,

elle prendra beaucoup mieux. Si on a foin , en la mettant dans la foffe, de charger fa racine de trois petites pierres, on pourvoira par-là à ce que fon fruit ne fe fende pas. Il faut prendre garde de ne pas la mettre en terre la tête renverfée. On croit que les fruits de cet arbre deviennent aigres quand on l'arrofe trop affiduement , d'autant que la féchereffe les rend doux & les fait multiplier en abondance : pour empêcher néanmoins qu'il n'en vienne une trop grande quantité , il faudra oppofer un peu d'eau à leur abondance exceffive. Il faut bêcher le pied de cet arbre tant en Automne qu'au Printemps. S'il donne naturellement des fruits aigres , on répandra fur fa cime un peu de lafer broyé dans du vin, ou bien l'on enfoncera un clou de bois gommeux de pin (1) dans fes racines après les avoir déchauffées. D'autres enterrent de l'algue marine auprès de fes racines ; & quelques-uns y ajoûtent de la fiente d'âne & de porc. S'il ne garde pas bien fa fleur , on mêlera de vieille urine avec de l'eau par parties égales, pour en verfer trois fois par an fur fes racines. Il fuffira d'en verfer une *amphora* fur chaque arbre : on pourra encore lui donner de la lie d'huile extraite fans fel , ou mettre de l'algue auprès de fes racines, & l'arrofer deux fois par mois ; ou bien il faudra entourer d'un petit cercle de plomb le tronc de

---

(1) Voy. la Note 1 du Chap. XV. Liv. II.

l'arbre quand il fera en fleurs, ou l'envelopper d'une peau de ferpent. Si fes fruits fe fendent, on mettra une pierre au milieu de fa racine (1) ou on femera de la fcille dans fon voifinage. Lorfque fes fruits auront été tordus fur l'arbre même dans le temps qu'ils y étoient attachés par la queue, ils fe conferveront toute l'année fans fe gâter. S'ils font attaqués par les vers, on frotte les racines de l'arbre avec du fiel de bœuf, & ces vers meurent auffitôt, de même qu'il en revient difficilement quand on les a ratiffés avec un clou de cuivre : de l'urine d'âne mêlée avec de la fiente de porc les empêche auffi de s'y mettre. De la cendre répandue fréquemment autour d'un tronc de grenadier, avec de l'eau de leffive, rend cet arbre beau & fertile. Martialis (2) affure que les grains de fon fruit feront blancs, pour peu que l'on mette fur fes racines, pendant trois ans de fuite, un mélange compofé d'un quart de gyp contre trois quarts d'argille & de craie. Il dit auffi qu'il donnera des grenades énormément groffes, fi l'on enterre, dans fon voifinage, une marmite de terre dans laquelle on aura enfermé une de fes branches avec fa fleur : en effet, lorfqu'on aura attaché cette branche à un pieu, pour l'empêcher de fe rapprocher de l'arbre, & que l'on aura couvert la marmite pour la préferver de l'eau qui pourroit y entrer,

------

(1) Voy. la Note 2 du Chap. XV. Liv. II.

les fruits que l'on y trouvera, en l'ouvrant en Automne, feront de la grandeur de la marmite même. Il prétend encore qu'un grenadier donnera beaucoup de fruits, lorsqu'on aura enduit son tronc de jus de tithymalle & de pourpier mêlés ensemble par parties égales, avant que les boutons paroissent. Il assure qu'on peut le greffer en joignant des branches de deux arbres voisins les unes avec les autres, de façon que les branches tant d'un arbre que de l'autre étant fendues, elles se réunissent du côté de la moëlle. On ne peut le greffer que sur lui même à la fin du mois de Mars, vers les Calendes (3) d'Avril; mais aussitôt qu'on aura coupé son tronc pour cette opération, il faudra y insérer un rejetton très-récent, de peur que si on tardoit à le faire, le peu d'humidité que ce rejetton contiendroit ne s'évaporât. On conserve les grenades en les mettant par rangées suspendues par la queue, que l'on aura poissée préalablement. Autre maniere : quand on les a cueillies saines, on les plonge dans de l'eau de mer ou dans de la saumure bouillante, afin qu'elles s'en imbibent ; trois jours après on les fait sécher au Soleil, sans les laisser en plein air pendant la nuit, après quoi on les suspend dans un lieu frais, &, lorsqu'on veut en faire usage par la suite, on les fait trem-

---

(3) Voy. la Note 1 du Chap. XXVIII. de l'Economie rurale de Varron, Liv. I.

per la veille dans de l'eau douce. On prétend qu'elles ne le cedent pas alors en bonté à celles qui font dans leur nouveauté. Il en eft de même lorfqu'elles ont été enfevelies dans de la paille féparées les unes des autres, de façon à ne pouvoir pas fe toucher. On fait encore un long foffé, & après avoir préparé une écorce de la grandeur de ce foffé, on fiche les grenades fur cette écorce par la pointe du rejetton auquel elles font attachées, après quoi on renverfe l'écorce fur le foffé, afin qu'elle garantiffe de l'humidité les grenades qui fe trouvent dès-lors fufpendues fous la terre fans la toucher. On les conferve encore en les couvrant d'argille & en les fufpendant dans un lieu frais quand cette argille eft féchée, ou en les enfonçant dans un petit vaiffeau de terre rempli de fable jufqu'à moitié, qu'on laiffera en plein air, après avoir fiché la queue de chaque grenade dans un rofeau ou dans des baguettes de fureau, & les avoir ainfi enfoncées dans le fable féparées les unes des autres, de façon qu'elles foient élevées de quatre doigts au-deffus du fable. On peut auffi mettre ce vaiffeau dans une foffe de deux pieds de profondeur faite à la maifon : pour les garder dans l'un & l'autre cas, il fera mieux de les cueillir avec une longue branche. Autre maniere de les conferver : on les fufpend dans un petit vaiffeau de terre rempli d'eau jufqu'à moitié, de façon qu'elles ne touchent pas l'eau, & l'on ferme ce vaisseau de peur que l'eau ne s'y introduise. On les arrange encore dans une futaille pleine d'orge, de façon qu'elles ne se touchent pas mutuellement, & l'on couvre la futaille. Maniere de faire du vin de grenade : on met des grains mûrs nettoyés avec soin dans un cabas de palmier, pour les pressurer dans un pressoir à vis, après quoi on fait cuire à petit feu le jus qu'ils ont rendu jusqu'à ce qu'il soit réduit à moitié ; & quand il est refroidi, on le renferme dans de petits vaisseaux poissés & enduits de gyp. Il y a des personnes qui, au lieu de le faire cuire, mettent une livre de miel sur un *sextarius* de jus, avant de le renfermer dans les vaisseaux que nous venons de dire pour le garder. On seme le citronnier au mois de Mars de quatre façons, sçavoir en pepins, en branches, en boutures & en billes. Cet arbre aime à se trouver dans une terre peu compacte, & sous un climat humide, comme à ne jamais manquer d'eau. Si on veut le semer en pepins, voici comme il faudra s'y prendre : on bêchera la terre à deux pieds de profondeur, & après y avoir mêlé de la cendre on formera de petites planches séparées par des rigoles à travers lesquelles l'eau s'écoulera de part & d'autre. Ensuite on creusera avec les mains sur ces planches une fosse d'un *palmus*, dans laquelle on mettra trois pepins joints ensemble, de façon que leur pointe soit renversée, puis on les recouvrira de terre & on les arrosera tous les jours. Ils feront moins lents à venir si on les arrose avec de l'eau tiede qui leur fera beaucoup de bien. Dès qu'ils seront une fois levés, on ne cessera pas d'arracher l'herbe autour d'eux. On peut les transplanter de là quand ils auront trois ans. Si on veut mettre en terre une branche de citronnier, il ne faudra pas l'y enfoncer à plus d'un pied & demi de profondeur, de peur qu'elle n'y pourrisse. Mais il est plus à propos d'en planter une bille de la grosseur d'un manche d'instrument & de la longueur d'un *cubitus*, que l'on amincira par les deux bouts, & dont on ôtera les nœuds & les piquans, en laissant néanmoins sur le dos de la bille les boutons qui promettent un germe futur. Les personnes qui portent l'attention plus loin enduisent de fiente de bœuf le dos de la bille dans tout son contour, ou en couvrent les deux bouts d'algue marine ou d'argille paîtrie, avant de la déposer dans un terrein façonné au *pastinum* (4). La bouture peut être moins grosse & plus courte que la bille, mais on l'enterre de la même maniere, avec cette différence qu'elle doit sortir de terre à la hauteur de deux *palmi*, au lieu que l'on enterre la bille entiere. Il n'est pas nécessaire de laisser de grands intervalles entre les citronniers. Il ne faut pas les associer avec d'autres arbres. Ils se plaisent dans les lieux chauds, pourvu qu'ils soient arrosés, &

----

(4) Voy. la Note 5 du Chap. VI, Liv. I.

principalement quand ils font voisins de la mer
& que l'eau n'y manque pas. Si l'on veut cependant forcer cet arbre à venir dans une contrée froide, il faudra le placer dans un lieu muni de murailles ou exposé au midi ; encore le
couvrira-t-on pendant l'Hiver de grosse paille,
de façon qu'il soit entièrement caché, & dès
que l'Été sera venu, on le découvrira sans risque pour le remettre à l'air. On en plante les
boutures ou les billes dans les climats très-chauds
en Automne : j'en ai planté dans des climats
très-froids au mois de Juillet & d'Août, & en
les animant par des arrosemens répétés tous les
jours, je suis parvenu à les voir croître très-bien
& rapporter du fruit. On croit que le citronnier
vient mieux quand on seme des courges auprès
de lui, & qu'en brûlant le fanage de ces plantes, la cendre en est bonne pour cet arbre. Il
aime à être bêché assiduement, & cette culture
lui fait donner de plus gros fruits. On ne le
taille que très-rarement, & on n'en retranche
alors que les branches desséchées. On le greffe
au mois d'Avril dans les pays chauds, & au
mois de Mai dans les pays froids : on ne le greffe pas sous l'écorce, mais on en fend le tronc
dans le voisinage de ses racines. On le greffe sur
le poirier, suivant la pratique de quelques personnes, & sur le mûrier ; mais il ne faut pas
manquer d'en couvrir les greffes d'un panier ou
d'un petit vaisseau de terre cuite. Martialis (2)

assure que cet arbre n'est jamais sans fruit chez les Assyriens : & j'ai remarqué la même chose dans des terres que je possede au territoire de Naples (5) en Sardaigne , où le sol & le climat sont chauds & où l'eau abonde; en effet les fruits de cet arbre se succedent toujours les uns aux autres comme par degrés, de sorte que les fruits mûrs sont remplacés par des fruits aigres, & que le temps de ceux-ci étant passé , il leur en succede d'autres qui sont en fleurs, la nature ayant , pour ainsi dire, avantagé cet arbre d'un cercle de fécondité continuelle. On prétend que la pulpe de ces fruits, d'aigre qu'elle est, devient douce , lorsque l'on a fait tremper pendant trois jours dans de l'hydromel, ou encore mieux dans du lait de brebis, les pepins que l'on devoit mettre en terre. Il y a des personnes qui percent au mois de Février le tronc de cet arbre avec une tarriere de bas en haut, de façon que ce trou soit obli-que, & qu'il ne soit point ouvert par en haut , & elles assurent qu'en laissant couler la sève par ce trou jusqu'à ce que les fruits soient formés, & en le bouchant ensuite avec un lut, la pulpe de ces fruits devient douce. On peut conserver les citrons sur l'arbre même qui les porte presque pendant toute l'année : il sera cependant mieux de les renfermer dans de petits vases quelconques.

---

(5) Il ne faut pas confondre cette ville située en Sardai-gne , avec la Capitale du Royaume de ce nom.

Si on veut les cueillir pour les conserver, il faudra le faire de nuit & quand la Lune sera cachée, sans les séparer des petites branches d'où ils pendront, auxquelles on laissera leurs feuilles, après quoi on les arrangera chacun à part. Les uns les renferment chacun dans un vase particulier, ou les couvrent de gyp & les gardent après les avoir arrangés ainsi dans un lieu ombragé. La plupart les conservent en les ensevelissant dans de la sciure de cedre, ou dans de la litiere menue, ou dans de la paille. Les nestliers se plaisent particuliérement dans les pays chauds, pourvu qu'ils soient arrosés, quoiqu'ils viennent également bien dans les pays froids, sur-tout s'ils sont plantés dans un sable gras, ainsi que dans une terre pleine de gravier & mêlée de sable, ou dans de l'argille mêlée de cailloux. Il faut les planter en boutures au mois de Mars ou de Novembre dans un terrein qui soit fumé & labouré, & de façon que les deux extrémités de la bouture soient recouvertes de fumier. Les accroissemens de cet arbre sont très-tardifs. Il aime à être taillé & bêché autour de son pied, ainsi qu'à être ranimé souvent avec un peu d'eau pendant les sécheresses. On en sême aussi les osselets, mais on ne peut espérer pour lors de le voir venu qu'au bout d'un terme très-reculé. Si les vers attaquent cet arbre, il faut le délivrer de ces animaux avec un stilet de cuivre, & les asperser de lie d'huile, ou de vieille urine

d'homme, ou de chaux vive, mais cependant
avec ménagement, de peur de porter préjudice à
l'arbre lui-même, ou enfin verser sur eux de
l'eau dans laquelle on aura fait bouillir des lupins. Si l'on craint que ces remedes n'aient rendu l'arbre stérile, on lui rendra sa fertilité en
répandant sur ses racines du fumier & de la
cendre de vigne. Si les fourmis le molestent, on
les fera périr avec de la terre rouge mêlée de
vinaigre & de cendre. Si ses fruits tombent, on
fichera au milieu de son tronc un morceau de
sa racine, que l'on coupera à cet effet (1). On le
greffe au mois de Février sur lui-même, sur le poirier & sur le pommier. Il faut cependant prendre
la greffe que l'on emprunte de cet arbre au milieu
de son tronc, parce qu'elle ne vaudroit rien si
elle étoit prise sur ses extrémités. Il faut le greffer
en fente dans le tronc même, parce que la maigreur de son écorce, qui n'a aucune seve, ne pourroit pas fournir à la nourriture de la greffe. Quand
on veut garder des nefles, on les cueille avant
qu'elles soient mûres, quoiqu'elles ne laisseront
pas de se conserver assez long-temps sur l'arbre
même, & on les renferme dans de petites cruches poissées, ou on les suspend par rangées, ou
enfin on les fait confire, suivant la méthode de
quelques personnes, dans de l'oxycrat ou dans
du vin cuit jusqu'à diminution des deux tiers.
Il faut les cueillir au milieu d'un jour serein, &

les enfouir dans de la paille, en les séparant les unes des autres, de peur qu'elles ne se gâtent en se touchant mutuellement, ou bien on les cueillera à demi-mûres avec leurs queues, & après les avoir fait tremper pendant cinq jours dans de l'eau salée, on continuera de les en arroser souvent afin qu'elles nâgent toujours dans cette eau. On les conserve aussi dans du miel, pourvu qu'on les ait cueillies avant qu'elles fussent mûres. Il faut mettre en terre du plant enraciné de figuier dans les pays chauds au mois de Novembre, dans les pays tempérés au mois de Février, & dans les pays froids au mois de Mars ou d'Avril pour le mieux : si c'est une bouture ou une cime de figuier que l'on veut mettre en terre, il faut les y mettre à la fin d'Avril lorsqu'elles seront abreuvées par la nouvelle seve. Lorsqu'on met du plant enraciné dans une fosse, il faut remplir de pierres le fond de cette fosse & mêler du fumier avec la terre dont on recouvrira ses racines. Si le pays est froid, on en mettra la cime à l'abri du froid en la couvrant de morceaux de roseaux qui seront coupés à cet effet entre deux nœuds. Si l'on veut mettre en terre une cime de figuier, il faudra couper sur le côté de l'arbre exposé au Midi une branche de deux ou trois ans garnie de trois cornes, & la couvrir de terre, de façon que ces cornes se trouvant partagées par la terre qui sera entassée entre elles, elles semblent autant de rejettons distincts. Si c'est une bouture que l'on veut mettre en terre, on s'y prendra de la même maniere que pour les autres plantes, si ce n'est qu'on en fendra légérement l'extrémité inférieure pour y insérer une pierre (1). J'ai mis en Italie dans un terrein façonné au *pastinum* (4), à la fin du mois de Février ou de Mars, des pieds de figuiers déja forts, qui ont rapporté du fruit dans l'année même, comme pour payer le tribut du bonheur qu'ils avoient eu d'y bien prendre. Il faut choisir du plant de figuier qui soit chargé de beaucoup de nœuds : on regarde comme stérile celui qui est lisse, & dont les yeux sont séparés les uns des autres par de longs entre-nœuds. Si l'on commence par élever le plant de figuier dans une pépiniere, & qu'on ne le transfere dans une fosse que lorsqu'il sera avancé, il produira de meilleurs fruits. Il y a des personnes qui assurent qu'il est fort utile d'insérer le plant de figuier dans une bulbe de scille coupée en deux, & de l'y garotter avec des ligatures. Cet arbre demande des fosses profondes, des espacemens considérables & une nature de terre dure, maigre & séche, afin que ses fruits acquerent un bon goût. Il vient aussi dans des terreins pierreux & raboteux, & même il n'y a presque point d'endroits où on ne puisse le planter. Comme les figues qui viennent dans les pays montagneux & froids, ont moins de lait que

d'autres, elles ne peuvent pas se conserver long-
temps séches, aussi les consomme-t-on quand elles sont vertes, temps où elles sont plus grosses
& d'un goût plus fin, au lieu que celles qui
viennent dans des campagnes & dans des pays
chauds, sont plus grasses & se conservent très-
longtemps séches. Si l'on vouloit compter toutes
les espéces de figues, le nombre en seroit immense : il nous suffira donc de dire que la culture
est la même pour toutes les especes, mais que
cependant quand on veut les faire sécher, ce sont
les blanches qu'il faut choisir de préférence, parce qu'elles se conservent mieux que les autres.
Plantons dans les pays froids des figues précoces,
afin qu'en venant de bonne-heure elles puissent
prévenir la saison des pluies ; plantons au contraire dans les pays chauds & brûlans des figues
tardives. Le figuier aime à être bêché assiduement. Il sera bon de le fumer en Automne, &
sur-tout avec du fumier de voliere. Il faut en
retrancher les branches pourries ou celles qui feront mal venues, & le tailler de telle façon,
qu'étant ravallé il puisse s'étendre sur les côtés.
La figue a un goût émoussé dans les terreins humides : il faut, pour obvier à cet inconvénient,
répandre un peu de cendre sur les racines de l'arbre après les avoir rognées. Il y a des personnes
qui plantent un figuier sauvage dans leurs figue-
ries, pour se dispenser de la nécessité d'en suspen-

dre les fruits à chaque figuier, pour lui tenir lieu
de remede (6). C'est au mois de Juin vers le
Solstice que l'on fait la caprification, c'est-à-
dire, que l'on suspend aux figuiers des figues sauvages vertes enfilées en forme de guirlandes.
Si l'on n'a pas de figues sauvages on y suspendra
une branche d'aurone, ou bien on enterrera autour des racines du figuier de ces vessies qui se
trouvent sur les feuilles des ormes, ou des cornes de belier, ou enfin on scarifiera le tronc du
figuier dans l'endroit où il sera gonflé, afin que
l'humeur puisse s'en écouler. Pour empêcher les
vers de se mettre à un figuier, on mettra en
terre avec le plant de cet arbre une branche de
térebinthe ou une bouture de lentisque la cime
renversée. On ratissera ceux qui s'y seront éta-
blis avec des crochets de cuivre. D'autres versent sur ses racines, après les avoir déchaussées,
de la lie d'huile, d'autres y répandent de vieille
urine, d'autres enfin enduisent les retraites de
ces animaux de bitume & d'huile ou simplement de chaux vive. S'il est molesté par les fourmis, il faut enduire son tronc d'un mélange de
terre rouge, de beurre & de poix liquide. D'autres assurent que pour le préserver des fourmis il
faut suspendre à ses branches un de ces poissons

---

(6) Voyez la Note 31 du Chap. II. de l'Economie rurale
de Columelle, Liv. XI.

connus sous le nom de *coracini* (7). Lorsqu'un figuier laisse tomber ses fruits, comme s'il étoit attaqué de quelque maladie, les uns le frottent de terre rouge ou de lie d'huile extraite sans sel mêlées avec de l'eau, les autres suspendent à ses branches, soit une écrevisse avec une branche de rue, soit de l'algue marine, soit une botte de lupins : d'autres enfin fichent un coin dans sa racine après l'avoir percée avec une tarriere (1), ou font plusieurs incisions à son écorce avec une hache. Si l'on veut que les figuiers donnent du fruit en abondance & que ce fruit soit gras, lorsqu'ils commenceront à produire des feuilles, on abattra, dès que les nouveaux germes paroîtront, l'extrémité de leurs cimes, ou simplement la cime qui sera poussée du milieu de l'arbre. Si l'on veut qu'un figuier qui n'est pas tardif le devienne, on arrachera les figues qui y seront venues les premieres, quand elles seront grosses comme une fève. Pour faire mûrir promptement les figues, on les frottera, dans le temps qu'elles seront vertes & qu'elles commenceront un peu à rougir, avec du jus d'oignon long mêlé d'huile

---

(7) Ce nom paroît avoir été donné à ces poissons à cause de leur couleur noire, analogue à celle du corbeau. On les appelle même encore aujourd'hui *corbeaux* dans quelques - unes de nos provinces, ainsi que l'observe le P. Hardouin dans la Note 9, *ad Plin.* 9, 16.

& de poivre. Il faut greffer les figuiers au mois d'Avril entre leur écorce, ou en fente si ce sont de jeunes arbres, en prenant néanmoins pour lors la précaution de couvrir sur le champ la greffe & de la lier de peur que l'air n'y pénetre. Les greffes prennent mieux sur ces jeunes arbres, lorsqu'avant de les greffer on les aura coupés près de terre. Il y a des personnes qui les greffent aussi au mois de Juin. Il faut choisir pour l'employer en greffe un rejetton d'un an, parce que, s'il étoit plus ou moins vieux, il seroit regardé comme inutile. On pourra enter les figuiers en écusson au mois d'Avril dans les terreins secs, mais il sera mieux de les enter de cette façon au mois de Juin dans les terreins humides, & au mois d'Octobre dans les pays chauds. On peut aussi propager le figuier avec ses branches. Au surplus on le greffe sur le figuier sauvage, sur le mûrier & sur le platane, tant en employant des yeux qu'en employant des rejettons. On peut conserver des figues vertes, soit en les arrangeant dans du miel, de façon qu'elles ne se touchent pas mutuellement, soit en les renfermant chacune separément dans une courge verte que l'on aura creusée à l'effet qu'elles y trouvent leur place, & que l'on refermera ensuite avec le morceau même de la courge que l'on aura coupée pour la creuser, après quoi on la suspendra dans un endroit où il ne pénetre ni feu, ni fumée. D'autres cueillent avec leurs queues des figues nouvelles avant qu'elles soient mûres, & les renferment dans un vase de terre neuf en les séparant les unes des autres, après quoi ils suspendent ce vase dans une futaille pleine de vin, & l'y laissent nâger. Martialis (1) prétend que l'on peut faire sécher les figues de plusieurs façons pour les conserver, mais comme une seule suffit, on préférera celle-ci qui est usitée par toute la Campanie : on les étendra donc sur des claies jusqu'à midi, & tandis qu'elles seront encore molles on les mettra dans un panier, après quoi, lorsque le four aura le degré de chaleur qu'on lui donne pour faire cuire le pain, on y renfermera ce panier posé sur trois pierres, afin que le feu n'y prenne pas, & on le fermera : lorsque les figues seront cuites on les renfermera toutes chaudes dans un vase de terre bien poissé, en les comprimant fortement & en les entremêlant de feuilles de figuier, puis on bouchera exactement le vase avec un couvercle. Si l'on ne peut pas étendre les claies à l'air à cause de l'abondance des pluies, on les étendra à la maison en les élevant au-dessus du sol d'un demi-pied, afin qu'elles puissent être échauffées avec de la cendre chaude qu'on mettra dessous, & qui fera le même effet que le Soleil : mais on aura l'attention de les retourner de temps en temps, pour les mettre alternative- ment sur leurs deux côtés dont la séparation est marquée par la nature, afin que leur peau se séche; & que, lorsqu'on aura ensuite rapproché leur pulpe, elles puissent se conserver dans de petites boëtes ou dans des caisses distribuées en cases. D'autres étendent sur des claies des figues médiocrement mûres, après les avoir partagées en deux pour les faire sécher pendant une journée entiere, en prenant le soin de les rentrer la nuit à la maison. On met utilement en terre dans ce temps-ci des cimes de figuiers, lorsque ces arbres commencent à germer, pour se procurer du plant de figuier, au cas que l'on en manque. Quand on veut qu'un seul & même figuier donne des fruits de différentes especes, on lie ensemble en les tordant deux branches de figuier, dont l'un donne des figues rouges & l'autre en donne de blanches, afin de contraindre leurs germes à se réunir, après quoi on les met en terre arrangées ainsi, on les fume & on leur donne de l'eau pour favoriser leur développement, & dès qu'elles commencent à pousser, on colle entre eux, avec quelque matiere visqueuse, les yeux qui paroissent les premiers, & ces germes ainsi collés montrent par la suite deux couleurs divisées dans un seul fruit & réunies par la séparation que la nature a marquée sur ce fruit. On peut aussi greffer & planter à présent les poiriers ou les pommiers ainsi que les coignassiers. On greffe encore le prunier: on met aussi en terre les cormes & les mûres le neuvieme jour des Calendes (3) d'Avril, & l'on

greffe les piſtachiers : on ſeme auſſi la graine de
pin dans les pays froids.

CHAPITRE XI.

IL faut ſe pourvoir de bœufs dans ce mois-ci :
en effet, ſoit que nous les tirions des troupeaux
qui nous appartiennent, ſoit que nous les ache-
tions à des étrangers, il ſera toujours à propos
de nous en pourvoir à préſent plutôt qu'en tout
autre temps, parce que, n'étant pas engraiſſés
par les herbes de la ſaiſon, ils ne pourront ca-
cher ni la fraude du vendeur, ni leurs propres
défauts, ou que, n'ayant pas encore acquis toute
leur force, ils ne pourront pas s'y confier aſſez
pour réſiſter opiniâtrement aux efforts qu'on fera
pour les dompter. Voici cependant les qualités
qu'il y aura à rechercher dans ces animaux, ſoit
qu'on veuille les tirer de ſes propres troupeaux,
ſoit qu'on veuille les prendre dans des troupeaux
étrangers : il faudra qu'ils ſoient jeunes, qu'ils
aient les membres quarrés & gros, le corps
plein, les muſcles & les nerfs ſaillans par tout
le corps, les oreilles grandes, le front large &
crépu, les babines & les yeux noirs, les cornes
fortes & arquées, ſans cependant que la courbure
en ſoit difforme, les narines ouvertes & camu-
ſes,

,fes, le chignon plein de muscles & épais, le
fanon large & tombant jusqu'aux environs du
genou, la poitrine ample, les épaules vastes, le
ventre assez grand, les flancs allongés, les reins
larges, le dos droit & plat, les jambes solides,
nerveuses & courtes, les ongles grands, la queue
longue & bien garnie de poils, le poil drû &
court par tout le corps, & dont la couleur soit
sur-tout rousse ou brune. Au reste, il vaudra
mieux acheter des bœufs dans son voisinage que
loin de son canton, parce qu'alors le changement
de sol & de climat ne les incommodera point,
& s'il ne s'en trouve pas dans le voisinage, on en
fera venir de climats qui soient semblables à celui
auquel on les destinera. Il faut sur-tout avoir soin
de n'en acquérir que de bien appareillés du côté
de la force nécessaire pour tirer, de peur que la
vigueur du plus fort n'entraîne la ruine du plus
foible. Quant à leur caractere, voici ce qu'il y
aura à examiner : il faudra qu'ils soient fins &
doux, qu'ils craignent d'être excités au travail
par la voix ou par les coups, & qu'ils aient bon
appétit. Il n'y a point de nourriture qui leur soit
meilleure que le fourage vert, quand la nature
du pays permettra de leur en donner, mais,
lorsqu'on en manquera, on ne leur en donnera
qu'autant que l'abondance de ce genre de pâture
le permettra, ou que le surcroît du travail qu'on
leur fera faire l'exigera. On se pourvoira aussi à
présent de taureaux, quand on aura à cœur de

faire multiplier les troupeaux, ou bien on laissera croître dans ses propres troupeaux depuis leur jeunesse ceux qui auront les qualités suivantes, c'est-à-dire, ceux qui seront hauts, pourvu qu'ils soient dans le moyen âge, & plutôt au-dessous de la jeunesse que voisins de la vieillesse, & qui auront les membres grands, la figure affreuse, les cornes petites, le chignon vaste & plein de muscles, & le ventre serré. C'est aussi principalement à présent que l'on se pourvoira de vaches, mais on en choisira qui aient la taille très-haute, le corps allongé, le ventre d'une grande capacité, le front haut, les yeux noirs & grands, les cornes belles & particuliérement noires, l'oreille velue, le fanon très-long ainsi que la queue, les ongles courts, les jambes noires & petites; leur meilleur âge sera celui de trois ans, tant parce qu'elles pourront donner de bonnes portées jusqu'à l'âge de dix ans, que parce qu'il ne faut pas les laisser couvrir par les taureaux avant l'âge de trois ans. Mais un homme attentif ne négligera pas de se défaire de ses vieilles vaches, & d'en acheter de temps en temps de nouvelles, ainsi que de reléguer celles qui seront stériles à la charrue & au travail. Les Grecs assurent que pour leur faire concevoir des mâles, il faut lier le testicule gauche du taureau dans l'acte du coït, & que pour leur faire concevoir des femelles, il faut lui lier le testicule droit, pourvu cependant que le taureau se

soit abstenu de cet acte long-temps d'avance, afin
que, lorsqu'il en sera temps, il s'y livre avec
d'autant plus d'ardeur que sa jouissance aura été
plus différée. Au reste il faut avoir, pour ce genre de
bétail, des terreins voisins de la mer & exposés au
Soleil où on le mettra pendant l'Hiver, & des terreins ombragés & frais & sur-tout montagneux où
on le mettra pendant l'Eté, parce que les lieux où
il trouve le mieux sa pâture sont ceux qui sont
plantés en arbrisseaux & où l'herbe croît entre ces
arbrisseaux, quoiqu'on puisse très-bien le mener
paître sur le bord des rivieres, vû l'aménité de
ces sortes d'endroits. Plus les eaux sont chaudes
plus elles sont favorables aux vaches qui portent;
c'est pourquoi il est fort utile de les tenir dans
des endroits où l'eau de pluie forme des mares
chaudes, quoique ce genre de bétail supporte
bien le froid, & qu'il puisse aisément passer l'Hiver en plein air. Il sera à propos de procurer aux
vaches des enclos d'une grande étendue, parce
qu'autrement celles qui seroient pleines cour-
roient le risque d'être blessées. Quant à leurs étables, il faudra qu'elles soient pavées en pierres
ou couvertes de gravier ou de sable, & légérement pentives, afin que l'humidité puisse s'en
écouler : on les exposera aussi au Midi, afin de
les garantir des vents froids, au passage desquels
on opposera même quelque barriere.

CHAPITRE XII.

IL faut dompter à la fin de ce mois-ci des bœufs de trois ans, parce qu'on ne peut plus venir à bout de les dompter quand ils ont plus de cinq ans, attendu que la dureté qu'ils ont acquise avec l'âge ne s'y prête plus. On les domptera donc aussitôt qu'on les aura pris, pourvu qu'on ait commencé à les apprivoiser d'avance en les maniant fréquemment dans leur jeunesse. Il faudra que l'étable, dans laquelle on mettra les nouveaux bœufs, soit bien spatieuse, & que l'emplacement qui la précédera ne soit point resserré, afin que, lorsqu'on viendra à les en faire sortir, ils ne trouvent rien sur leur chemin qui puisse les blesser. Cette étable sera traversée par des soliveaux fixés aux murs à sept pieds d'élévation de terre, auxquels on attachera les bœufs qui ne seront pas encore domptés : après quoi on choisira un jour où il fasse beau temps, & qui soit libre de tout empêchement (1), pour conduire à cette étable les bœufs que l'on aura pris.

____

(1) Palladius, qui a tiré tout ceci de Columelle, veut apparemment désigner ici un jour qui ne soit point fêté, comme l'exige cet Auteur dans le Chap. II. du Liv. VI. de son Economie rurale.

S'ils sont trop méchans, on les appaisera en les tenant attachés pendant un jour & une nuit sans leur donner à manger : ensuite le bouvier s'approchant d'eux, non pas de côté ni par derrierre, mais en face, les carressera tant par la douceur de sa voix que par l'appas de la nourriture qu'il leur présentera, & leur maniera les narines & le dos, en y versant de temps en temps du vin pur. On prendra néanmoins garde qu'ils ne frappent quelqu'un du pied ou de la corne, parce qu'ils conserveroient cette habitude vicieuse, s'ils s'appercevoient qu'elle leur eût réussi dans les commencemens. Lorsqu'ils seront adoucis, on leur frottera la gueule & le palais avec du sel, puis on leur jettera dans la gueule des morceaux de graisse très-salée du poids d'une livre, & on leur versera à la corne dans le gosier un *sextarius* de vin par tête : cette méthode observée pendant trois jours de suite, fera tomber toute leur fureur & leur méchanceté. Il y a des personnes qui les attellent ensemble & qui leur apprennent à porter des fardeaux légers ; en effet il est très-utile, lorsqu'on les destine au labour, de commencer à les exercer dans un sol déja labouré, afin que ce nouveau genre de travail n'ébranle pas leurs cols qui sont encore délicats : mais le moyen le plus facile pour dompter ces animaux, est d'en atteller un rebelle avec un apprivoisé & fort qui montrera au premier ce qu'il aura à faire, & qui viendra à bout de le forcer à remplir sa tâche. Si, après avoir été dompté, un bœuf vient à se coucher au milieu d'un sillon, il ne faut point le réveiller par le feu ni par les coups, mais il vaut mieux lui attacher les pieds avec des liens pendant qu'il est à terre, de façon qu'il ne puisse ni marcher, ni se tenir sur ses jambes, ni paître : c'est le moyen que las de souffrir la faim & la soif, il se défasse de ce défaut.

CHAPITRE XIII.

C'EST dans ce mois-ci qu'il faut faire saillir les cavales par de bons étalons bien engraissés & bien repûs, qu'on reconduira à leurs étables lorsque les femelles seront pleines. On ne doit pas cependant faire saillir le même nombre de cavales à tous les étalons, mais on estimera les forces de chacun d'eux, & on leur en fera saillir plus ou moins à proportion, afin qu'ils durent long-temps. Mais tel jeune que soit un étalon, & telle confiance que l'on ait dans sa vigueur & dans sa figure, on ne lui fera jamais saillir plus de douze ou quinze cavales, & on se réglera sur les forces des autres pour fixer le nombre de cavales qu'on leur fera saillir. Au surplus, il y a quatre choses à examiner dans un étalon, sçavoir, sa figure, sa couleur, sa force, sa beauté. Ce à quoi on s'attachera le plus du côté de la

figure, c'est à ce qu'il ait le corps grand & robuste, & d'une taille proportionnée à sa force,
les flancs très-allongés, les fesses très-grandes &
arrondies, la poitrine large & ouverte, le corps
entier marqué par un grand nombre de muscles, le pied sec, ferme, chaussé très-haut &
dont la corne soit concave. Quant à la beauté,
il faut qu'il ait la tête petite & séche, de sorte
que la peau en soit collée aux os, les oreilles
courtes & pointues, les yeux grands, les narines
ouvertes, la criniere & la queue flottantes, le sa-
bot rond, ferme & bien collé. Pour la force, il
faut qu'il ait de la hardiesse dans l'ame, les pieds
légers & les membres tremblans, ce qui dénote
le courage : il faut encore qu'il soit aussi aisé de
l'exciter à la suite du plus grand repos, comme
de le retenir après une course précipitée. La vivacité d'un cheval se reconnoît à ses oreilles, &
son courage au tremblement de ses membres.
Voici les premieres couleurs : le bai, le doré, le
gris-blanc, le couleur de feu, le couleur de myrthe, le couleur de cerf, le cendré, le pommelé,
le blanc, le moucheté, le très - blanc & le noir
foncé : les couleurs qui viennent après celles-ci
sont le mêlangé de couleurs agréables, le mêlé
de noir, de blanchâtre ou de bai, le blanc
mêlé de telle couleur que ce soit, le couleur
d'écume, le taché, le poil de souris, le tant soit
peu obscur. Mais en fait d'étalons choisissons de
préférence les couleurs claires & sans aucun mê-

lange, & rejettons toutes les autres, à moins qu'un mérite diftingué ne couvre les defauts de la couleur. L'examen que nous venons de prefcrire tombe également fur les cavales, mais il faut fur-tout qu'elles aient le ventre & le corps allongés & grands. Au furplus, tout ce que nous avons dit n'aura lieu que par rapport aux cavales de prix; pour les autres, on les fera faillir indifféremment pendant tout le courant de l'année, & au milieu même des paturages, par les mâles qui feront dans leur compagnie. Telle eft la nature des cavales qu'elles perfectionnent leur portée dans l'efpace de douze mois. On aura foin d'éloigner les étalons à quelque diftance les uns des autres, à caufe des infultes qu'ils pourroient fe faire mutuellement dans leur fureur. D'ailleurs on choifira pour ce bétail les paturages les plus gras; encore faudra-t-il que ces paturages foient expofés au Soleil pendant l'Hiver, & frais & ombragés pendant l'Eté, & que le terrein qui les produira ne foit pas affez mol pour que la fermeté du fabot de ces animaux y fente rien d'inégal. Si une cavale ne veut pas fouffrir les approches du mâle, on excitera fon tempéramment en lui frottant les parties avec de la fcille broyée. Dès que les cavales feront pleines, on ne les preffera point fur l'article du travail, on ne les expofera point aux rifques de fouffrir la faim ni le froid, & on prendra garde de les refferrer dans des lieux étroits où elles pourroient

se comprimer le ventre. Il ne faut faire saillir
que de deux années l'une les cavales précieuses
à qui on laisse nourrir leurs poulains, afin qu'elles puissent leur transmettre la vigueur qu'un lait
pur & abondant doit nécessairement leur procurer : pour les autres qui seront moins précieuses,
on les fera saillir indifféremment en tout temps.
L'âge où un étalon commence à pouvoir remplir
ses fonctions auprès des cavales, est le commencement de sa cinquieme année : la femelle pourra concevoir à deux ans, parce que, passé l'âge
de dix ans, elle ne donnera plus qu'un produit
mol & lent. Il ne faut pas toucher les poulains
avec la main, parce qu'un tact continuel les
blesse. On les garantit du froid autant que la
saison peut le permettre. Les observations que
j'ai prescrit de faire par rapport aux peres ou aux
meres seront aussi des preuves d'un bon naturel
dans les poulains, & il faudra s'occuper d'un
examen pareil par rapport à eux, autant que leur
âge le comportera. La gaieté, la vivacité & l'a-
gilité en seront encore une preuve. Il faut dompter en ce temps-ci les poulains qui auront deux
ans passés. On examinera s'ils ont le corps grand,
allongé, bien fourni de muscles & fin, les testicules bien appareillés & petits, ainsi que les
autres qualités que nous avons exigées pour les
peres. Voici les signes auxquels on connoît leur
âge : à deux ans & demi les dents supérieures du
milieu de la bouche tombent ; à quatre ans les

canines changent; avant la sixieme année les molaires supérieures tombent ; dans le cours de la sixieme année celles qui ont changé les premieres se remplissent , & à la septieme année elles sont toutes pleines. Passé ce temps, on n'a plus d'indices certains de leur âge , si ce n'est que lorsqu'ils sont avancés en âge leurs tempes commencent à se caver, leurs sourcils se blanchissent & leurs dents deviennent communément saillantes. Il faudra châtrer dans ce mois-ci tous les quadrupedes & principalement les chevaux.

CHAPITRE XIV.

SI quelqu'un prend plaisir à former des mulets , il choisira une cavale qui ait le corps grand, les os solides & la figure belle, sans s'embarrasser si elle est vite, pourvu qu'elle soit forte. C'est précisément l'âge de quatre ans qui conviendra à cette fonction jusqu'à dix ans. Si l'âne qu'on approche de la cavale en paroît dégoûté, on commencera par lui montrer une ânesse , qu'on laissera auprès de lui jusqu'à ce qu'elle ait excité son tempéramment, de sorte que, lorsqu'elle sera éloignée de lui , sa passion se trouvant enflammée , il ne dédaignera plus la cavale, & qu'étant transporté par les caresses que lui aura faites une bête de son espece , il consentira à s'accoupler avec celle d'une espece étrangere. S'il mord les cavales qu'on lui présentera, on rallentira sa fureur en le mettant un peu au travail. Les mulets viennent d'une cavale & d'un âne, soit commun, soit sauvage, mais il n'y en a pas de meilleurs que ceux qui sont produits par un âne commun. Il viendra cependant de bons étalons d'un âne sauvage & d'une ânesse, & l'agilité ainsi que la force de leurs pere & mere se transmettra à leur postérité. Pour qu'un âne soit bon étalon, il faudra qu'il ait le corps ample, solide & plein de muscles, les membres serrés & forts, le poil noir, ou encore mieux de couleur de souris ou de feu : si néanmoins il avoit des poils d'une couleur disparate dans les paupieres ou dans les oreilles, il arriveroit souvent que la couleur de sa postérité seroit variée. Il ne faut pas le faire saillir avant l'âge de trois ans, ni passé celui de dix. Il faut sevrer les mules à un an, & les mener paître sur des montagnes rudes, afin qu'étant endurcies à la peine, dès l'âge le plus tendre, elles méprisent par la suite la difficulté des routes. Pour les ânons, ils sont très-nécessaires dans les campagnes, parce qu'ils supportent très-bien le travail, & qu'ils ne s'embarrassent presque point du défaut de soins.

CHAPITRE XV.

LEs abeilles font communément malades ce mois-ci plutôt qu'en tout autre temps, parce qu'après la diete dont elles ont eu à souffrir pendant l'Hiver, elles recherchent avec trop d'avidité les fleurs ameres du tithymale & de l'orme qui viennent avant les autres, & qu'elles gagnent un flux de ventre dont elles périssent, à moins qu'on ne leur administre promptement des remedes efficaces. On leur donnera donc des grains de grenades broyés dans du vin Amminée, ou du raisin séché au Soleil avec du sumach de Syrie & du vin dur, ou bien on pulvérisera toutes ces drogues ensemble, & on les fera bouillir dans du vin dur, & quand elles seront refroidies, on les leur présentera dans des canaux de bois. On fait aussi bouillir du romarin dans de l'hydromel, & on en met le jus dans une tuile creuse lorsqu'il est refroidi. Si elles paroissent hérissées & rappetissées, & qu'elles restent comme engourdies dans un morne silence, ou qu'elles portent souvent hors de leurs ruches les cadavres de leurs compagnes qui seront mortes, il faudra verser dans des canaux de roseaux du miel cuit avec de la poussiere de noix de galle ou de rose séche. S'il se trouve dans une ruche des portions

de rayons qui foient pourries, ou des cires vuides que l'effain, réduit par quelque accident à
un trop petit nombre, ne puiffe pas remplir, on
ne manquera pas fur-tout de les couper avec des
inftrumens de fer bien tranchans & avec beaucoup de dextérité, de peur que, fi on venoit à
remuer les autres parties des rayons, on ne con-
traignît par-là les abeilles à abandonner leurs
domiciles qui fe trouveroient ébranlés. Le bonheur des abeilles leur eft communément funefte.
En effet, fi l'année eft trop abondante en fleurs,
comme elles ne s'occupent alors que du foin de
porter du miel à leurs ruches, elles ne penfent
point à leur poftérité; &, faute de travailler à
la renouveller, il arrive que la peuplade périt
accablée de travail, & qu'elle entraîne la perte
de toute la nation. C'eft pourquoi, lorfqu'on
verra une trop grande quantité de miel occafion-
née par une récolte de fleurs abondante & continuelle, on les empêchera de fortir, en bouchant l'ouverture de leurs ruches de trois jours
l'un, au moyen de quoi elles s'occuperont du
foin de leur poftérité. Il faut foigner les ruches
en ce temps-ci vers les Calendes (1) d'Avril, en
retirant toutes les immondices & les ordures qui
s'y feront amaffées pendant l'Hiver, ainfi que
les vermiffeaux, les teignes & les araignées qui
corrompent les rayons, & les papillons dont les

---

(1) Voy. la Note 1 du Chap. XXVIII. de l'Economie rurale de Varron, Liv. I.

excrémens produifent des vermiffeaux. On fera
brûler alors de la fiente de bœuf féche , parce
que cette fumée eft excellente pour procurer la
fanté aux abeilles , & on aura foin d'y avoir fréquemment recours jufqu'en Automne. En fuivant toutes ces pratiques & d'autres pareilles , on
aura l'attention d'être chafte & fobre , & on
prendra garde de n'exhaler aucune odeur , foit
de parfums à l'ufage des bains , foit de nourri-
tures âcres & d'une odeur immonde , foit de fa-
laifons de telle efpece qu'elles puiffent être.

CHAPITRE XVI.

(1) CE mois - ci s'accorde avec celui d'Octobre
par rapport à la recherche des heures.

A la premiere & à la onzieme heure , le Gnomon donne vingt-cinq pieds d'ombre.

A la feconde & à la dixieme , il en donne
quinze.

A la troifieme & à la neuvieme, il en donne
onze.

A la quatrieme & à la huitieme, il en donne
huit.

A la cinquieme & à la feptieme, il en donne fix.

A la fixieme , il en donne cinq.

(1) Voy. la Note 1 du Chap. XXIII. Liv. II.

Fin du quatrieme Livre.

L'ÉCONOMIE
RURALE
DE PALLADIUS RUTILIUS
TAURUS ÆMILIANUS.

LIVRE CINQUIEME.
AVRIL.

CHAPITRE PREMIER.

IL faut semer la luzerne au mois d'Avril sur des planches qu'on aura préparées d'avance de la maniere que nous avons expliquée (1). Cette herbe une fois semée dure dix ans, & on peut

(1) Daus le Chap. VI. du Liv. III.

la faucher jusqu'à quatre & six fois par an. Elle fume les terres, refait les animaux lorsqu'ils sont maigres, & les guérit quand ils sont malades. Un *Jugerum* de luzerne est plus que suffisant pour fournir à la nourriture de trois chevaux pendant toute une année. Il faut un *cyathus* de cette graine pour ensemencer une planche de cinq pieds de largeur sur dix de longueur. Mais, dès qu'elle sera jettée sur terre, il faudra la recouvrir de terre avec des rateaux de bois, sans quoi le Soleil ne tarderoit pas à la brûler. Quand elle est semée, on ne peut plus en approcher le fer, mais on se sert de rateaux de bois pour la débarrasser souvent des mauvaises herbes, afin que celles-ci ne l'étouffent point dans le temps qu'elle est encore jeune. On la moissonne tard la premiere fois, afin que sa graine se disperse un peu sur terre, au lieu qu'on pourra la moissonner les autres fois aussi promptement que l'on voudra pour la donner aux bestiaux. Il faut néanmoins, quand ce fourage est dans sa nouveauté, ne leur en donner d'abord qu'avec ménagement, parce qu'il les gonfle & qu'il leur fait faire beaucoup de sang. Quand cette herbe aura été fauchée, il faudra l'arroser souvent, & arracher toutes les autres herbes quelques jours après qu'elle aura commencé à repousser : avec de pareils soins on pourra la récolter six fois par an, & elle se conservera pendant dix années de suite.

CHAPITRE

CHAPITRE II.

C'Est à préfent que l'on greffe les oliviers
dans les climats tempérés : on les greffe entre
l'écorce & le bois comme les arbres à fruit, &
de la façon que nous avons donnée ci-deſſus (1).
Mais ſi l'on veut empêcher qu'il ne revienne des
oliviers ſauvages infructueux dans un plant d'oliviers francs quand il aura été brûlé par accident,
voici la maniere dont on s'y prendra pour les greffer.
On commencera par mettre des branches d'oliviers
ſauvages dans les foſſes où l'on ſe propoſera de les
greffer , & on remplira ces foſſes de terre juſqu'à moitié. Lorſque ces branches auront pris ,
on les greffera au fond des foſſes , à moins qu'on
ne les ait miſes en terre toutes greffées, & l'on
entretiendra la greffe un peu au-deſſous de la
ſuperficie du ſol , après quoi on entaſſera de la
terre auprès d'elles à meſure qu'elles croîtront :
moyennant cela la commiſſure de la greffe ſe
trouvant cachée au fond de la terre , s'il arrive
qu'on vienne par la ſuite à brûler ces arbres ou
à les couper , rien ne les empêchera de ſe reproduire fructueuſement , parce qu'ils joindront
à l'heureuſe faculté de repouſſer qu'ils emprun-

____

(1) Dans le Chap. X. du Liv. précédent.

Tome V.   Q

teront de l'olivier franc qui fera hors de terre, la fertilité de l'olivier fauvage caché en terre, auquel ils feront unis : il y a des perfonnes qui greffent les oliviers dans leurs racines même, & qui les déterrent enfuite, quand ils ont pris, avec une partie de ces racines, pour les transférer comme des pieds d'arbres. Les Grecs prefcrivent de greffer ces arbres depuis le huitieme jour des Calendes (1) d'Avril, jufqu'au troifieme des Nones (1) de Juillet, en obfervant de les greffer plus tard dans les pays froids & plutôt dans les pays chauds. Il faudra achever de bêcher les vignes avant les Ides (1) de ce mois-ci dans les pays qui feront très-froids, & terminer les opérations du mois de Mars qui auront pû demeurer imparfaites. On greffera auffi les vignes. On délivrera des mauvaifes herbes les pépinieres qui auront été formées précédemment, & on y bêchera légérement le pied des arbres. On feme à préfent le millet ainfi que le panis dans les lieux médiocrement fecs. Paffé les Ides (1) de ce mois-ci, on donne le premier labour aux terreins plats & gras, ainfi qu'aux terres qui retiennent long-temps l'eau, parce qu'elles font alors dans le cas d'avoir produit tout ce qu'elles ont à produire d'herbes, & que la graine de ces herbes n'eft pas encore confolidée par la maturité.

***

(1) Voy. la Note 1 du Chap. XXVIII. de l'Economie rurale de Varron, Liv. I.

CHAPITRE III.

C'EST aussi à la fin de ce mois - ci , & presque vers la fin du Printemps que l'on peut semer les choux que l'on voudra consommer en tiges , attendu que le temps de les faire monter en cimes est passé. Il est bon de semer à présent l'ache, soit dans les pays chauds, soit dans les pays froids , & même en telle terre que l'on voudra, pourvu que cette terre ne manque jamais d'eau, quoique cette plante ne se refuse pas, en cas de besoin , à venir même dans un terrein sec , & qu'il n'y ait presque pas de mois, à datter du commencement du Printemps jusqu'à la fin de l'Automne, où elle ne puisse être semée. On range dans la classe de l'ache le maceron , qui est cependant une plante plus dure & plus amere qu'elle , ainsi que l'ache de marais qui a la feuille molle & la tige tendre, & qui vient dans les mares d'eau, & le persil qui croît principalement dans les lieux incultes. Les personnes soigneuses peuvent se procurer de toutes ces especes d'aches. On aura de l'ache plus grande, si l'on renferme dans un linge clair autant de graine qu'on en pourra pincer avec trois doigts , & qu'on l'enterre dans une petite fosse , parce qu'alors les germes de toutes ces différentes graines se noueront ensemble pour ne former qu'une unique tête qui sera très-solide : on en aura aussi de crêpue , si l'on bat ces graines avant de les semer, de même que si on roule quelques poids sur les planches où elles seront , ou qu'on les foule aux pieds quand elles seront levées. La graine d'ache vient plutôt quand elle est vieille, comme elle vient plus tard quand elle est nouvelle. Pourvu qu'on puisse arroser l'arroche , on pourra la semer ce mois - ci ainsi qu'au mois de Juillet & dans tous les autres mois qui le suivront jusqu'en Automne. Cette plante aime à être arrosée continuellement Il faudra en couvrir la graine de terre aussitôt qu'elle aura été semée , & arracher de temps en temps les herbes qui croîtront avec elle. Il ne sera pas nécessaire de la transplanter quand elle aura été bien semée , quoiqu'elle croîtra beaucoup mieux lorsqu'elle aura été semée claire & qu'on aura eu soin de lui donner du fumier & de l'eau pour l'aider à venir. Il faut cependant avoir la précaution de la couper toujours avec le fer, si l'on veut qu'elle ne cesse pas de repousser. On seme à présent le basilic : on dit que cette plante vient promptement quand elle a été arrosée avec de l'eau chaude aussitôt après avoir été semée. Voici un fait relatif au basilic qui , tout surprenant qu'il est, est attesté par Martialis (1); c'est

---

(1) Voy. la Note 2 du Chap. XV. Liv. II.

qu'il donne des fleurs tantôt pourprées, tantôt blanches, tantôt couleur de rofe; & que, lorfque la graine en a été femée plufieurs fois, elle finit par fe changer tantôt en ferpolet, tantôt en fi-fymbrium. On feme auffi ce mois-ci les melons & les concombres, ainfi que les porreaux : on met encore en terre au commencement du mois les captiers, le ferpolet & les pieds de fève d'Egypte; on feme auffi la laitue, la poirée, la ciboule & la coriandre, ainfi que la chicorée, que l'on feme alors pour la feconde fois à l'effet de la confommer en Eté; enfin on plante les courges & la mente foit en racines, foit en pieds.

CHAPITRE IV.

ON met en terre le jujubier au mois d'Avril dans les pays chauds, & aux mois de Mai ou de Juin dans les pays froids. Cet arbre aime les lieux chauds & expofés au Soleil. On peut en femer le noyau, ou le planter en bouture ainfi qu'en pied. Il croît très-lentement. Mais, lorfqu'on le plante en pied, il vaut mieux le faire au mois de Mars dans une terre molle, au lieu que, lorfqu'on en feme le noyau, le plus fûr eft d'en mettre trois enfemble dans une foffe d'un *palmus*, de façon que leur cime foit renverfée : on répandra dans ce cas là du fumier & de la cendre, tant au fond de la fosse que sur sa superficie, & dès que la plante sera levée, on la débarrassera des herbes qui croîtront avec elle en les arrachant à la main. Lorsqu'elle sera de la grosseur du pouce, on la transférera dans un terrein façonné au *pastinum* (1), ou dans une fosse. Cet arbre se plaît dans les terres qui ne sont pas trop fertiles, & il aime celles qui sont légeres & presque maigres. On lui fera du bien si l'on entasse des pierres pendant l'Hiver auprès de son tronc, pourvu qu'on ait soin de les retirer en Eté. S'il est malade, il faudra, pour l'égayer, le ratisser avec une étrille de fer, ou verser fréquemment, mais néanmoins avec ménagement, de la fiente de bœuf sur ses racines. On cueille les jujubes lorsqu'elles sont mûres, & on les garde dans un long vase de terre cuite que l'on bouche, & que l'on met dans un lieu sec, ou bien on les arrose de quelques gouttes de vin vieux aussitôt qu'elles sont cueillies, & on parvient par-là à empêcher qu'elles ne deviennent difformes en contractant des rides. On les conserve aussi avec leurs branches que l'on coupe sur l'arbre, ou en les enveloppant dans leurs propres feuilles & en les tenant suspendues.

---

(1) Voy. la Note 5 du Chap. VI. Liv. I.

CHAPITRE V.

ON plante encore ce mois-ci dans les pays tempérés les grenadiers de la façon que nous avons donnée (1), de même qu'on les greffe. On peut enter le pêcher en écuſſon vers les Calendes (2) de Mai comme le figuier, & de la maniere que nous avons preſcrite en parlant de la greffe de ce dernier arbre (1). On greffe ce mois-ci le citronnier dans les pays chauds, ainſi que je l'ai expliqué ci-deſſus (1). On formera à préſent dans les pays froids des plans de figuiers, en ſe conformant à la méthode que nous avons donnée ci-deſſus (1). Il faut auſſi greffer à préſent le figuier en fente ou entre l'écorce & le bois, comme je l'ai preſcrit précédemment (1), & l'enter en écuſſon dans les climats ſecs. Il faut planter à préſent dans les climats qui ſont expoſés au Soleil & chauds, les pieds de palmiers que nous appellons *cephalones* (3). On pourra greffer le cotmier ce mois-ci, tant ſur lui-même que ſur le coignaſſier, & ſur l'épine blanche.

---

(1) Dans le Chap. X. du Liv. IV.

(2) Voy. la Note 1 du Chap. XXVIII. de l'Economie rurale de Varron, Liv. I.

(3) Ils étoient ainſi nommés du mot κεφαλαὶ qui veut dire tête   à la raiſon que le principe du mouvement qui donne

CHAPITRE VI.

MÊLEZ ensemble autant d'*uncia* de violettes que de livres d'huile, & laissez ce mélange pendant quarante jours en plein air. Il faudra ensuite, sur cinq livres de violettes, essuyées au point qu'il n'y reste plus d'humidité, verser dix *sextarii* de vin vieux, & y ajouter au bout de trente jours dix livres de miel.

CHAPITRE VII.

LES veaux naissent communément ce mois-ci : il faudra venir à l'aide des meres en leur donnant du fourage abondamment, afin qu'elles soient en état de fournir le tribut qu'on exige alors d'elles, tant du côté du travail que du côté de la nourriture de leurs petits. Quant aux veaux, on leur donnera en forme de *salivatum* (1), du

---

la vie à cet arbre, ne réside point dans ses racines, comme il réside dans celles des autres plantes, mais dans l'extrémité supérieure de son tronc & au centre des branches qui l'environnent. Voy. Pline 13, 4, qui donne en conséquence à cette partie de cet arbre le nom de *cerebrum*, c'est-à-dire, *cerveau*.

(1) Voy. la Note 1 du Chap. V. de l'Economie rurale de Columelle, Liv. VI.

miller grillé & moulu avec du lait. On ton-
dra à présent les brebis dans les pays chauds ,
& on marquera ce mois-ci les agneaux qui seront
nés tard. C'est aussi à présent que l'on fait saillir
les beliers pour la premiere fois , & ce premier
accouplement est le meilleur , parce que les
agneaux qui en résultent sont déja fortifiés ,
quand l'Hiver arrive.

CHAPITRE VIII.

ON cherchera ce mois-ci des abeilles dans des
lieux exposés au Soleil. Au surplus elles indi-
quent elles-mêmes les cantons qui sont propres
au miel. En effet , comme elles trouvent très-
souvent leur pâture auprès des fontaines , si l'on
n'en voit qu'un petit nombre dans leur voisinage , c'est une preuve que l'endroit est peu
propre au miel , au lieu que si elles y viennent
boire en foule , voici la maniere dont on pourra
parvenir à trouver l'endroit où seront les essains.
On commencera par s'assurer de la distance où ils
pourront être : à cet effet on portera avec soi un
petit vase rempli de terre rouge liquide , & ,
après avoir observé les fontaines & les eaux voisines , on marquera le dos des abeilles qui viendront y boire avec une petite paille trempée
dans cette liqueur , & l'on se tiendra tranquille
dans l'endroit où l'on aura fait cette opération.
Si celles que l'on aura teintes de cette maniere

ne tardent pas à revenir, on sera assuré dès-lors que leur domicile est dans le voisinage, au lieu que, si elles tardent, ce sera une preuve qu'il sera plus éloigné, & l'on pourra juger de son éloignement par le temps qu'elles auront mis à revenir. Il sera aisé de parvenir aux domiciles des abeilles qui se trouveront dans le voisinage, mais voici la maniere dont on s'y prendra pour arriver à ceux qui seront plus éloignés. On coupera un morceau de roseau garni d'un nœud à chacune de ses extrémités, & on y pratiquera une ouverture sur le côté, par laquelle on y introduira un peu de miel ou du vin cuit jusqu'à diminution de moitié, & on le laissera auprès de la fontaine. Lorsque les abeilles se seront rassemblées dans cet endroit, & que, guidées par l'odeur, elles seront entrées dans le roseau, on en bouchera l'ouverture avec le pouce, pour n'en laisser sortir qu'une seule abeille à la fois, & l'on suivra la route qu'elle prendra dans sa fuite. Cette abeille montrera le côté où doit être son domicile. Dès qu'on cessera de la voir, on en lâchera une autre que l'on suivra de même, & en les lâchant ainsi l'une après l'autre, on arrivera sous leur conduite jusqu'au lieu de leur domicile. Il y a des personnes qui mettent un très petit vase de miel aux environs de l'eau, parce que, lorsqu'une abeille a goûté de ce miel en venant boire, & qu'elle a regagné les pâturages où sont ses compagnes, elle en amene d'autres par la suite, dont la foule augmente en peu de temps, de forte qu'on peut les pourfuivre jufqu'à l'endroit où font les effains, en remarquant le côté par lequel elles s'en retourneront. Si l'effain eft caché dans un trou, on l'en chaffera par le moyen de la fumée que l'on fera, & lorfqu'il fera forti on l'effrayera en faifant retentir du cuivre, jufqu'à ce qu'il fe foit accroché à quelque arbriffeau ou à quelque branche d'arbre, d'où on puiffe le recevoir dans une ruche qu'on en approchera à cet effet. Mais s'il eft fur la branche d'un arbre creux, on pourra, après avoir coupé cette branche, tant par en haut que par en bas avec une fcie très-tranchante, l'envelopper dans un morceau d'étoffe propre, & l'emporter pour la placer au rang des ruches que l'on aura déja. Au furplus, c'eft le matin qu'il faut chercher des abeilles, afin d'avoir affez de toute la journée pour les fuivre, parce qu'une fois qu'elles ont fini leur tâche, elles ne reviennent plus d'ordinaire à l'eau. Mais il faut avoir foin de frotter les ruches dans lefquelles on veut les recevoir, avec de la citronnelle ou des herbes agréables, & de les arrofer d'un peu de miel. En faifant cette opération au Printemps & en mettant des ruches parfumées de cette maniere aux environs des fontaines & dans les endroits où il y aura beaucoup d'abeilles, il s'en amaffera une multitude qui viendront d'elles-mêmes dans ces ruches, pourvu néanmoins qu'on puiffe les préferver des voleurs. Il faut auffi nettoyer les ruches ce mois-ci ainfi que le mois précédent, & tuer les papillons qui se multiplient principalement dans le temps que la mauve est en fleurs. Voici la maniere de les prendre : on pose le soir entre les ruches un vase de cuivre semblable à un vase milliaire (1), c'est-à-dire, qui soit profond & étroit, & on met au fond de ce vase une lumiere, de sorte que les papillons venant à se rassembler dans ce vase & à voltiger autour de la lumiere, le peu de largeur du vase les met dans la nécessité de se brûler au feu dont ils sont trop près.

CHAPITRE IX.

(1) LEs heures de ce mois - ci sont égales à celles du mois de Septembre, suivant la proportion de ce calcul.

A la premiere & à la onzieme heure, le Gnomon donne vingt-quatre pieds d'ombre.

A la seconde & à la dixieme, il en donne quatorze.

A la troisieme & à la neuvieme, il en donne dix.

A la quatrieme & à la huitieme, il en donne sept.

A la cinquieme & à la septieme, il en donne cinq.

A la sixieme, il en donne quatre.

(1) Voy. la Note 1 du Ch. XX. de l'Econ. rur. de Caton.
(1) Voy. la Note 1 du Ch. XXIII. Liv. II.

Fin du cinquieme Livre.

L'ÉCONOMIE
RURALE
DE PALLADIUS RUTILIUS
TAURUS ÆMILIANUS.

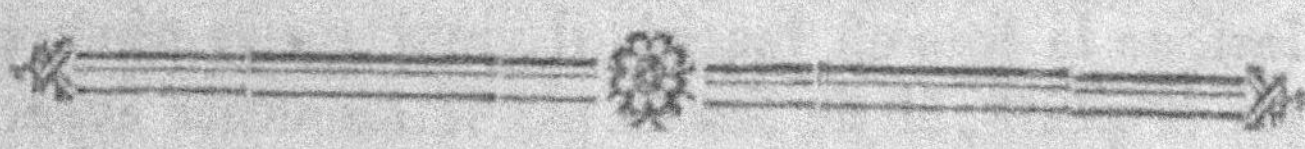

LIVRE SIXIEME.

MAI.

CHAPITRE PREMIER.

ON semera le panis & le millet au mois de Mai dans les climats froids & humides, de la façon que j'ai donnée (1). Presque toutes les semences sont en fleurs dans ce temps-ci, & le cul-

______

(1) Dans le Chap. III. du Liv. IV.

tivateur ne doit point y toucher. Or voici la maniere dont elles fleurissent : les bleds & l'orge,
ainsi que les semences qui ne sont point partagées en deux lobes, sont en fleurs pendant huit
jours, &, lorsque la fleur de ces semences est passée, elles grossissent pendant quarante jours jusqu'à ce qu'elles soient parvenues à leur maturité ; au lieu que les semences qui sont partagées
en deux lobes, telles que les fèves, les pois &
les autres légumes, sont en fleurs pendant quarante jours, & mettent le même temps à grossir. On fauchera ce mois-ci les foins dans les
climats secs, chauds ou voisins de la mer, sans
cependant attendre qu'ils soient desséchés. Si,
lorsque le foin est fauché, il vient a être pénétré
par la pluie, il ne faudra pas le retourner avant
que la superficie en soit séchée.

CHAPITRE II.

IL faut examiner à présent les sarmens qu'auront donnés les jeunes vignes, afin de n'en laisser qu'un petit nombre de ceux qui seront forts:
il faut aussi soutenir ces vignes avec des appuis,
jusqu'à ce que les bras qu'elles auront produits
soient consolidés. Quand on aura coupé une jeune
vigne & qu'elle viendra à repousser, on ne lui
laissera pas plus de deux ou trois jets, que l'on

liera au corps de la vigne pour les mettre à l'abri des accidens du vent. J'ai dit qu'il falloit y laisser trois jets, parce que, si on en laissoit moins dans ces commencemens & que les vents vinssent à les briser, il n'en resteroit aucun. Il faudra épamprer ce mois-ci. Mais cette opération ne sera avantageuse, qu'autant qu'elle aura été faite dans le temps où les jeunes branches se rompront sous le doigt, sans aucune difficulté de la part de celui qui les pincera. Au reste elle est utile pour faire grossir les grappes, & préparer leur maturité en livrant un passage au Soleil.

CHAPITRE III.

C'EST aussi à présent qu'on donne le premier labour aux terreins gras & pleins d'herbes. Mais, lorsqu'on veut donner ce labour à des terres incultes, il faut examiner auparavant si elles sont seches ou humides, couvertes de bois ou de gramen, d'arbrisseaux ou de fougere. Si elles sont humides, on les desséchera en y creusant des fosses de tout côté. Il n'y a personne qui ne connoisse les fosses apparentes, mais voici la maniere de s'y prendre pour faire des fosses cachées. On creuse à travers le champ des fossés de trois pieds de profondeur, que l'on remplit ensuite jusqu'à moitié de petites pierres ou de gravier, après quoi on les régale par-deſſus avec la terre que l'on avoit enlevée par la fouille. Mais l'extrémité de ces foſſés doit aboutir en pente à une foſſe apparente, dans laquelle toute leur humidité ſe rendra, ſans entraîner avec elle la terre du champ. Si l'on n'a point de pierres, on étendra au fond de ces foſſés des ſarmens ou de la paille, ou des broſſailles de telle nature qu'elles ſoient. Si au contraire le terrein eſt couvert de bois, il faudra, pour le cultiver, extirper les arbriſſeaux ou n'en laiſſer qu'un petit nombre. S'il eſt pierreux, on pourra le nettoyer en faiſant ramaſſer à la main les pierres dont il ſera couvert, pour en conſtruire des murailles qui ſerviront à le mettre en défenſe. On parviendra à le débarraſſer du jonc, du gramen & de la fougere en multipliant les labours. On fera notamment diſparoître la fougere en peu de temps, pour peu qu'on ſeme ſouvent dans le champ qui la porte des fèves ou des lupins, ou qu'on la fauche de temps en temps à meſure qu'elle repouſſera.

CHAPITRE

CHAPITRE IV.

CE mois-ci est le temps propre à pulvériser, c'est-à-dire, à recouvrir de terre les arbres & les seps qui auront été déchaussés. On coupera à présent le bois propre à faire des espatules (1), quand il sera garni de toutes ses feuilles. Or, voici la mesure de ce qu'un homme pourra en couper : si c'est un excellent ouvrier, il doit expédier la valeur d'un *modius* (2) de bois de haute futaie, au lieu qu'un ouvrier médiocre en expédiera un tiers de moins. On bêche aussi assiduement les pépinieres dans ce temps-ci : on taille les oliviers, & on ratisse la mousse qui s'y attache dans les climats très-froids & pluvieux. Si l'on a semé des lupins dans la vue de fumer ses terres, il faudra les reverser à présent en terre à l'aide de la charrue.

---

(1) Les espatules étoient des instrumens de cuisine ou d'apoticairerie, qui servoient à agiter ce qui étoit sur le feu, mais je doute fort que ce passage-ci soit sain, & que l'Auteur ait voulu parler de ces instrumens.

(2) Le *modius* de terre étoit le tiers du *jugerum* : c'étoit par conséquent un espace de 80 pieds de long sur 40 de large. Voy. le mot *JUGERUM* à la Table des Poids & mesures, *ad Cat.*

CHAPITRE V.

IL faut façonner à présent au *pastinum* (1) le terrein des jardins que l'on destine à être couverts, en Automne, de semences ou de pieds d'arbres. Il est bon de semer l'ache de marais ce mois-ci, comme nous l'avons déja dit ci-dessus (2) ; on pourra encore mettre en terre la coriandre, les melons, les courges, l'artichaut, les raiforts & la rüe. On transférera aussi le porreau en pied , & on l'excitera ensuite à croître en l'arrosant.

CHAPITRE VI.

LEs grenadiers commencent à fleurir à présent dans les pays chauds. Ainsi , si l'on enferme, comme le dit Martialis (1) , une branche de grenadier avec sa fleur dans un vase de terre cuite enfoncé en terre auprès de l'arbre , en attachant cette branche à un pieu, afin qu'elle ne s'élance

(1) Voy. la Note 5 du Chap. VI, Liv. I.
(2) Voy. le Chap. III. du Liv. précédent.
(1) Voy. la Note 2 du Chap. XV. Liv. II.

pas hors du vase, elle donnera en Automne un fruit, dont la grosseur sera moulée sur la capacité de ce vase. On peut aussi enter en écusson le pêcher ce mois-ci dans les pays chauds. On greffe à présent dans les pays froids le citronnier conformément à la méthode que nous avons donnée (2). On plantera à présent le jujubier dans les pays froids, & l'on y greffera le figuier. C'est aussi dans ce mois-ci que l'on plante les pieds de palmiers.

CHAPITRE VII.

IL faut châtrer à présent les veaux, ainsi que Magon le prescrit, dans le temps qu'ils sont jeunes, en comprimant leurs testicules avec une férule fendue, & en les froissant peu-à-peu pour les détacher. Mais il ordonne de ne faire cette opération qu'au Printemps ou en Automne, & dans le déclin de la Lune. D'autres, après avoir attaché le veau au travail, saisissent avec deux regles d'étain étroites, comme avec des tenailles, les nerfs même appellés en Grec κρεμαστῆρες (1), & coupent avec une instrument de fer les testicules

____

(2) Dans le Chap. X. du Liv. IV.

(1) Ce mot vient de κρεμάω, qui veut dire *suspendre*, parce que les testicules sont suspendus à ces nerfs.

après les avoir tirés à eux, en laissant, sans la couper, une portion de l'extrémité de ces nerfs, précaution qui arrête la perte du sang, & qui empêche les jeunes bœufs d'être absolument efféminés, puisqu'ils ne perdent pas dans ce cas là toute la vigueur de la masculinité. Il n'est pas tolérable de contraindre les veaux à saillir des vaches après la castration, comme on le voit pratiqué par bien des personnes, parce qu'il est constant que, quoiqu'ils donnent alors un produit, ils périssent eux-même par le flux de sang. On frottera les plaies occasionnées par la castration avec de la cendre de sarment & de l'écume d'argent. On empêchera l'animal nouvellement châtré de boire, & on ne lui permettra la nourriture qu'en petite quantité, en lui donnant dans les trois jours qui suivront l'opération des cimes d'arbres tendres, des arbustes mollets, & des feuilles d'herbes vertes légérement humectées de rosée ou d'eau de riviere. Il faut panser ses plaies soigneusement au bout de ces trois jours avec de la poix liquide mêlée de cendre & d'une petite quantité d'huile. Mais l'expérience a fait trouver récemment une maniere de châtrer, qui est meilleure que les anciennes. Après avoir garotté le jeune bœuf & l'avoir renversé par terre, on renferme ses testicules dans la peau qui leur sert d'enveloppe, & que l'on tend à cet effet, puis, en les comprimant avec une regle de bois, on les coupe soit avec des haches brûlantes, soit avec des doloires, ou, ce qui vaut encore mieux, avec un instrument de fer fait exprès pour cette opération, & de la forme d'un glaive. En effet, en suivant cette méthode, le tranchant du fer qui est brûlant pénetre auprès de la regle même, de sorte que d'un seul coup la douleur se trouve abrégée par la promptitude de l'opération, & les veines ainsi que les peaux, dont la tension seule est capable de s'opposer au flux de sang (1), étant brûlées, la plaie se trouve à l'abri de tout accident par la cicatrice qui se forme, pour ainsi dire, en même temps qu'elle.

CHAPITRE VIII.

IL faut faire à présent la tonte des brebis dans les pays tempérés. Mais, lorsqu'elles auront été tondues, on les pansera avec cet onguent-ci : on mêlera ensemble une quantité égale, tant de bouillon de lupins, que de lie de vin vieux & de lie d'huile, & on les fera frotter de cet onguent quand ces drogues feront bien amalgamées ensemble. Trois jours après, si l'on est à la proxi-

---

(1) Effectivement plus les peaux font tendues, moins le sang s'y porte avec rapidité, & par conséquent plus la cicatrice se forme avec facilité, quand le feu vient à les endurcit.

mité de la mer, on les y plongera sur le bord du rivage, au lieu que si c'est dans l'intérieur des terres qu'on nourrit ces bestiaux, il faudra, dès qu'ils auront été tondus & frottés d'onguent, leur jetter sur le corps en plein air de l'eau de pluie tant soit peu bouillie avec du sel. On prétend que le bétail qui aura été soigné de la sorte, ne sera point galeux de toute l'année, & que sa laine acquérera de la longueur & de la douceur.

CHAPITRE IX.

ON fera cailler ce mois-ci du lait pur, pour en faire du fromage, soit avec de la presure d'agneau ou de bouc, soit avec cette membrane intérieure qui est communément adhérente aux ventres des poulets, soit avec des fleurs de chardon sauvage, soit avec du lait de figuier. Il faudra retirer du fromage tout le petit lait, & même le comprimer en le chargeant de poids. Quand il commencera à être ferme, on le mettra dans un lieu ombragé ou frais, & après l'avoir comprimé en y ajoutant de temps en temps de nouveaux poids pour le raffermir de plus en plus, il faudra le saupoudrer de sel égrugé & grillé, & le comprimer plus qu'il ne l'aura encore été, quand il sera devenu plus ferme. Quelques jours après, les pains de fromage étant bien durcis,

on les arrangera sur des claies , de façon qu'ils
ne se touchent pas mutuellement. Il faut mettre
le fromage dans un lieu clos & où l'air ne pénetre pas , si l'on veut qu'il se conserve tendre
& gras. Il sera défectueux toutes les fois qu'il
sera sec ou spongieux ; ce qui arrivera, lorsqu'il
n'aura pas été assez comprimé , ou qu'il aura
été trop salé ou brûlé par l'ardeur du Soleil. Il
y a des personnes qui broient sur le fromage,
lorsqu'ils commencent à le faire , des pignons
verts, & qui en jettent dans le lait avant de le
faire prendre. D'autres y ajoûtent , au moment
qu'il prend, du thym broyé & passé à différentes
reprises. On pourra même donner au fromage
tel goût que l'on jugera à propos, en y ajoûtant
des assaisonnemens , tels que du poivre ou de
telle autre espece d'épicerie que ce soit.

CHAPITRE X.

LEs essains commencent à se peupler ce mois-
ci, & il se forme des abeilles plus grandes que
les autres dans les extrémités des rayons. Quelques personnes prennent ces abeilles pour les rois
des ruches. Mais les Grecs leur donnent le nom
d'οἴστρος (1) , & ils ordonnent de les tuer, parce

____

(1) C'est-à-dire, _des taons._

qu'elles troublent le repos des essains. Les papillons sont à présent très-multipliés, & il faudra les tuer de la maniere que j'ai prescrite (1).

CHAPITRE XI.

ON fait à présent vers la fin du mois des couches de pavés sur les plattes-formes : ces sortes de pavés sont sujets à s'écailler & à se détruire par l'effet de la glace dans les contrées froides, ainsi que dans celles où il regne des brouillards; néanmoins, si on veut en faire, on commencera par poser deux rangées de planches tant en ligne droite qu'en travers, sur lesquelles on étendra de la paille ou de la fougere que l'on régalera bien avec une pierre, dont la grosseur puisse remplir la main. Ensuite on couvrira ce lit d'un pied d'épaisseur de mortier, & l'on chargera ce mortier d'une quantité de barres de bois; après quoi, sans attendre que ce mortier soit séché, on appliquera dessus des tuiles de deux pieds creusées sur tous leurs côtés à la profondeur d'un doigt, & l'on remplira de chaux vive détrempée avec de l'huile les canelures qui servent à les joindre les unes avec les autres, puis l'on couvrira tout le mortier de cet assemblage de tuiles, afin que,

____

(1) Dans le Chap. VIII. du Liv. précédent.

lorsque tout cet apprêt sera sec, il ne forme qu'une seule masse à travers laquelle l'humidité ne pourra point pénétrer. Ensuite on étendra sur ce pavé six doigts d'épaisseur de mortier de terre cuite, que l'on battra fréquemment avec des verges, afin qu'il ne s'y forme point de crevasses, après quoi on enfoncera dans ce mortier de larges carreaux de briques, ou des tablettes de marbre quelconques, ou enfin des pierres quarrées, & rien ne sera capable d'endommager ce genre de construction.

CHAPITRE XII.

IL faut faire ce mois-ci des briques, soit avec de la terre blanche, soit avec de l'argille ou de la terre rouge : en effet celles que l'on fait en Eté se sechent sur leur superficie, parce que cette partie se trouve trop subitement affectée de la chaleur, tandis que l'humidité se tient renfermée en-dedans, ce qui occasionne des crevasses. Or voici la maniere de les faire : on passera l'argille avec soin, & on la purgera de tout grumeau, ensuite après l'avoir mêlée avec de la paille, on la laissera fermenter long-temps, & on en remplira des moules de la forme d'une brique. Enfin on la laissera sécher au Soleil, en la retournant de temps en temps. Au surplus, les briques doivent être de deux pieds de longueur, sur un pied de largeur & quatre *unciæ* (1) d'épaisseur.

CHAPITRE XIII.

Composition du vin rosat. On jètte cinq livres de roses, épluchées dès la veille, dans dix *sextarii* de vin vieux, & après avoir ajouté au bout de trente jours dix livres de miel écumé sur cette composition, on pourra s'en servir.

CHAPITRE XIV.

Composition de l'huile de lys. On fait infuser dix lys dans une livre d'huile, & on met le vase de verre qui renferme cette composition pendant quarante jours en plein air.

---

(1) Palladius applique au pied la division solemnelle de la livre en douze *unciæ*, (Voyez le mot *Libra* à la Table des poids & mesures *ad Cat.*), ainsi quatre *unciæ* sont le tiers du pied ou quatre pouces.

CHAPITRE XV.

Composition de l'huile de roses. On met sur une livre d'huile une *uncia* de roses épluchées, & on suspend cette composition pendant sept jours, tant au Soleil qu'au clair de la Lune.

CHAPITRE XVI.

Composition du miel rosat. On mêle une livre de miel avec un *sextarius* de jus de roses, & on suspend cette composition pendant quarante jours au Soleil.

CHAPITRE XVII.

On viendra à bout de conserver des roses en boutons en fendant un roseau verd sur son pied, & en les renfermant dans ce roseau, de façon que la fente puisse s'en joindre, ensuite on coupera le roseau quand on voudra avoir des roses fraîches. Il y a des personnes qui les enterrent à l'air après les avoir renfermées dans un pot qui soit propre, & qui les conservent en les garantissant par-là de tout accident.

CHAPITRE XVIII.

(1) LE mois de Mai répond à celui d'Août, en ce qui concerne la durée des heures.

A la premiere & à la onzieme, le Gnomon donne vingt-trois pieds d'ombre.

A la seconde & à la dixieme, il en donne treize.

A la troisieme & à la neuvieme, il en donne neuf.

A la quatrieme & à la huitieme, il en donne six.

A la cinquieme & à la septieme, il en donne quatre.

A la sixieme, il en donne trois.

---

(1) Voy. la Note 1 du Chap. XXIII. Liv. II.

Fin du sixieme Livre.

L'ÉCONOMIE
RURALE
DE PALLADIUS RUTILIUS
TAURUS ÆMILIANUS.

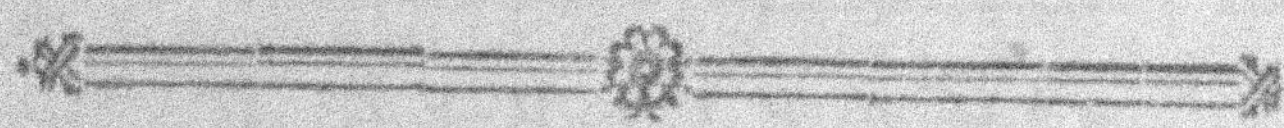

LIVRE SEPTIEME.
JUIN.

CHAPITRE PREMIER.

IL faut apprêter au mois de Juin l'aire sur laquelle on battra le bled : on commencera à cet effet par bien nettoyer un terrein, en arrachant toutes les herbes qui s'y trouveront ; ensuite on le bêchera légérement, & on l'applanira après y avoir mêlé avec la terre de la paille & de la lie d'huile extraite sans sel, ce qui garantira les bleds des rats & des fourmis. Cela fait, on comprimera le sol avec une pierre ronde ou avec un morceau quelconque de colomne qu'on roulera dessus pour le consolider, puis on le laissera sécher au Soleil. Il y a des personnes qui arrosent les aires d'eau après les avoir nettoyées, & qui y mènent promener le menu bétail pendant un temps considérable, afin qu'il les foule bien aux pieds, & quand la terre en a été bien comprimée par ce moyen, elles attendent qu'elles soient absolument séches pour s'en servir.

CHAPITRE II.

ON ne commence qu'à présent la récolte de l'orge, mais il faut l'achever avant que le grain en tombe à terre, ce à quoi il est sujet quand l'épi est sec, parce que ce grain n'est point enfermé dans une capsule comme celui du froment. Un habile moissonneur peut expédier en une journée cinq *modii* de terrein bien fourni, un médiocre en expédiera trois, & le pire des moissonneurs encore moins. Mais on aura soin de laisser quelque temps sur terre le chaume de l'orge, parce qu'on prétend que c'est le moyen de le faire grandir. On fait aussi à présent la récolte du froment vers la fin du mois dans les pays voisins de la mer, chauds & secs. On connoît que cette moisson est prête à faire, lorsque tous les épis sont uniformément teints d'une couleur jaune qui annonce leur maturité. Les habitans des pays plats de la Gaule ont une méthode de moissonner, qui épargne la main d'œuvre, puisqu'elle n'exige que la journée d'un bœuf pour expédier tout un canton. Ils ont donc un charriot monté sur deux petites roues; la surface de ce charriot, qui est quarrée, est garnie de planches qui sont renversées en dehors, de sorte que sa partie supérieure est plus large que l'inférieure. Ces planches sont moins hautes sur le devant du charriot que par derriere. C'est sur ces planches que sont distribuées par ordre plusieurs petites dents clair-semées, dont le nombre est proportionné à la quantité des épis; ces dents sont recourbées par en haut. On adapte au derriere de ce charriot deux flèches très-courtes & semblables aux perches des litieres, dans lesquelles les femmes se font porter, & l'on attelle à ces flèches, à l'aide d'un joug & avec des courroies, un bœuf qui a la tête tournée vers le charriot : il faut, sans contredit, que ce bœuf soit doux, & qu'il ne fasse pas plus d'efforts que ne lui en demandera celui qui le poussera. Dès que le bœuf vient à pousser ce charriot à travers la moisson, tous les épis se trouvent saisis par les petites dents dont il est garni, & s'entassent par conséquent dans le charriot même, sans que la paille, qui dès-lors est sciée, puisse y entrer : le bouvier qui suit par derriere dirige communément la marche du charriot, en l'élevant ou en le baissant suivant l'exigence du cas, & il ne faut que quelques heures pour expédier toute une moisson, moyennant quelques allées & venues que l'on fait faire au bœuf. Cette méthode est bonne pour les pays plats, & dont le terrein est égal, ainsi que pour ceux où l'on ne considere pas la paille comme une matiere de nécessité.

CHAPITRE III.

ON fera à présent dans les climats très-froids les opérations qui auroient dû être faites au mois de Mai. On donnera également les premiers labours aux terres dans les cantons pleins d'herbes & qui auront été gelés. On hersera les vignobles. On récoltera la vesce. On fauchera le fenu-Grec qui doit servir de fourage. Il faut achever dans le courant de ce mois-ci la récolte des légumes dans les pays froids. Il sera bon de conserver les lentilles que l'on récoltera alors, soit en les mêlant avec de la cendre, soit en les serrant dans des vases à huile ou dans des caques destinées aux salaisons, que l'on enduira aussitôt de gyp. On cueillera aussi à présent les

fèves

fèves au déclin de la Lune, pourvû que ce soit avant le jour, & on les serrera avant que cette planette soit dans son croissant, après les avoir battues & les avoir fait rafraîchir, afin que le charenson ne les endommage point. On récolte les lupins dans ce mois-ci, & rien n'empêche de les semer aussi-tôt qu'on les aura tirés de l'aire, si bon semble : si on veut cependant les garder, il faudra les serrer dans des greniers éloignés de toute humidité ; c'est le moyen de les conserver très-longtemps, sur-tout quand la fumée donnera continuellement sur ces greniers.

CHAPITRE IV.

ON semera les choux ce mois-ci vers le Solstice, afin de pouvoir les transférer au commencement du mois d'Août, soit dans un lieu arrosé, soit dans un lieu détrempé par les pluies qui commenceront à tomber alors. On pourra semer également bien l'ache, les poirées, les raiforts, les laitues & la coriandre, pourvu que l'on arrose ces plantes.

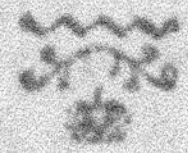

CHAPITRE V.

On pourra auſſi, comme nous l'avons dit ci-deſſus (1), renfermer dans ce mois-ci une branche de grenadier dans un petit vaſe de terre cuite, afin de lui faire donner des fruits, dont la groſſeur ſoit moulée ſur la capacité de ce vaſe. Il faut décharger à préſent les branches des poiriers ou des pommiers qui ſeront trop chargés de fruits, en arrachant par-ci par-là toutes les poires ou les pommes défectueuſes, afin que la ſève de ces arbres, qui pourroit ſe conſumer en vain à nourrir ces mauvais fruits, ſe reporte à de meilleurs. On pourra auſſi ſemer ce mois-ci le jujubier dans les pays froids. Il faudra faire à préſent la caprification des figuiers, de la maniere que nous avons expoſée en donnant la méthode qui a rapport à la culture de cet arbre (2). Il y a des perſonnes qui les greffent auſſi ce mois-ci. On ente en boutons le pêcher dans les pays froids : on bêche le pied des palmiers. On ente dans ce mois-ci ou dans celui de Juillet les arbres fruitiers, ſuivant la méthode que l'on appelle *emplaſtratio* (3). Cette méthode ne convient

---

(1) Dans le Chap. VII. du Liv. précédent.
(2) Dans le Chap. VII. du Liv. IV.
(3) C'eſt ce que nous appellons l'*ente en écuſſon*.

qu'aux arbres dont l'écorce contient une séve
grasse : tels sont les figuiers, les oliviers & d'autres semblables, comme dit Martialis (4) ; tel
est aussi le pêcher. Or, voici comme se fait cette
opération : on choisit sur de jeunes branches,
brillantes & fécondes, un bouton qui promette
évidemment de venir à bien, & on le cerne à
la distance de deux doigts en quarré, de façon
qu'il se trouve au milieu du cerne, après quoi,
au moyen d'un bistouri bien tranchant, on enleve l'écorce avec dextérité & sans endommager
le bouton. On enleve de la même maniere un
écusson garni de son bouton sur une partie de
l'arbre à greffer, qui soit brillante & féconde.
Alors on attache le premier écusson sur ce dernier arbre d'une façon convenable, en le liant
autour du bouton, pour le mettre dans la nécessité
de rester en place, sans que le bouton soit en-
dommagé, & de façon que le bouton de l'écusson
substitué remplace celui qu'on aura enlevé, après
quoi on enduit le tout par-dessus d'un lut qui
doit laisser le bouton en liberté. On coupera les
branches supérieures de l'arbre ainsi que ses sou-
ches, & en ôtant au bout de vingt & un jours
les ligatures qui retenoient l'écusson, on s'appercevra que le bouton d'une semence étrangere
s'est incorporé merveilleusement dans un autre
arbre.

---

(4) Voy. la Note 2 du Chap. XV. Liv. II.

CHAPITRE VI.

IL est encore bon de châtrer les veaux ce mois-ci , comme il a été dit ci-dessus (1). On a aussi raison de faire à présent du fromage , comme de tondre les brebis dans les pays froids.

CHAPITRE VII.

ON châtrera les ruches ce mois-ci. Il y a un très-grand nombre de signes qui donneront à connoître quand il sera temps de récolter le miel. D'abord , quand les ruches seront bien pleines , les abeilles ne feront plus entendre qu'un très-léger bourdonnement , attendu que lorsque le lieu où devroient être les rayons, se trouve vuide , le bruit s'y fait entendre d'une maniere plus sonore , comme il arrive dans tous les édifices concaves, & par conséquent si le bourdonnement des abeilles semble rauque & considérable, c'est une preuve que les gâteaux de cire ne sont pas en état d'être récoltés. De même , lorsque les abeilles s'occupent entièrement à chasser de

____

(1) Dans le Chap. VII. du Liv. précédent.

leurs domiciles les bourdons, qui font des mouches plus groffes qu'elles, elles annoncent par-là qu'il eft temps de récolter le miel. Au furplus, on châtrera les ruches dans la matinée, temps où les abeilles font engourdies & où elles ne font pas encore irritées par la chaleur. On fera parvenir dans les ruches de la fumée de galbanum & de fiente de bœuf féche ; il faudra exciter cette fumée avec des charbons qu'on mettra dans un poëlon, dont la forme fera telle, qu'il puiffe renvoyer la fumée par une ouverture étroite & femblable à celle d'un entonnoir renverfé, parce que cette fumée chaffera les abeilles, & que l'on pourra dès-lors couper les rayons de miel fans difficulté. Lorfqu'on récolte les rayons dans ce temps-ci, il en faut laiffer la cinquieme partie pour fervir de nourriture à l'effain : on enlevera de préférence ceux qui feront pourris & défectueux. On fera le miel à préfent en enveloppant plufieurs rayons dans un torchon très-propre & en les y exprimant avec foin. Mais, avant de les exprimer, on en retranchera les parties qui feront gâtées ou celles qui contiendront des petits, parce qu'elles corromproient le miel & lui donneroient un mauvais goût. Il faut laiffer pendant quelques jours le miel nouvellement fait dans de petits vafes ouverts, & l'écumer jufqu'à ce que fa chaleur fe calme & qu'il ceffe de bouillir à l'inftar du mout. Le miel qui coulera comme de lui-même, avant d'avoir été exprimé à différentes reprises, sera le meilleur. On fera aussi la cire dans ce mois-ci : on commencera par l'amollir, en jettant dans un vase de cuivre plein d'eau bouillante le reste des rayons qu'on aura cassés en petits morceaux, après quoi on la fera fondre dans d'autres petits vases dans lesquels on ne mettra point d'eau, & on lui donnera telle forme que l'on voudra. S'il arrive que les nouveaux essains sortent dans ce temps-ci à la fin du mois, il faudra que le gardien y ait attentivement l'œil, parce que les jeunes abeilles, que leur âge rend vagabondes, s'enfuiroient si on ne les gardoit pas à vue. Comme elles restent à l'entrée de leurs ruches pendant un ou deux jours, lorsqu'elles en veulent sortir, il faudra se hâter de les recevoir dans de nouvelles ruches. Ainsi un gardien vigilant les observera jusqu'à la huitieme ou à la neuvieme heure du jour (1), parce qu'il est assez rare qu'elles s'enfuient ou qu'elles fassent des émigrations plus tard, quoiqu'il s'en trouve quelques-unes qui prennent le parti de s'en aller aussi tôt qu'elles sont sorties de leur ruche. Voici les signes qui donneront à connoître qu'elles sont prêtes à s'enfuir : elles feront entendre deux ou trois jours auparavant un tumulte & un bourdonnement plus considérable qu'à l'ordinaire; ainsi, dès que

------

(1) Voyez la Note 4 du Chap. II. de l'Economie rurale de Columelle, Liv. II.

l'observateur en aura fait la remarque, en approchant souvent son oreille de la ruche, il faudra qu'il redouble de précautions pour éviter tout accident. Elles sont aussi dans l'usage de montrer les mêmes indications, lorsqu'elles doivent se battre les unes contre les autres : mais on met fin à ces sortes de combats en jettant sur elles de la poussierre ou des gouttes d'hydromel, la douceur de cette liqueur étant très-efficace pour ramener la concorde parmi le peuple qui l'a produite. Mais, lorsque les bataillons seront pacifiés par ce moyen, & que les abeilles seront suspendues à une branche d'arbre ou quelque part ailleurs que ce soit, on examinera si elles forment alors un seul grouppe, auquel cas ce sera une preuve qu'il n'y a qu'un Roi parmi elles, ou qu'elles sont réconciliées, & que la concorde regne entre elles. Si au contraire le peuple est suspendu sous la forme de deux ou de plusieurs mammelons, c'est une preuve qu'elles sont divisées entre elles, & qu'elles ont autant de Rois parmi elles qu'il y aura de ces especes de mammelons. On cherchera par conséquent ces Rois dans les grouppes d'abeilles qui paroîtront les plus nombreux, après avoir frotté à cet effet sa main de melisse ou d'ache de marais. Au reste ces Rois sont un peu plus gros & plus longs, & ont les pattes plus droites que les autres abeilles ; leurs aisles sont aussi plus petites, leur couleur est belle & luisante, & ils sont lisses & sans aucun poil, à l'exception d'une espece de gros cheveu qui leur sort du ventre, & dont ils ne se servent néanmoins jamais pour offenser. Il y en a d'autres qui sont noirs & hérissés : il faut les tuer tous, à l'exception du plus beau d'entre eux que l'on conservera ; & si celui-ci vagabonne souvent avec ses essains, on lui arrachera les aisles, afin qu'il se fixe dans la ruche, parce qu'alors aucune abeille ne s'écartera de lui. Si les essains d'une ruche ne multiplient point, on pourra y joindre les abeilles de deux ou trois autres ruches, auquel cas il faudra avoir la précaution de les y tenir renfermées pendant trois jours, de les asperser de quelque liqueur douce, de leur donner du miel pour nourriture, & de ne laisser à la ruche que de petites ouvertures pour lui donner de l'air. Lorsqu'on voudra repeupler une ruche qui aura été dévastée par quelque maladie contagieuse, en y faisant passer d'autres abeilles, on examinera attentivement dans d'autres ruches bien peuplées, si les cires des rayons, & sur-tout leurs extrémités qui renferment les petits, ont la marque distinctive à laquelle on reconnoît qu'il doit en naître un Roi, &, lorsqu'on y trouvera cette marque, on coupera le rayon où elle se rencontrera avec la postérité qu'il renferme, pour le porter dans la ruche qu'on veut repeupler. La marque à laquelle on reconnoît qu'il doit naître un Roi d'un rayon, c'est lorsque dans le nombre d'alvéoles qui contiennent des petits, il s'en trouve un plus grand & plus long que les autres qui a la forme d'un mammelon. Au surplus, il ne faut transporter les rayons que dans le temps où les petits, déja prêts à naître, s'efforcent, après avoir rongé leurs enveloppes, d'en tirer leurs têtes, parce que, si on les transféroit avant qu'il en fût temps, ils périroient. S'il arrive qu'un essain s'éleve subitement en l'air, on l'effrayera par le bruit qu'on aura soin de faire avec du cuivre ou avec un petit vase de terre, & il retournera aussitôt à sa ruche, à moins qu'il ne se suspende aux feuillages voisins, auquel cas on l'en tirera avec la main ou avec une cuiller, pour le mettre dans une nouvelle ruche frottée avec les herbes accoutumées & aspersée de miel, laquelle ruche on laissera dans le lieu même, pour ne la placer que le soir au rang des autres.

CHAPITRE VIII.

ON fera aussi ce mois-ci des pavés de platteformes ainsi que de la brique de la maniere que j'ai donnée (1).

(1) Voy. les Chap. XI. & XII. du Liv. précédent.

CHAPITRE IX.

LEs Grecs assurent que les Egyptiens font les essais suivans pour s'assurer du succès des différentes semences : ils cultivent dans ce temps-ci un petit espace de terrein pris sur un champ labouré & humide, & y sement des graines de toutes les especes de bleds & de légumes sur des planches séparées les unes des autres. Ensuite ils examinent au lever de la Canicule, que les Romains placent au quatorzieme jour des Calendes (1) d'Août, quelles sont celles de ces semences que cette Constellation brûlera, & celles auxquelles elle ne portera point de préjudice, pour se garder par la suite de semer les premieres & pour s'en tenir aux autres, parce que cette Constellation brûlante pronostique, soit en consumant ces plantes, soit en les épargnant, le succès bon ou mauvais qui les attend l'année suivante.

CHAPITRE X.

ON prend le cœur de la camomile, dans le temps que cette herbe est en fleurs, en prenant la précaution d'arracher les feuilles blanches qui en couronnent la fleur, pour ne conserver que la

______

(1) Voy. la Note 1 du Chap. XXVIII, de l'Economie rurale de Varron, Liv. I.

partie dorée de celle-ci, & on en fait infuser la valeur d'une *uncia* sur une livre d'huile, puis on laisse cette infusion exposée pendant quarante jours au Soleil.

CHAPITRE XI.

CONFECTION de fleur de vigne sauvage. On cueille du raisin sauvage dans le temps qu'il est en fleurs & qu'il n'y a point de rosée sur terre : on l'étend au Soleil afin que toute son humidité s'évapore, & que sa fleur étant séchée se détache plus aisément. Alors on la passe par un petit crible dont les trous soient bien drus, afin que les grains n'en passent pas à travers, & que la fleur tombe seule en bas. On conserve cette fleur infusée dans du miel, & lorsqu'elle y a été confite pendant trente jours, on l'assaisonne de la maniere dont on assaisonne ordinairement le vin rosat & avec les mêmes ingrédiens (1).

CHAPITRE XII.

COMPOSITION de l'*alica* (1). On liera en bottes de l'orge à demi mûr, puis on le fera gril-

---

(1) Voy. le Chap. XIII. du Liv. précédent.

(1) Si ce Sommaire est de Palladius, & qu'il n'ait pas été ajouté au texte par quelque Editeur, il faut convenir que cet *alica* est bien différent de celui dont nous avons parlé

ler dans un four, afin qu'il puisse aisément être moulu : enfin on aura soin de mêler une certaine quantité de sel par *modius* d'orge, en le faisant moudre, & on le conservera après l'avoir préparé ainsi.

CHAPITRE XIII.

(1) LEs mois de Juin & de Juillet se ressemblent par rapport à la durée des heures.

A la premiere & à la onzieme heure, le Gnomon donne vingt-deux pieds d'ombre.

A la seconde & à la dixieme, il en donne douze.

A la troisieme & à la neuvieme, il en donne huit.

A la quatrieme & à la huitieme, il en donne cinq.

A la cinquieme & à la septieme, il en donne trois.

A la sixieme, il en donne deux.

dans la Note 3 du Chap. LXVI. de l'Écon. rur. de Caton : celui-ci en effet paroit plutôt être une espece de farine propre à la composition de quelque boisson, telle que la bierre.

(1) Voy. la Note 1 du Chap. XXIII. Liv. II.

Fin du septieme Livre.

L'ÉCONOMIE
RURALE
DE PALLADIUS RUTILIUS
TAURUS ÆMILIANUS.

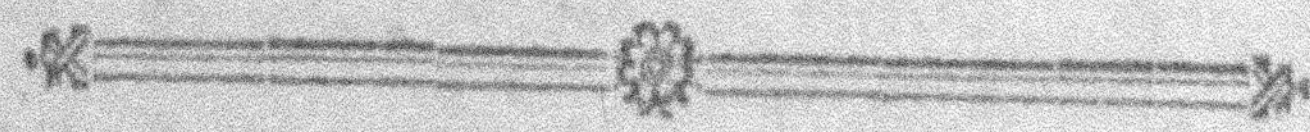

LIVRE HUITIEME.
JUILLET.

CHAPITRE PREMIER.

ON bine vers les Calendes (1) de Juillet les terres qui ont reçu le premier labour au mois

____

(1) Voy. la Note 1 du Chap. XXVIII. de l'Economie rurale de Varron, Liv. I.

d'Avril. On acheve à préfent la moiffon du froment dans les pays tempérés, en fuivant la méthode que nous avons donnée (2). Il fera très-bon de
débatraffer les terreins incultes des arbres & des
broffailles dont ils feront couverts, quand la Lune
fera dans fon déclin, en les coupant par les racines & en les brûlant. On charge de terre ce
mois-ci, après la moiffon, le pied des arbres
qui font plantés au milieu des champs moif-
fonnés, dans la vue de les garantir de la trop
grande ardeur du Soleil. La journée d'un homme fuffit pour en charger vingt des plus grands.
Il faut auffi bêcher à préfent les jeunes vignes,
tant le matin, que le foir quand la chaleur eft
tombée, pulvérifer la terte à leurs pieds &
en écarter le gramen. Il fera bon d'extirper la
fougere & la leche ce mois-ci ou avant les jours
Caniculaires.

CHAPITRE II.

ON feme auffi ce mois-ci la ciboule dans les
pays qui font arrofés & froids, ainfi que le raifort & l'arroche quand on peut les arrofer : on
feme encore le bafilic, la mauve, la poirée, la
laitue & les porreaux qu'il faudra auffi arrofer.

---

(2) Dans le Chap. II. du Liv. précédent.

On semera ce mois-ci les navets & les raves dans un lieu arrosé, dont la terre soit grasse & ameublie, sans être compacte. Ces sortes de racines se plaisent dans les lieux humides & en pleine campagne; mais les navets sont meilleurs quands ils viennent dans un lieu sec, presque maigre, pentif & sablonneux. La qualité du sol change l'une de ces graines en l'autre (1) : en effet, si l'on seme des raves dans un terrein pendant deux ans, elles s'y changent en navets, comme ceux-ci se changent en raves dans un autre. Ces racines veulent que le terrein où on les seme soit labouré, fumé & remué, ce qui sera également profitable aux grains que l'on y semera la même année. Quatre *sextarii* de raves & cinq de navets suffisent pour ensemencer un *Jugerum*. Si ces racines sont trop pressées, on en arrachera quelques-unes, afin que les autres se fortifient. Pour faire grossir les raves, on les déterrera, &, après avoir arraché toutes leurs feuilles, on en coupera la tige à l'épaissent d'un demi-doigt, après quoi on les remettra dans des sillons bien labourés, en les espaçant de huit doigts, puis on les recouvrira de terre, & on les foulera aux pieds, ce qui les fera grossir.

---

(1) Nous avons déja remarqué ailleurs que cette erreur pouvoit être fondée sur la négligence du Cultivateur à séparer ces graines l'une d'avec l'autre, en les serrant.

CHAPITRE III.

ON peut aussi enter en écusson ce mois-ci de la maniere que j'ai enseignée ci-dessus (1). J'ai même observé, d'après l'expérience que j'en ai faite, que des poiriers ou des pommiers qui avoient été entés à présent dans des pays humides, avoient très-bien profité. Il faut aussi cueillir ce mois-ci les mauvais fruits, dont la quantité excessive charge les branches des arbres fruitiers tardifs, comme je l'ai dit ci-dessus (1), afin que la séve de ces arbres tourne à la nourriture de fruits meilleurs. Il m'est arrivé de planter à présent dans des pays froids & dans un terrein arrosé une bouture de citronnier, & je me rappelle qu'après l'avoir animée en l'arrosant tous les jours, j'ai eu le bonheur de la voir répondre à mes vœux, tant par sa belle venue que par son rapport. On peut enter à présent le figuier en bouton, & greffer le citronnier dans les terreins humides. On peut bêcher au milieu du mois les pieds de palmiers. Les amandes sont à présent bonnes à être cueillies dans les pays tempérés.

(1) Dans le Chap. II. du Liv. précédent.

CHAPITRE

CHAPITRE IV.

C'EST principalement à présent qu'il faut faire couvrir les vaches par les taureaux ; en effet, comme elles portent pendant dix mois, elles se trouveront dès-lors en état de vêler au Printemps, & d'ailleurs il est certain qu'elles demandent ardemment le mâle, quand les engrais du Printemps ont excité le tempéramment chez elles. Columelle assure (1) que quinze vaches peuvent suffire à un taureau, & qu'il faut avoir soin qu'elles ne soient pas trop grasses quand on les fait couvrir, parce que la graisse les mettroit hors d'état de concevoir. Lorsque le pays où l'on éleve ces bestiaux est abondant en fourrage, on peut faire couvrir les vaches toutes les années ; mais, lorsque le fourrage y est rare, il ne faut les faire remplir que de deux années l'une, sur-tout si l'on est dans l'habitude de les employer à quelque travail. On choisira des beliers très-blancs & qui aient la laine douce, pour les faire saillir ce mois-ci : au reste, la blancheur du corps n'est pas la seule qualité qu'il faille rechercher en eux, & celle de leur langue n'est pas moins importante, en effet, pour peu que cette partie de leur

____

(1) Voy. le Chap. XXIV. de son Econ. rur. Liv. VI.

corps soit obscurcie par quelques taches, la va-
riété de couleurs qu'on y appercevra se transmettra aux produits qu'ils donneront. Un belier
blanc donne assez souvent un produit d'une autre
couleur, au lieu que, comme le dit Columelle
(2), il ne peut jamais venir un agneau blanc
d'un belier noir. On choisira des beliers qui
soient hauts & de grande taille, qui aient le
ventre bas & couvert de laine blanche, la queue
très-longue, la toison épaisse, le front large, les
testicules gros, & qui soient dans la troisieme
année de leur âge, quoiqu'ils puissent saillir fruc-
tueusement jusqu'à l'âge de huit ans. Il faut faire
couvrir les brebis à l'âge de deux ans : elles peuvent porter jusqu'à celui de cinq, mais elles dé-
périssent la septieme année. On choisira des brebis qui soient d'une grande taille, qui aient la
toison longue & très-douce, & le ventre bien
laineux & d'un grande capacité. Mais il faut
avoir l'attention de ne point laisser manquer ce
bétail de fourrage, & de le mener paître loin
des buissons, qui détruiroient sa laine & lui dé-
chireroient le corps. Il faut faire couvrir les brebis au mois de Juillet, afin que leurs petits soient
fortifiés avant l'Hiver. Aristote assure (3) que si

---

(2) Voy. le Chap. II. du Liv. VII. de son Econ. rur.

(3) Voy. la Note 25 du Chap. I. de l'Economie rurale de
Varron, Liv. I. Ce passage-ci est tiré de l'histoire des animaux de ce Philosophe, Liv. VI. Chap. XIX.

on veut leur faire concevoir une plus grande
quantité de mâles que de femelles, il faut choifir un temps fec & un jour où le vent du Septentrion fouffle, pour les faire couvrir pendant qu'elles paîtront vis-à-vis ce vent; au lieu
que, fi l'on veut avoir plus de femelles que
de mâles, il faut chercher les vents du midi,
pour les faire couvrir pendant qu'elles paîtront
du côté de ce vent. Il faut fubftituer de nouveaux agneaux aux brebis mortes ou défectueu-
fes. On vendra en Automne toutes celles qui
fe trouveront affoiblies, de peur que le froid de
l'Hiver ne les emporte, vû leur foibleffe. Il y a
des perfonnes qui empêchent les beliers de faillir pendant les deux mois qui précedent le temps
de leur accouplement, afin que le délai du plaifir
allume de plus en plus en eux le feu de la paffion. D'autres les laiffent faillir fans ménagement, afin d'en avoir des produits pendant tout
le cours de l'année.

CHAPITRE V.

LEs Grecs affurent que fi l'on arrache le gramen
ce mois-ci, quand le Soleil fera dans le Signe de
l'Ecreviffe & que la fixieme Lune fera dans celui
du Capricorne, fes racines ne reprendront point,
& qu'il mourra de même, fi on l'extirpe avec des

houes de cuivre préalablement chauffées au four, & refroidies non pas avec de l'eau, mais avec du sang de bouc dans lequel on les aura fait tremper.

CHAPITRE VI.

ON fait ce mois-ci du vin de scille de la maniere que voici : on fait sécher loin du Soleil, vers le lever des Canicules, de la scille cueillie dans des pays montagneux ou voisins de la mer. On en jette une livre dans une amphore de vin, après en avoir retranché les parties superflues & avoir jetté de côté les feuilles, dont l'extrémité de cette plante est couverte. D'autres font infuser ces feuilles même dans du vin, en les y plongeant après les avoir suspendues au bout d'un fil, afin de pouvoir les en retirer quarante jours après, sans qu'elles aient trempé dans la lie. Cette espece de vin résistera à la toux, purgera le ventre, divisera les flegmes, soulagera les personnes qui auront mal à la rate, rendra les yeux perçans & aidera à la digestion.

CHAPITRE VII.

COMPOSITION de l'hydromel. On prendra au commencement des jours Caniculaires de l'eau de fontaine propre. Le lendemain on mettra dans trois *sextarii* de cette eau un *sextarius* de miel non écumé, & après avoir partagé ce mêlange avec soin dans des vases propres à faire le vin cuit jusqu'à diminution d'un tiers, on le fera agiter continuellement pendant cinq heures par des enfans impuberes qui remueront les vases à cet effet; après quoi on le laissera exposé à l'air pendant quarante jours & quarante nuits.

CHAPITRE VIII.

Composition du vinaigre de scille. Après avoir jetté de côté toutes les parties dures d'une scille blanche & crue, on en coupera en petits morceaux le plus tendre du cœur, dont on plongera la valeur d'une livre & six *unciæ* dans douze *sextarii* de vinaigre très-mordant. On bouchera le vase pour le laisser exposé pendant quarante jours au Soleil; ensuite, après avoir jetté la scille, on passera soigneusement ce vinaigre & on le survuidera dans un vase bien poissé. Autre vinaigre bon pour la digestion & pour la santé : on met dans un petit vase huit drachmes de scille & trente *sextarii* de vinaigre, avec une *uncia* de poivre & une petite quantité de menthe & de canelle, pour s'en servir quelques temps après.

T iij

CHAPITRE IX.

ON fait réduire en poudre un *sextarius* & demi de graine de moutarde ; on mêle avec cette poudre cinq livres de miel, une d'huile d'Espagne & un *sextarius* de vinaigre mordant, & quand le tout a été bien broyé, on l'emploie à son usage.

CHAPITRE X.

(1) LEs heures de Juillet & de Juin sont d'une égale durée.

A la premiere & à la onzieme heure, le Gnomon donne vingt-deux pieds d'ombre.

A la seconde & à la dixieme, il en donne douze.

A la troisieme & à la neuvieme, il en donne huit.

A la quatrieme & à la huitieme, il en donne cinq.

A la cinquieme & à la septieme, il en donne trois.

A la sixieme, il en donne deux.

(1) Voy. la Note 1 du Ch. XXIII. Liv. II.

Fin du huitieme Livre.

L'ÉCONOMIE

RURALE

DE PALLADIUS RUTILIUS

TAURUS ÆMILIANUS.

LIVRE NEUVIEME.

À AOÛT.

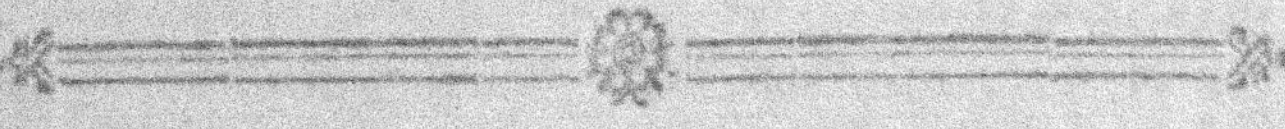

CHAPITRE PREMIER.

On commencera à la fin du mois d'Août, vers les Calendes (1) de Septembre, à labourer les terreins plats, humides & maigres. On s'occupe

(1) Voy. la Note 1 du Chap. XXVIII. de l'Économie rurale de Varron, Liv. I.

beaucoup à préfent des préparatifs de la vendange dans les pays voifins de la mer. On herfe auffi les vignes ce mois-ci dans les pays très-froids.

CHAPITRE II.

Si l'on a des terreins plantés en vignes qui foient maigres , & que les feps eux-memes le foient auffi, on y femera dans ce temps-ci trois ou quatre *modii* de lupins par *jugerum* , après quoi on les herfera. Quand ces lupins feront venus, on les reverfera en terre, & ils fumeront d'autant mieux ces vignes, qu'il ne faut point répandre de fumier dans les vignobles , parce qu'il gâteroit le vin.

CHAPITRE III.

On épampre à préfent dans les pays froids , au lieu qu'il vaut mieux mettre à l'ombre les grappes de raifin dans les pays brûlans & fecs, afin que l'ardeur du Soleil ne les deffeche point ; ce qu'on ne pourra néanmoins pratiquer que lorfque le peu d'étendue des vignobles ou la facilité de trouver des ouvriers le permettra. On peut auffi arracher la fougere & la leche ce mois-ci.

CHAPITRE IV.

IL faut mettre à présent le feu aux prairies , afin que les tiges des herbes qui montent trop vîte soient rapprochées de leurs racines , & que les herbes seches étant brûlées , il leur en succede de nouvelles avec plus d'abondance.

CHAPITRE V.

IL faut encore semer à la fin de ce mois-ci des raves & des navets dans les pays secs, de la maniere que nous avons donnée ci - dessus (1). On seme à la fin de ce mois-ci dans les pays secs les raiforts qui seront destinés à la consommation de l'Hiver. Ces racines ainsi que les raves aiment une terre grasse , ameublie & labourée long-temps. Elles craignent le tuf & le gravier. Elles se plaisent sous un climat nébuleux. Il faut les semer sur de grandes planches qui soient bêchées profondément. Les meilleures sont celles qui viennent dans les sables. On les semera peu de temps après la pluie, à moins qu'on ne soit à portée de

____

(1) Voy. le Chap. II, du Liv. précédent.

les arrofer. Dès qu'elles feront femées, on les recouvrira de terre à l'aide d'un farcloir léger. Il en faut deux *fextarii* ou quatre, fuivant la pratique de quelques perfonnes, pour enfemencer un *jugerum*. On ne leur donnera pas de fumier, parce qu'il les rendroit fpongieufes, & il vaudra mieux les couvrir de paille. Elles deviendront plus agréables, quand elles feront arrofées fouvent avec de l'eau falée. On regarde comme les femelles celles de ces racines qui font les moins âcres, qui ont les feuilles les plus larges & les plus liffes, & qui verdiffent avec agrément. Ce fera donc la graine de celles-ci que l'on ramaffera. On croit qu'elles groffiront davantage, lorfqu'on aura arraché toutes leurs feuilles en ne leur laiffant qu'une tige mince, & qu'on les aura fouvent couvertes de terre. Si lorfqu'elles font trop âcres, on veut les rendre plus douces, on en fera infufer la graine pendant un jour & une nuit dans du miel ou dans du vin fait avec du raifin féché au Soleil. Au furplus, il eft conftant que le raifort eft ennemi de la vigne ainfi que le chou, puifque, dès qu'il eft femé auprès d'elle, celle-ci fe recule par l'effet d'une antipathie naturelle. On femera auffi ce mois-ci des panais.

CHAPITRE VI.

ON ente aussi à présent les arbustes en écusson. Presque tout le monde greffe à présent le poirier & le citronnier dans les terreins arrosés.

CHAPITRE VII.

LEs frelons sont à charge ce mois-ci aux ruches, ainsi il faut leur faire la guerre pour les détruire. On fera aussi à présent tout ce qu'on aura négligé de faire en Juillet.

CHAPITRE VIII.

SI l'on manque d'eau, il faudra en chercher à présent : or voici la méthode par laquelle on pourra parvenir à en trouver. Quand on voudra chercher de l'eau dans un endroit quelconque, on tournera la vue, avant le lever du Soleil, du côté du Levant, en se tenant couché à terre tout de son long le menton appuyé contre terre. Si l'on voit alors s'élever quelque part un air qui soit obscurci par un nuage imperceptible, & qui répande une espece de rosée, on remarquera bien l'endroit où paroîtra ce phénomene, en guidant son observation à l'aide de quelque souche ou de quelque arbre du voisinage, car il est constant qu'il y a de l'eau cachée dans tout endroit sec où l'on remarquera pareille chose. Mais on observera aussi la nature du terrein, afin de pouvoir juger de la quantité d'eau plus ou moins grande qui pourra s'y trouver. L'argille ne donnera que des veines maigres, & dont l'eau ne sera pas excellente au goût : le sable mouvant en donnera aussi de maigres, dont les eaux seront peu agréables, limoneuses & très-profondément cachées sous terre : la terre noire ne donnera qu'une très-petite quantité d'eau qui filtrera goutte à goutte, & qui ne sera que le résultat des pluies & de l'humidité de l'Hiver, mais cette eau sera d'un goût excellent : le gravier donnera des veines médiocres & incertaines, mais leurs eaux l'emporteront sur toutes les autres par leur goût agréable : le sable ferme, ainsi que le gravier & les terres brûlantes, donnera des veines certaines & qui seront inépuisables : il s'en trouvera de bonnes & qui seront abondantes dans les roches rouges. Mais il faut examiner si les eaux que l'on aura trouvées ne s'échappent point à travers les crevasses de la terre, & si elles ne s'écoulent point entre les fentes des rochers. Les eaux sont abondantes, fraîches & salubres au

pied des montagnes, ainsi que dans les caillou-
tages, au lieu qu'elles sont saumaches, lourdes,
tiedes & désagréables au goût dans les pays plats,
& quand elles s'y trouvent d'un goût excellent,
c'est une preuve qu'avant de couler sous terre
elles tirent leur source d'une montagne. Au surplus, elles peuvent acquérir, même en pleine
campagne, la douceur des eaux qui prennent leur
source dans les montagnes, pour peu qu'elles
soient cachées sous des arbrisseaux qui les couvrent de leur ombre. Voici d'autres indications
propres à guider dans la recherche de l'eau, auxquelles on pourra avoir confiance toutes les fois
qu'il n'y aura point de mares d'eau dans un endroit, & que l'eau n'y résidera point ou qu'elle
n'y coulera point habituellement : ces indications
sont le jonc ordinaire, le saule des forêts, l'aune, le poivrier sauvage, le roseau, le lierre & les
autres plantes qui se plaisent dans l'eau. On creusera donc l'endroit où se trouveront les indications que nous venons de donner, jusqu'à cinq
pieds de profondeur sur une largeur de trois pieds,
& quand le Soleil sera prêt à se coucher, on mettra dans cette fosse un vase de cuivre ou de plomb
propre & graissé par dedans (1), dont l'ouver-

---

(1) L'Auteur veut probablement que ce vase soit graissé,
tant pour prévenir la rouille que l'humidité pourroit y former s'il ne l'étoit pas, que pour que les vapeurs s'y épais-
sissent plus aisément sous la forme de gouttes d'eau, en

ture sera tournée vers le fond de la fosse. Ensuite on étendra, en l'appuyant sur les bords de la fosse, une claie tissue de baguettes & de branchages, & l'on recouvrira le tout de terre. Si, lorsqu'on viendra à ouvrir la fosse le lendemain, on trouve que le vase sue par-dedans ou que l'eau en dégoutte, il n'y a point de doute que cet endroit ne renferme de l'eau. De même si l'on met dans cette fosse un vase de terre sec & non cuit, & qu'on le recouvre de la même maniere, on le trouvera le lendemain dissous par l'humidité dont il aura été imprégné, lorsqu'il y aura une veine d'eau dans le voisinage. Une toison de brebis, mise également dans une fosse pareille & recouverte de même, donnera aussi à connoître qu'il y a beaucoup d'eau dans un endroit, lorsqu'elle s'en trouvera chargée d'une quantité suffisante pour dégoutter quand on viendra à la presser le lendemain. Un endroit renfermera encore de l'eau toutes les fois qu'on aura mis dans une fosse, en la recouvrant, une lampe allumée & pleine d'huile, & qu'on la trouvera éteinte le lendemain, quoiqu'il y reste encore de l'huile. De même, si l'on fait du feu dans un endroit, & que, lorsque la terre sera échauffée, elle répande une fumée humide &

---

fuyant, pour ainsi dire, la graisse qui est une matiere *spécifiquement* plus légere que l'eau, pour parler le langage des Physiciens.

nébuleuſe, ce ſera une preuve qu'il y aura de l'eau dans cet endroit. Ainſi, quand on aura fait quelques-unes de ces découvertes, & quelles auront été confirmées par la certitude des indications, on creuſera un puits pour chercher la ſource de l'eau, ou, s'il y a pluſieurs ſources, on les réunira en une ſeule. Au ſurplus, il faut chercher les eaux particuliérement au pied des montagnes & du côté du Septentrion, parce qu'elles y ſont plus abondantes & meilleures que par-tout ailleurs.

CHAPITRE IX.

Mais il faut examiner s'il n'y a point de danger pour les ouvriers qui travaillent à creuſer les puits, parce que la terre exhale communément une odeur de ſouffre, d'alun & de bitume, dont le mélange empeſte l'air, au point que ces exhalaiſons, venant à remplir les narines des ouvriers, les ſuffoquent, ſans qu'ils puiſſent ſe ſauver de ce danger autrement que par une prompte fuite. En conſéquence, avant de deſcendre au fond de la terre, on mettra une lampe allumée dans l'endroit qu'on aura commencé à creuſer, & ſi cette lampe ne s'éteint pas, c'eſt une preuve qu'il n'y aura aucun danger à craindre, au lieu que, ſi elle s'éteint, il faudra éviter de travailler dans un pareil endroit, dont les exhalaisons seroient mortelles. Si néanmoins on ne peut pas trouver d'eau ailleurs, on creusera des puits auprès de cet endroit, tant de droite que de gauche, jusqu'à ce qu'on soit parvenu au niveau de l'eau, & l'on pratiquera dans l'intérieur de ces puits des soupiraux ouverts de côté & d'autre en forme de narines, & par lesquels l'exhalaison funeste s'évaporera, après quoi on soutiendra les parois de ces puits à l'aide d'une maçonnerie. Au reste, il faut que la largeur d'un puits soit de huit pieds en tout sens, sur lesquels la maçonnerie en prendra deux. Cette maçonnerie sera soutenue d'espace en espace avec des barres de bois, & construite en tuf ou en moëlon. Quand l'eau est limoneuse, on la corrige en y jettant du sel (1). Si, lorsqu'on creuse un puits, la terre vient à s'ébouler par un vice inhérent à sa nature qui la rende trop friable, ou que l'eau vienne à la délayer, on la contiendra de tous côtés à l'aide de planches appuyées perpendiculairement contre elle, & soutenues avec des barres mises en traverse, pour empêcher qu'en s'éboulant elle n'enseveliffe les ouvriers sous elle.

---

(1) On lit dans le quatrieme Livre des Rois, Chap. II, que le Prophete Elisée corrigea les eaux de Jéricho en y jettant du sel. On pourroit mettre en question, d'après notre Auteur, s'il fit en cette occasion un miracle en qualité de Prophete, ou s'il ne fit que se servir d'un secret naturel qu'il connoissoit comme Physicien.

CHAPITRE

CHAPITRE X.

VOICI la maniere de faire l'essai d'une eau qu'on aura nouvellement trouvée : on en versera dans un vase de cuivre bien poli, &, si elle n'y laisse point de tache, c'est une preuve qu'elle est bonne. Elle est également bonne, lorsqu'après avoir été bouillie dans un petit vase de cuivre, elle n'y dépose point de sable ni de limon au fond, de même que lorsqu'elle peut faire cuire promptement des légumes, ou que sa couleur est limpide & qu'elle n'est chargée ni de mousse, ni d'aucune espece de malpropreté. Au surplus, quand les puits sont creusés sur une hauteur, on pourra en faire jaillir l'eau par en bas comme celle d'une fontaine, en perçant les terres jusqu'à son lit, si la vallée qui se trouvera au pied de cette hauteur le permet.

CHAPITRE XI.

QUAND il s'agit de conduire l'eau d'un lieu à un autre, on a recours à un canal construit en maçonnerie, ou à des tuyaux de plomb, ou à des canaux de bois, ou enfin à des tuyaux de terre cuite. Si on la conduit dans un canal construit en mâçonnerie, il faut que ce canal soit bien consolidé, afin qu'elle ne s'échappe point à travers les joints des pierres qui entrent dans sa construction. La largeur de ce canal sera proportionnée à la quantité d'eau que l'on y fera couler. Si ce canal doit traverser dans sa route un terrein plat, on lui donnera, en le construisant, une pente insensible d'un pied & demi sur soixante ou cent pieds de longueur, afin de procurer à l'eau un écoulement suffisant. S'il doit rencontrer une montagne sur sa route, il faudra diriger l'eau & la détourner vers les côtés de cette montagne, ou creuser dans le centre de la montagne même des cavernes qui soient au niveau de la source d'eau, pour la faire passer à travers la maçonnerie de ces cavernes. Mais s'il se trouve une vallée sur son passage, on élevera des piliers ou des arcs jusqu'à la hauteur de la pente que doit suivre l'eau, ou bien on la laissera tomber au fond de la vallée en la renfermant dans des tuyaux de plomb, pour la faire remonter ensuite quand elle l'aura traversée. Lorsqu'on conduira l'eau dans des tuyaux de terre cuite, méthode qui est la plus salutaire & la plus avantageuse de toutes, on donnera à ces tuyaux une épaisseur de deux doigts, en les rétrecissant par un de leurs côtés, afin qu'ils puissent être insérés l'un dans l'autre sur une longueur d'un *palmus*, & on en bouchera les joints avec de la chaux vive pétrie avec de l'huile. Mais avant d'introduire dans ces tuyaux l'eau qu'on veut y

faire couler, on y fera paſſer de la cendre chaude mêlée d'un peu d'eau, pour ſouder les défec-
tuoſités qui peuvent ſe rencontrer dans ces tuyaux.
La pire de toutes les méthodes conſiſte à conduire
l'eau dans des tuyaux de plomb; en effet cette
méthode rend l'eau dangereuſe à boire, parce
que le plomb, à force d'être frotté décharge de
la céruſe qui eſt une matiere nuiſible au corps
humain. Tout homme attentif aura ſoin de conſtruire les réſervoirs où l'eau ſe rendra, de telle
façon que le plus petit filet d'eau en procure toujours abondamment.

CHAPITRE XII.

Voïer la quantité de plomb qui doit entrer
dans la fabrique des tuyaux. Il en entrera douze
cent livres dans la fabrique de ceux dont la feuille avoit cent doigts de largeur avant d'être rou-
lée (1) ſi on leur ſuppoſe dix pieds de longueur,

(1) D'anciens Auteurs ont entendu autrement que nous
ces mots *fiſtula centenaria, octogenaria*, &c. & ont prétendu
que ces noms numériques devoient s'appliquer directement
aux différens diametres des tuyaux, mais nous avons ſuivi
l'interprétation de Vitruve, qui dit 8, 7 qu'un tuyau quelconque emprunte toujours ſon nom de la largeur des feuilles
de plomb qu'on roule pour le fabriquer, de ſorte que ſi

& neuf cent soixante dans la fabrique de ceux
dont la feuille avoit quatre-vingt doigts de largeur. Il en entrera six cent livres dans la fabrique de ceux dont la feuille avoit cinquante doigts
de largeur, en les supposant également de dix
pieds de long, quatre cent quatre - vingt livres
dans la fabrique de ceux dont la feuille avoit
quarante doits de largeur, trois cent soixante livres dans la fabrique de ceux dont la feuille avoit
trente doigts de largeur, deux cent quarante livres dans la fabrique de ceux dont la feuille avoit
vingt doigts de largeur, & quatre-vingt-seize livres dans la fabrique de ceux dont la feuille avoit
huit doigts de largeur (1).

---

une feuille a cinquante doigts de largeur, le tuyau qu'on
fabriquera avec cette feuille s'appellera *quinquagenaria fis-
tula*, & ainsi des autres.

(2) Tous les nombres de ce Chapitre paroissent se cor-
respondre au premier coup-d'œil, & ce sont en effet les
mêmes que ceux qu'on trouve dans Vitruve ainsi que dans
Pline 31, 6, avec la différence que ce dernier, sans doute
pour arrondir le compte, fait entrer cent livres de plomb
au lieu de quatre-vingt-seize dans le tuyau, dont la feuille
a huit doigts de largeur. Mais, malgré l'unanimité de ces
Auteurs, on ne peut pas disconvenir, pour peu qu'on regarde les choses de près, que ces nombres, tout propor-
tionnels qu'ils sont entr'eux, ne sont rien moins que jus-
tes, puisqu'ils supposent une épaisseur égale dans la feuille
de tous ces tuyaux possibles, tandis qu'il est incontestable
que la feuille d'un tuyau dont le diametre est plus large
qu'un autre doit, à raison de la largeur de cette feuille,

CHAPITRE XIII.

MANIERE de confire le verjus dans du miel. Il faudra verser deux *sextarii* de miel bien broyé sur six de jus de raisin à demi vert, & laisser ce mêlange se cuire aux rayons du Soleil pendant quarante jours.

être plus épaisse que celle d'un tuyau dont la feuille & le diametre sont moins larges. On peut assurer par conséquent que la proportion simple que suit ici Palladius est insuffisante pour déterminer la quantité de plomb qui doit entrer dans la fabrique des différens tuyaux. En effet, quoique douze cent livres de plomb soient à six cent livres, ce que cent doigts de largeur dans la feuille sont à cinquante doigts, comme néanmoins la feuille d'un tuyau qui aura cent doigts de largeur, doit incontestablement être plus épaisse que celle qui n'en a que cinquante, il est indispensable de donner plus de douze cent livres de plomb au premier, ou d'en donner moins de six cent au second, puisque celui-ci doit être moins épais. Il ne seroit pas difficile de substituer ici les nombres qu'exigeroit une proportion plus juste, mais il seroit toujours douteux si ceux qu'on substitueroit seroient ceux qu'a réellement prétendu donner Palladius, d'autant qu'en parlant des tuyaux de terre cuite dans le Chap. précédent, il a dit en général que ces tuyaux devoient avoir deux doigts d'épaisseur, sans mettre de distinction entre ceux dont le diametre est différent.

CHAPITRE XIV.

(1) IL n'y a point de différence, quant à la marche du Soleil, entre le mois d'Août & celui de Mai.

A la premiere & à la onzieme heure, le Gnomon donne vingt-trois pieds d'ombre.

A la seconde & à la dixieme, il en donne treize.

A la troisieme & à la neuvieme, il en donne neuf.

A la quatrieme & à la huitieme, il en donne six.

A la cinquieme & à la septieme, il en donne quatre.

A la sixieme, il en donne trois.

(1) Voy. la Note 1 du Ch. XXIII. Liv. II.

Fin du neuvieme Livre.

L'ÉCONOMIE RURALE

DE PALLADIUS RUTILIUS

TAURUS ÆMILIANUS.

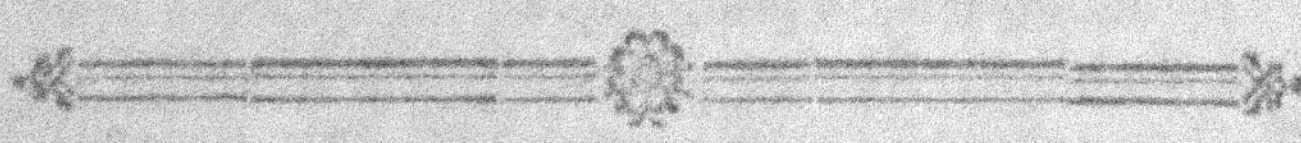

LIVRE DIXIEME.

SEPTEMBRE.

CHAPITRE PREMIER.

ON labourera pour la troisieme fois au mois de Septembre les terreins gras, ainsi que ceux qui sont dans l'habitude de conserver longtemps l'humidité, quoiqu'on puisse même le faire plutôt quand l'année aura été humide. On bine & l'on ensemence à présent les terreins humides, plats

V iv

& maigres, auxquels nous avons dit (1) qu'il falloit donner le premier labour au mois d'Août.
Il faut labourer à présent pour la premiere fois les
côteaux maigres & les ensemencer aussitôt après,
vers l'Equinoxe. On fumera à présent les terres,
mais on aura soin de resserrer les tas de fumier les
uns auprès des autres sur les collines, au lieu
qu'on les espacera davantage dans les plaines ;
si l'on fait cette opération au déclin de la Lune,
ce sera le moyen d'empêcher les herbes d'y croître. Columelle assure que vingt-quatre *carpenta*
(2) de fumier suffisent pour fumer un *jugerum* de
terre, & qu'il n'en faut que dix-huit lorsqu'il s'agit
de fumer un terrein plat. Au surplus il faudra avoir
soin de n'éparpiller en un jour que la quantité de
fumier qu'on pourra recouvrir de terre le même
jour par le labour, de peur que ce fumier venant

______

(1) Voy. le Chap. I. du Liv. précédent.

(2) Palladius a ici en vue le Chap. XVI. du Liv. II. de
l'Econ. rur. de Columelle, où cependant ce dernier donne
le nom de *vehis* à la charge de fumier qui est appellée ici
carpentum, ce qui pourroit faire croire que ces deux mots
sont synonimes ; & que, par conséquent, le *carpentum* contenoit, comme le *vehis*, la valeur de quatre-vingt *modii*
(voy. le Ch. II. du Liv. XI. de l'Econ. rur. de Columelle).
Au reste nous n'avons osé traduire aucun de ces mots par
celui de *charretée* ; comment en effet comparer notre *charretée* à la charge que les anciens appelloient *vehis* ou *carpentum*, quand aujourd'hui même les *charretées* varient
suivant les différentes contrées ?

à se desſécher ne perde ſa vertu. On peut encore
fumer en tel temps de l'hiver que ce ſoit, mais
lorſque quelque raiſon aura empêché de le faire
dans un temps convenable, on y remédiera ſoit
en répandant ſur les terres, avant de les enſe-
mencer, du fumier pulvériſé de la maniere dont
on y répand la graine, ſoit en y jettant à la main
du crotin de chevres, qu'on incorporera enſuite avec la terre à l'aide des ſarcloirs. Il n'eſt
pas à propos de fumer beaucoup à la fois, & il
vaut mieux le faire modérément & plus ſouvent.
Une terre aqueuſe demande plus de fumier
qu'une terre ſeche. Si cependant l'on n'eſt pas
riche en fumier, ce ſera une excellente méthode
de répandre, en guiſe de fumier, ſur les terres
ſablonneuſes, de la craie ou de l'argille, comme
de répandre du ſable ſur les terres argilleuſes ou
trop compactes. Outre que cette méthode eſt favorable aux moiſſons, elle rend encore les vignes
très-belles, d'autant que ſi l'on donnoit du fumier à celles-ci, il corromproit le plus ſouvent
le goût du vin.

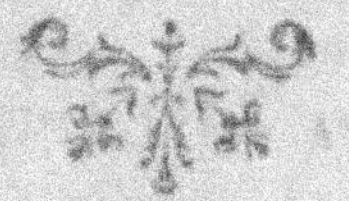

CHAPITRE II.

ON semera ce mois-ci vers l'Equinoxe , quand le temps sera au beau fixe , le froment ainsi que le bled *adoreum* (1) dans les terreins marécageux, ou maigres, ou froids, ou ombragés , afin que les racines de ces bleds puissent prendre quelque consistance avant l'hiver.

CHAPITRE III.

LA terre est souvent dans l'habitude de rendre une humidité amere qui fait périr les bleds. Il faut répandre sur les endroits où cela arrivera de la fiente de pigeon ou des feuilles de cyprès, & les labourer en même-temps, afin que ce genre de fumier s'incorpore avec la terre. Cependant, il n'y aura pas de meilleur remede contre cet accident, que de détourner cette humidité pernicieuse par le moyen d'une rigole qui la portera ailleurs. On ensemencera un *jugerum* d'une terre médiocre avec cinq *modii* de froment, & la même quantité de bled *adoreum* (1). Quant aux ter-

______

(1) Voy. la Note 1 du Chap. XXXIV. de l'Economie rurale de Caton.

res graffes, il ne leur en faudra que quatre. On
affure que ces femences viendront à bien, lorfqu'on aura recouvert d'une peau d'hiene le *modius*
dont fe fervent les femeurs, & qu'on aura laiffé
le grain pendant quelque temps dans ce femoir.
Comme il arrive affez fouvent que certains animaux qui vivent fous terre font périr les bleds
en les coupant par la racine, il fera également
bon, pour prévenir cet accident, de faire tremper les grains une nuit avant de les femer dans
du jus de l'herbe appellée *fedum* (1) melé avec
de l'eau, comme d'exprimer du jus de concombre fauvage ou de faire infufer dans de l'eau la
racine broyée de cette plante, pour y tremper
enfuite les grains que l'on aura à femer. Il y a
des perfonnes qui, dès qu'elles voient leurs moif-
fons attaquées de cet accident, verfent fur les
fillons & fur les charrues, fans attendre que le
mal ait fait de plus grands progrès, de la lie
d'huile extraite fans fel, ou de l'eau dont nous
venons de faire mention.

------

(1) C'eft-à-dire, *de la joubarbe.*

CHAPITRE IV.

ON seme à présent dans les terreins maigres l'orge *cantherinum* (1) : il en faut cinq *modii* par *jugerum*. On laissera reposer les terres qui auront porté cette nature de grain, à moins qu'on n'aime mieux les fumer.

CHAPITRE V.

ON seme à présent ou un peu plutôt les lupins en telle terre que ce soit, ne fut-elle pas même labourée : il sera à propos qu'ils soient semés avant que les froids commencent. Ils ne réussissent point dans les terres limoneuses & craignent l'argille ; ils se plaisent au contraire dans les terres maigres, ainsi que dans les terres rouges : il en faut dix *modii* pour ensemencer un *jugerum*.

(1) Voy. la Note 13 du Chap. IX. de l'Economie rurale de Columelle, Liv. II.

CHAPITRE VI.

ON semera les pois à la fin de ce mois-ci ; ils aiment une terre légere & qui ne soit point compacte, un pays chaud & un climat humide. Il suffira d'en semer trois ou quatre *modii* par *jugerum*.

CHAPITRE VII.

ON seme à présent le sesame dans un terrein friable, ou dans des sables gras, ou dans des terres rapportées. Il en faudra semer quatre *sextarii* ou six par *jugerum*. On labourera pour la premiere fois à la fin de ce mois-ci les terres où l'on voudra semer de la luzerne.

CHAPITRE VIII.

C'EST à présent que l'on fait le premier ensemencement de la vesce & du fenu-Grec, quand on les destine à servir de fourage. Sept *modii* de graine tant de vesce que de fenu-Grec seront suffisans pour un *jugerum*. On seme auffi les herbages, que l'on doit couper avant leur maturité, dans un terrein auquel on aura fait produire toutes les années fans fe repofer, & que l'on aura fumé, auquel cas il faudra y femer dix *modii* (1) d'orge *cautherinam* (2) par *jugerum*, & le faire vers l'Equinoxe, afin que ce grain fe trouve fortifié avant l'hiver. Si on veut le faire paître fouvent par les beftiaux, il pourra fuffire à leur pâture jufqu'au mois de Mai, au lieu que fi l'on veut en retirer du grain, il ne faudra le leur laiffer paître que jufqu'aux Calendes (3) de Mars, paffé lequel temps on leur interdira cette pâture.

---

(1) Il eft à remarquer que ce n'eft que lorfqu'on feme cet orge pour être coupé en verd qu'il en faut dix *modii* par *jugerum*, mefure preferite également par Columelle s, & dans le même cas, parce qu'alors il faut le femer plus drû; car fi on le femoit pour le récolter en grain, il deviendroit inutile de le femer fi drû, puifqu'il n'en faudroit au contraire que cinq *modii* par *jugerum*, ainfi que notre Auteur l'a preferit dans le Chap. IV. de ce Livre, qui moyennant cette diftinction n'eft pas contradictoire avec ce paffage-ci.

(2) Voy. la Note 1 du Chap. IV.

(3) Voy. la Note 1 du Chap. XXVIII. de l'Economie rurale de Varron, Liv. I.

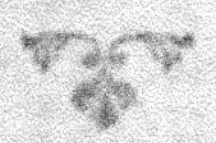

CHAPITRE IX.

ON feme vers les Ides (1) de ce mois - ci des lupins, pour fertilifer les terres maigres, & dès qu'ils font venus on les reverfe en terre, afin qu'étant coupés par le foc de la charrue, ils s'y pourriffent.

CHAPITRE X.

ON peut faire à préfent de nouvelles prairies, fi on le juge à propos. Lorfqu'on aura le choix du terrein, on préférera pour cette deftination un terrein gras, couvert de rofée, plat & légére- ment incliné, ou une vallée dont la pofition foit telle, que l'eau ne foit pas dans le cas d'y tomber par une chûte précipitée, ni d'y féjourner long- temps. On peut encore mettre en prairies un terrein meuble & maigre, pourvû qu'on ait foin de l'arrofer. On arrachera donc en ce temps-ci, pour dégager ce terrein, tout ce qui pourra l'em- barraffer, tant les herbages hauts & forts que les arbriffeaux dont il fera couvert. Enfuite, lorf-

____

(1) Ibid.

qu'il aura été souvent remué & ameubli par des labours multipliés, on en ramassera les pierres, & on en pulvérisera toutes les mottes, après quoi on le fumera avec du fumier récent dans le temps que la Lune croîtra. On s'attachera particuliérement à en écarter les bêtes de somme sur-tout quand il sera humide, de peur qu'en imprimant leurs pas sur le sol, elles ne le rendent inégal en différens endroits. Mais, lorsque de vieux prés seront couverts de mousse, il faudra les gratter & répandre de la graine de foin dans les parties qui en auront été grattées : on y répandra encore souvent de la cendre, qui sera très-bonne pour détruire la mousse. Si une portion de prairies est devenue stérile par moisissure, par négligence ou par vetusté, on la labourera & on l'applanira de nouveau. En général, il faudra labourer souvent les prés qui seront stériles. On pourra aussi semer des raves dans les prairies nouvelles, & quand on les aura recueillies, on achevera les opérations que nous venons de détailler, pour y semer ensuite de la graine de foin en la mêlant toutefois avec de la vesce. Il ne faudra point arroser ces semences avant qu'elles aient consolidé le sol en croissant, de peur que l'eau venant à couler sur une terre peu solide, n'en enleve la superficie.

CHAPITRE

CHAPITRE XI.

IL faut faire la vendange ce mois-ci dans les pays chauds & voisins de la mer, & se préparer à la faire dans les pays froids. Voici la quantité de poix qu'on employera pour l'apprêt des futailles : il en faudra douze livres pour poisser les futailles de deux cent *congii* de contenance, & moins à proportion pour poisser celles d'une plus petite contenance. Au reste on sera assuré qu'il est temps de faire la vendange, lorsqu'en exprimant les pepins renfermés dans les grains de raisin pour les faire sortir, on en trouvera de gris & quelques-uns même de presque noirs, attendu que ces sortes de couleurs sont une suite de la maturité naturelle. Les gens les plus soigneux mêlent une livre d'excellente cire sur dix livres de poix ; ce mélange est bon pour procurer de l'odeur & de la saveur au vin, parce que la douceur de la cire tempère la poix, & l'empêche de s'écailler pendant les froids. Il faut cependant goûter la poix pour s'assurer de sa douceur, parce qu'il arrive souvent que son amertume gâte le vin.

CHAPITRE XII.

ON récolte à présent dans quelques cantons le panis & le millet. On semera dans ce temps-ci les haricots que l'on destine à être mangés. On apprête à présent les perches nécessaires pour la chasse aux hibous, ainsi que les autres ustensiles à l'usage de cette chasse, dont on s'occupe vers les Calendes (1) d'Octobre.

CHAPITRE XIII.

ON seme à présent le pavot dans les pays secs & chauds : on peut aussi le semer avec d'autres herbes potageres. On prétend qu'il vient mieux dans les terreins sur lesquels on a brûlé des baguettes & des sarmens. C'est dans ce temps-ci qu'il y a le plus d'avantage à semer les choux, afin de les transférer en pieds au commencement de Novembre, & de pouvoir les récolter en légumes pendant l'Hiver & en cimes au Printemps. Il faudra labourer au *pastinum* (1) ce mois-ci à trois

---

(1) *Ibid.*
(1) Voy. la Note 5 du Chap. VI, Liv. I.

pieds de profondeur les planches des jardins, que
l'on doit ensemencer pendant le printemps, &
les fumer au déclin de la Lune. On semera le
thym à la fin de ce mois-ci : il viendra mieux
quand il sera planté en pied que lorsqu'il aura
été semé en graine, quoiqu'il puisse aussi venir
de cette derniere façon. Il aime les terreins exposés au Soleil, maigres & voisins de la mer.
On semera l'origan dans ce temps-ci vers l'Equinoxe. Il demande à être fumé & arrosé jusqu'à
ce qu'il ait pris une certaine consistance. Il se
plaît dans les lieux sauvages & au milieu des
rochers. On seme à la même époque le caprier :
il serpente au loin, & son suc nuit aux terres;
c'est pourquoi, pour l'empêcher de s'étendre trop,
on le semera dans un terrein sec & maigre, que
l'on environnera d'un fossé ou d'une muraille
construite avec de la boue : il fait de lui-même
la guerre aux herbes. Il fleurit en Eté & se des-
seche vers le coucher des Pleyades. Il est à propos de semer la nielle à la fin de ce mois-ci. On
semera ce mois-ci le cresson alenois & l'anet dans
les pays tempérés ainsi que dans les pays chauds, les
raiforts dans les pays secs, les panais & le cerfeuil vers les Calendes (1) d'Octobre, les laitues,
la poirée, la coriandre, les raves & les navets
dans les premiers jours du mois.

-----

(1) Voy. la Note 1 du Chap. XXVIII. de l'Economie rurale de Varron, Liv. I.

CHAPITRE XIV.

ON semera au mois de Septembre vers les Calendes (1) d'Octobre, ou au mois de Février les pêches-noix soit en rejettons, soit en noyaux, & l'on aura soin d'élever leur premiere enfance avec attention. On arrachera un rejetton de l'arbre avec ses racines, & on l'enduira de fiente de bouc, puis on l'enterrera en grande partie dans un sol gras & labouré, en le posant sur des coquilles & de l'algue marine. D'autres mettent en Automne, dans une terre grasse & presque passée au crible, les noyaux de ce fruit séchés au Soleil, en les joignant trois par trois, & l'on prétend que les germes de ces noyaux se réunissent entre eux pour ne former qu'un seul arbuste, dont il faut aider la croissance en l'arrosant souvent & en grattant légérement avec la bêche le sol qui le porte, pour lui donner de la vigueur dans le temps de sa jeunesse. On transfere ensuite au bout d'un an ou un peu plus tard la plante qui est résultée de ces semences, moyennant quoi elle donne des fruits plus doux qu'ils n'auroient été sans cette attention. Les rejettons de cet arbre profitent à merveille lorsqu'ils sont

____

(1) *Ibid.*

greffés sur le cognassier à la fin du mois de Janvier ou au mois de Février. On les greffe aussi sur toutes les especes de pommiers, sur les poiriers, sur les pruniers & sur l'épine sauvage : il est mieux de les greffer en fente sur le tronc que sous l'écorce. On couvre l'arbre quand il est ainsi greffé, d'un panier ou d'un vase de terre cuite, que l'on remplit de terre labourée & mêlée de fumier, presque jusqu'à l'extrémité supérieure de la greffe. Les soins que j'ai dit (2) être profitables aux pommiers, le sont aussi aux pêches-noix. On conservera ces fruits en les ensevelissant dans du millet ou en les renfermant dans de petites cruches poissées & bouchées.

CHAPITRE XV.

ON fera aussi ce mois-ci des pavés pour les platte formes ainsi que de la brique de la maniere que j'ai décrite au mois de Mai (1).

(2) Voy. le Chap. XXV. du Liv. III.
(1) Voy. le Chap. XI. du Liv. VI.

CHAPITRE XVI.

COMPOSITION de jus de mûre. On fera bouillir tant soit peu du jus de mûres sauvages. Après quoi on mêlera deux tiers de ce jus avec un tiers de miel, & l'on fera bouillir ce mélange jusqu'à ce qu'il ait acquis l'épaisseur du miel.

CHAPITRE XVII.

QUAND on voudra garder du raisin, on cueillera des grappes bien saines, dont les grains ne soient ni trop fermes pour être verts, ni amollis par une maturité excessive ; il faut au contraire qu'ils brillent à la lumiere & qu'ils résistent au tact avec une certaine flexibilité agréable. S'il se trouve dans ces grappes des grains corrompus ou défectueux, on les coupera : on rejettera aussi ceux dont l'aigreur insurmontable aura bravé les chaleurs caressantes de l'Eté, sans pouvoir jamais s'amollir. Ensuite on coupera la queue de ces grappes, &, après l'avoir trempée dans de la poix bouillante, on les

suspendra dans un endroit sec, frais, obscur &
impénétrable à la lumiere.

CHAPITRE XVIII.

IL faut épamprer sur les côtés, trente jours
avant la vendange, les seps dont le fruit pour-
rira par trop d'humidité, & ne leur laisser que
les feuilles dont ils seront garnis par en haut :
elles serviront à garantir leur cime de la trop
grande ardeur du Soleil.

CHAPITRE XIX.

(1) LEs jours de Septembre & d'Avril se ressemblent entre eux par rapport à l'égalité des
heures.

A la premiere & à la onzieme heure, le Gnomon donne vingt-quatre pieds d'ombre.

A la seconde & à la dixieme, il en donne
quatorze.

A la troisieme & à la neuvieme, il en donne
dix.

____

(1) Voy. la Note 1 du Chap. XXIII. Liv. II.

X iv

A la quatrieme & à la huitieme, il en donne sept.

A la cinquieme & à la septieme, il en donne cinq.

A la sixieme, il en donne quatre.

Fin du dixieme Livre.

L'ÉCONOMIE
RURALE
DE PALLADIUS RUTILIUS
TAURUS ÆMILIANUS.

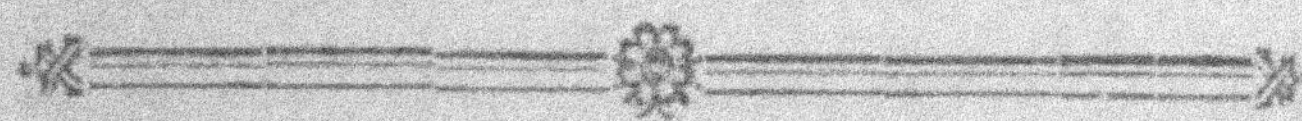

LIVRE ONZIEME.
OCTOBRE.

CHAPITRE PREMIER.

ON semera le bled *adoreum* (1) ainsi que le froment au mois d'Octobre. Le temps préfix pour

***

(1) Voy. la Note 1 du Chap. XXXIV. de l'Economie. rurale de Caton.

femer ces grains eft depuis le dix des Calendes (2) de Novembre jufqu'au fix des Ides (2) de Décembre pour les contrées tempérées. On porte auffi à préfent le fumier dans les champs & on l'y éparpille. On femera encore ce mois-ci l'orge appellé *cantherinum* (3). Il faut le femer dans un terrein maigre & fec, ou dans une terre très - graffe, parce que comme ce grain fait maigrir les guérets, cette vertu malfaifante fera furmontée d'un côté par une terre graffe, & que, d'un autre côté, il ne pourra porter aucun préjudice à une terre que fa maigreur met déja hors d'état de rien rapporter. Il ne faut donc pas le femer dans un terrein qui tienne le milieu entre ces deux qualités. On femera auffi à préfent l'ers, les lupins, les pois & le fefame, comme je l'ai dit (4). Le fefame fe feme ainfi que le haricot jufqu'aux Ides (2) d'Octobre, pourvu que ce foit dans une terre graffe, & qui rapporte toutes les années fans fe repofer : un *jugerum* en demande quatre *modii*.

---

(2) Voy. la Note 1 du Chap. XXVIII. de l'Economie rurale de Varron, Liv. I.

(3) Voy. la Note 13 du Chap. IX. de l'Economie rurale de Columelle, Liv. II.

(4) Voy. les Chap. V. VI. & VII. du Liv. précédent.

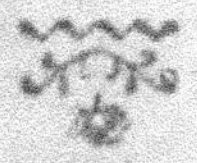

CHAPITRE II.

ON semera la graine de lin ce mois-ci, si on le juge à propos, quoiqu'il vaille mieux n'en semer jamais à cause de sa mauvaise qualité, puisqu'elle épuise la fertilité de la terre. Si on veut néanmoins en avoir, on en semera huit *modii* par *jugerum*, dans un terrein très-gras & médiocrement humide. Il y a des personnes qui en sement une plus grande quantité dans un terrein maigre, & qui parviennent par cette méthode à avoir du lin très-fin.

CHAPITRE III.

C'EST à présent le temps favorable pour faire la vendange. Il faut observer dans le temps de la vendange quels sont les seps les plus féconds, & les marquer de façon à les reconnoître, afin de pouvoir choisir sur ces seps des sarmens propres à être mis en terre. Columelle soutient (1) qu'on

(1) Ce passage ne se trouve point dans l'Economie rurale de Columelle, mais il est tiré du Chap. II. du Livre *de Arboribus*; ce qui prouve que nous avons eu raison d'attribuer ce Livre à Columelle dans notre Préface.

ne peut pas s'assurer de la fécondité d'un sep en une année, mais qu'il en faut quatre pour y parvenir, & que ce n'est qu'après ce nombre d'années écoulées que l'on connoît, à ne s'y point méprendre, la bonté d'un rejetton.

CHAPITRE IV.

IL est très-à-propos de planter des vignes à la fin de ce mois-ci dans les climats où l'air est chaud & sec, ainsi que dans ceux où les campagnes sont grêles & seches, & dans ceux où les côteaux sont escarpés ou maigres : j'ai suffisamment parlé de cette matiere au mois de Février. C'est à présent le meilleur temps pour faire, dans les terreins secs, chauds, maigres, peu fertiles, sablonneux & exposés au Soleil, toutes les opérations que nous avons détaillées précédemment, par rapport aux façons des terres au *pastinum* (1), à la plantation des vignes, à leur taille, à la maniere de les provigner & de les réparer, & à la formation des plans d'arbres mariés aux vignes, afin que les pluies d'hiver rendent ces opérations profitables en dépit de la maigreur de ces sortes de terres, ce qui ne pourra manquer d'arriver,

____

(1) Voy. la Note 5 du Chap. VI. Liv. I.

parce que les plantes y trouveront de l'humidité
quand elles seront altérées, & qu'elles y seront
à l'abri d'être brûlées, ne pouvant être ni sciées
par les glaçons, ni ensevelies sous eux, attendu
qu'on ne connoît pas les gelées violentes dans
ces sortes de lieux.

CHAPITRE V.

IL faut déchausser après les Ides (1) d'Octobre
toutes les jeunes vignes, soit celles qui sont plantées dans des terres façonnées au *pastinum* (2),
soit celles qui le sont dans des fosses ou dans
des tranchées, à l'effet de couper les racines superflues qu'elles auront jettées pendant l'Eté. En
effet, si ces racines venoient à se fortifier, elles
finiroient par faire périr les racines les plus profondes, de sorte que la vigne resteroit comme
suspendue sur la superficie du sol, & se trouveroit exposée par-là au froid comme à la chaleur.
Il ne faut pas cependant couper ces petites racines jusqu'auprès du tronc, de peur qu'il n'en
sorte une plus grande quantité de la plaie, ou
que cette plaie, qui s'attaque au corps même de

(1) Voy. la Note 1 du Chap. XXVIII. de l'Economie rurale de Varron, Liv. I.

(2) Voy. la Note 5 du Chap. VI. Liv. I.

la vigne, ne vienne à être brûlée dans le temps qu'elle est encore récente par la violence du froid qui suivra cette opération. On leur conservera donc en les coupant une longueur de doigt, après quoi on laissera les vignes à découvert, si l'hiver est doux dans le pays, au lieu que, s'il est rude, on aura soin de les recouvrir avant les Ides (1) de Décembre, & même, s'il est excessivement froid, on répandra à l'approche de l'hiver un peu de fiente de pigeon aux pieds des jeunes vignes, ce que Columelle veut (3) que l'on pratique pendant cinq années entieres, pour obvier aux trop grands froids.

CHAPITRE VI.

C'EST à présent le meilleur temps pour provigner les vignes dans les climats dont j'ai parlé (1), parce que toute la seve sera occupée à en fortifier les racines, se trouvant débarrassée du soin de donner des branches à fruit.

---

(3) Voy. le Chap. VIII. du Liv. IV. de l'Economie rurale de Columelle.

(1) Dans le Chap. IV. de ce Livre.

CHAPITRE VII.

IL y a des personnes qui sont dans l'usage de greffer ce mois-ci les vignes ainsi que les arbres dans les pays très-chauds.

CHAPITRE VIII.

ON formera aussi à présent, dans les pays chauds & exposés au Soleil, des plans d'oliviers de la maniere que nous avons donnée dans le mois de Février (1), & en observant l'arrangement que nous avons prescrit. On plantera également dans le même-temps & dans les mêmes pays des pépinieres d'oliviers, & on fera toutes les opérations qui appartiennent à ce genre d'arbre. On confira aussi les olives blanches de la maniere que nous donnerons par la suite (2). Il faut déchausser à présent les oliviers dans les provinces seches & chaudes, afin que leurs pieds puissent être humectés par l'eau qui tombera de leur tête. Columelle ordonne (3) d'arracher tous les rejettons

(1) Dans le Chap. XVIII. du Liv. III.
(2) Dans le Chap. XXII du Liv. suivant.
(3) Voy. le Ch. IX. du Liv. V. de l'Econ. rur. de Colum.

de ces arbres : pour moi, il me semble qu'il faut
toujours en laisser quelques-uns de forts, dont
on puisse faire choix pour remplacer la mere
quand elle sera vieillie, ou que l'on puisse transférer en petits arbustes, lorsqu'après avoir été
bien élevés à l'aide de la terre qu'on aura entassée auprès d'eux, ils auront acquis des racines
particulieres, & qu'on pourra se procurer par leur
secours des plans d'oliviers, sans avoir pris la
peine d'en former des pépinieres. Il faut, si le
cas écheoit, fumer à présent dans les pays très-
froids les oliviers, qui ne doivent cependant
l'être que de trois en trois ans. Six livres de cro-
rin de chevres ou un *modius* de cendre suffiront
pour chaque arbre. On ne cessera cependant pas
de ratisser la mousse de ces arbres; on les taillera
aussi quand ils auront passé l'âge de huit ans,
suivant Columelle (3) : pour moi il me semble
qu'il faut en couper toutes les années les branches
seches, ainsi que celles qui ne produisent rien pour
avoir été trop foibles dans leur principe. Si un
olivier ne rapporte point de fruit, quoiqu'il se
porte bien, on le percera avec une tarriere Gauloise, de façon que le trou que l'on y fera pénetre
jusqu'à la moële, & on y enfoncera avec effort
une bouture informe d'olivier saûvage qui remplisse exactement le trou (4), après quoi on déchaussera l'arbre, & on l'arrosera avec de la lie

---

(4) Voy. la Note 1 du Chap. XV. Liv. II.

d'huile extraite fans fel ou de vieille urine. En effet, tout arbre ftérile devient fécond par cette efpece de coit; mais, indépendamment de cette opération, il faudra greffer l'arbre dans le temps précifément qu'il fera affecté de ce vice. On nettoyera ce mois-ci les foffés & les ruiffeaux.

CHAPITRE IX.

LEs Grecs ordonnent de furvuider dans de nouveaux vafes le mout qui aura commencé à bouillir, lorfque le raifin, dont il aura été exprimé, aura trop fouffert de la pluie. C'eft le moyen que l'eau qui fera reftée dans le vin fe dépofe au fond des premiers vafes par l'effet de fa péfanteur naturelle, & que le vin ainfi furvuidé puiffe fe conferver pur, après avoir été féparé de toute l'eau de pluie dont il étoit mêlangé.

CHAPITRE X.

ON fera à préfent l'huile verte de la maniere qui fuit. On cueillera les olives les plus nouvelles, lorfqu'elles feront tournées, & fi on a mis quelques jours à les cueillir, on les étendra de peur qu'elles ne s'échauffent. On féparera du tas

celles qui pourront se trouver pourries ou desséchées : &, lorsqu'on en aura amassé la quantité
nécessaire pour suffire à un *factum*, on les saupoudrera de sel égrugé ou de sel en grain, ce
qui vaut encore mieux, en mettant trois *modii*
de sel sur dix d'olives, puis on les moudra d'a-
bord, après quoi on les mettra avec leur sel dans
des paniers propres, où on les laissera pendant
toute la nuit dans leur sel, afin qu'elles en con-
tractent le goût, de sorte qu'on ne commencera
à les pressurer que le matin, pour en extraire une
huile dont le goût sera d'autant meilleur qu'elles
auront contracté celui du sel. Il faudra sans contredit laver avant tout à l'eau chaude les canaux
à travers lesquels l'huile coulera, ainsi que tous
les réservoirs dans lesquels elle se rendra, afin
qu'ils ne conservent point l'odeur de relent que
leur aura laissé l'huile de l'année précédente. On
n'approchera pas non plus le feu de l'huile, de
peur que la fumée n'en corrompe le goût. On
cueillera à la fin de ce mois-ci, dans les pays secs
& chauds, des baies de laurier pour en faire de
l'huile.

CHAPITRE XI.

IL faut semer au mois d'Octobre la chicorée
que l'on voudra consommer en hiver. Cette plante

aime l'humidité & les terres meubles. Elle monte très-haut dans les terreins sablonneux, salés & voisins de la mer. On lui préparera des planches applaties, de peur que ses racines ne viennent à se découvrir au cas que la terre s'éboule. Quand elle aura quatre feuilles, on la transférera dans un terrein fumé. On plante à présent les artichauts en pied : on coupe avec un fer l'extrémité de leurs racines en les mettant en terre, & on trempe ces racines dans du fumier ; on en met deux ou trois pieds ensemble dans une fosse d'un pied, en éloignant chaque fosse à trois pieds de distance l'une de l'autre, pour favoriser leur accroissement. On répand souvent sur ces plantes de la cendre & du fumier à l'approche de l'hiver dans les temps secs. On semera la moutarde ce mois-ci. Cette plante se plaît dans une terre qui a été labourée, &, si faire se peut, rapportée, quoiqu'elle vienne également bien par-tout ailleurs. Il faut la sarcler assiduement afin qu'elle soit toujours couverte de poussiere, ce qui contribuera à l'échauffer, quoiqu'elle n'en aime pas moins l'humidité. On laissera dans l'endroit même où on l'aura semée, la moutarde dont on se proposera de cueillir la graine, au lieu qu'on fera renforcer, en la transférant, celle qu'on destinera à être mangée. La vieille graine de moutarde n'est d'aucune utilité, soit qu'il s'agisse de la semer, soit qu'il s'agisse de la consommer. On est sûr qu'elle est nouvelle, lorsqu'étant cassée entre les dents elle

paroît verte à l'intérieur, au lieu que si elle paroît blanche, c'est une preuve qu'elle est vieille.
Il faut semer la mauve ce mois-ci, parce que la
venue de l'hiver l'empêcheroit de prendre de
forts accroissemens. Cette plante se plaît dans les
terreins gras & humides : elle aime le fumier. On
la transfere en pied quand elle commence à avoir
quatre ou cinq feuilles. Le plant en prend mieux
quand il est jeune ; en effet si on la transféroit
quand elle est déja grande, elle languiroit. Elle
a meilleur goût quand elle n'a pas été transplan-
tée. Au reste, pour l'empêcher de monter trop
promptement en tige, on cache au milieu de
cette plante des mottes de terre légeres ou de
petits cailloux. Il faut la semer claire ; elle se
plaît à être sarclée assiduement. Il faut la débarrasser des herbes qui l'environnent, sans communiquer aucun mouvement à ses racines. Elle pom-
mera (1) si on noue ses racines, lorsqu'on la transplantera. On semera aussi à présent l'anet dans
les climats tempérés & chauds. On seme encore
ce mois-ci les ciboules, la menthe, le panais, le
thym & l'origan, de même que la capre au com-

---

(1) Tout ce que prescrit ici Palladius au sujet de la mauve sembleroit appartenir plus directement à la laitue, &
notamment le précepte qu'il donne pour la faire pommer,
puisque nous ne connoissons pas de mauve qui pomme
comme la laitue. Y auroit-il faute dans le texte, & à qui
l'attribuer, à l'Auteur ou aux Editeurs ?

mencement du mois. On semera également la
poirée dans les terreins secs, ainsi que le grand
raifort, ou bien on transférera ce dernier d'un
endroit sauvage (car c'est un véritable raifort sauvage) dans un terrein cultivé, afin qu'il s'y amé-
liore. Il faudra transférer à présent le poireau
qui aura été semé au Printemps, afin que sa tête
grossisse. Il n'est pas douteux qu'il faut sarcler
assiduement les plants de poireaux, & les soulever en les saisissant comme avec des liens, afin
qu'à mesure que leur tête prendra de l'accroissement, elle remplisse le vuide que cette opération
aura laissé sous leurs racines. On semera aussi à
présent le basilic : on prétend qu'il viendra plutôt dans ce temps-ci, quand il aura été trempé
légérement dans du vinaigre, avant d'être semé.

CHAPITRE XII.

QUICONQUE voudra travailler pour les siecles
à venir, s'occupera de la plantation des palmiers,
auquel cas il faudra qu'il mette en terre ce mois-
ci des noyaux nouveaux de dattes qui ne soient
pas anciennes, mais qui soient fraîches & grasses, & qu'il mêle de la cendre avec la terre dans
laquelle il les déposera. Si on veut les planter en
pieds, il faudra le faire au mois d'Avril ou de
Mai. Cet arbre se plaît dans les terreins expo-

fés au Soleil & à la chaleur. Il faut l'entretenir d'eau pour le faire croître. Il demande une terre meuble ou du fable, quoiqu'il veuille auffi avoir, foit autour de lui foit fous lui, de la terre graffe au moment qu'on le plante en pied. On le tranf- fere au bout d'un an ou deux au mois de Juin ou au commencement de Juillet. On le bêchera affiduement au pied, pour faciliter les fréquens arrofemens qu'il faudra lui donner, & qui lui feront braver les chaleurs de l'Eté. Les eaux fa- lées lui feront affez de bien, c'eft pourquoi, il faudra en impregner de fel à cet effet, quand on n'en aura pas qui foient naturellement falées. Si cet arbre vient à fe mal porter, on le déchauffe- ra & on l'arrofera avec de la lie de vin vieux, ou bien on coupera les chevelures fuperflues de fes racines, ou enfin on enfoncera un coin de bois de faule entre fes racines (1) qu'on mettra à jour à cet effet. Au furplus, il eft conftant que tout endroit où il croît naturellement des palmiers n'eft bon pour prefque aucune forte de fruits. On plante les piftaches en Automne au mois d'Octobre, foit en rejettons, foit en amandes, quoiqu'il foit encore mieux de mettre en terre les piftaches elles-mêmes, tant le mâle que la femelle, en les accouplant enfemble. On appelle piftache mâle celle dont l'écorce renferme des

____

(1) Voy. la Note 1 du Chap. XV. Liv. II.

noyaux qui reſſemblent à des teſticules allongés.
Quand on voudra apporter plus d'attention à la
culture du piſtachier, on apprêtera de petits verres percés, qu'on remplira de terre fumée, & dans
leſquels on mettra trois piſtaches enſemble, afin
que toutes les trois donnent à la fois un germe,
moyennant quoi, lorſque la plante qui réſultera
de ces germes, aura pris des forces, il ſera plus
facile de la transférer, ce qu'il faudra faire au
mois de Février. Le piſtachier aime les terreins
chauds, pourvû qu'ils ſoient humectés : les arroſemens & le Soleil lui font également plai-
ſir. On le greffe ſur le térébinthe au mois de
Février ou de Mars, quoique d'autres Auteurs
aſſurent qu'on peut le greffer ſur l'amandier. Le
ceriſier aime les climats froids, ainſi que ceux que
leur poſition rend humides. Il eſt de petite venue dans les contrées tempérées. Il ne peut pas
tolérer le chaud. Il ſe plaît dans les contrées mon-
tagneuſes ou ſur les collines. Il faudra transférer
au mois d'Octobre ou de Novembre des pieds de
ceriſiers ſauvages, que l'on greffera au commencement de Janvier, quand ils auront pris en terre. On peut auſſi former des pépinieres de ceriſiers, en mettant en terre dans les mêmes mois
des ceriſes qui y viendront très-aiſément. L'expérience m'a fait découvrir la facilité que cet arbre a à venir, puiſque je puis certifier que j'ai vû
monter en arbres des baguettes de ceriſiers que
j'avois enfoncées en terre dans des vignobles pour

y servir de soutiens aux ceps. On peut encore semer les cerises au mois de Janvier. Il sera mieux
de greffer le cerisier au mois de Novembre, ou,
s'il est nécessaire, à la fin de Janvier. Il y a même
des Auteurs qui ont dit qu'il falloit le greffer en
Octobre. Martialis (1) ordonne de les greffer en
fente dans le tronc de l'arbre, mais je me suis
toujours bien trouvé de les avoir greffés entre
l'écorce & le bois. Ceux qui les grefferont en
fente dans le tronc de l'arbre, comme le veut
Martialis (1), auront soin d'ôter tout le duvet
dont il sera environné, parce que cet auteur prouve que ce duvet nuiroit aux greffes si on le laissoit. Il faut observer, à l'égard des cerisiers & de
tous les autres arbres qui portent de la gomme,
de ne les greffer que dans le tems où ils n'ont
point encore de gomme, ou quand elle a cessé
de couler. On greffe le cerisier sur lui - même,
sur le prunier, sur le platane, &, selon quelques
Auteurs, sur le peuplier. Il aime des fosses profondes, des espacemens larges, des fouilles fréquentes. Il faudra en retrancher les branches
pourries & seches, ou celles qui seront trop serrées les unes auprès des autres, afin de les éclaircir. Il n'aime pas le fumier qui le fait effectivement dégénérer. Voici la maniere dont Martialis (1) dit qu'il faut s'y prendre pour faire venir
des cerises sans noyaux On coupera un jeune

---

(1) Voy. la Note 2 du Chap. XV. Liv. II.

arbre à deux pieds de terre, & on le fendra jufqu'à la racine, enfuite on aura foin de ratiffer
avec un fer la moële des deux éclats de bois, &
auffitôt après on les refferra l'un auprès de l'autre avec des liens, enfin on enduira de fumier
tant la partie fupérieure de l'arbre que les joints
qui feront fur les côtés. Au bout d'un an que la
cicatrice fera confolidée, on greffera cet arbre
avec des rejettons qui n'aient pas encore rapporté de fruits, & il en viendra, fi l'on en croit cet
Auteur, des cerifes qui n'auront point de noyaux.
Si un cerifier vient à pourrir à caufe de l'humidité qu'il renfermera dans fon tronc, on y fera
un trou par lequel elle puiffe s'écouler. S'il eft
molefté par les fourmis, il faudra verfer deffus
du jus de pourpier coupé avec moitié vinaigre,
ou en frotter le tronc avec de la lie de vin dans
le temps qu'il fera en fleurs. S'il fe trouve acca-
blé par la chaleur de la canicule, on fera verfer
fur fes racines après le coucher du Soleil trois
fextarii d'eau, dont chacun fera puifé dans une
fontaine différente, en évitant de lui adminif-
trer ce remede quand la Lune paroîtra, ou
bien on entortillera fon tronc avec de la juf-
quiame tordue en forme de couronne, ou enfin on étendra à fon pied un lit de la même
herbe. Il n'y a pas d'autre façon de conferver les
cerifes, que de les faire fécher au Soleil jufqu'à
ce qu'elles foient ridées. Il y a des perfonnes qui
plantent au mois d'Octobre les pommiers dans

les contrées chaudes & seches, qui mettent en
terre dans des pépinieres vers les Calendes (3)
de Novembre les coins, ainsi que les cormes ou
les amandes, & qui y sement de la graine de pin.
Il faut confire les fruits ce mois-ci & les conserver à mesure qu'ils mûriront, de la maniere que
l'on trouvera expliquée sous les titres qui concernent chacun d'eux.

CHAPITRE XIII.

ON châtrera aussi les ruches ce mois-ci de la
façon que nous avons donnée (1). Il faut cependant faire attention à la quantité de miel qui
s'y trouvera, afin de n'en pas laisser dans le cas
où il y en aura abondamment, d'en laisser la moitié pour subvenir à la disette de l'hiver dans le
cas où il n'y en aura qu'une quantité médiocre,
& de n'en point ôter du tout dans le cas où les
alvéoles paroîtront en manquer absolument. Au
surplus nous avons déja donné plus haut (1) la
façon de faire le miel ainsi que celle de faire
la cire.

(3) Voy. la Note 1 du Chap. XXVIII. de l'Economie rurale de Varron, Liv. I.
(1) Voy. le Chap. VII. du Liv. VII.

CHAPITRE XIV.

Pour ne rien omettre de ce que j'ai trouvé dans les livres que j'ai lus, je vais faire connoître les pratiques controuvées par les Grecs par rapport à la façon de frelatter le vin. Voici les distinctions qu'ils établissent entre les différentes especes de vins, & les divers effets qu'ils prétendent en résulter. Ils soutiennent qu'un vin doux est lourd; qu'un vin blanc & tant soit peu salé est bon pour la vessie ; qu'un vin qui flatte par sa couleur de saffran est digestif; qu'un vin blanc & astringent est propre aux estomacs relâchés ; que le vin d'outremer rend pâle & diminue la masse du sang : que le raisin noir donne du vin fort, que le raisin rouge en donne d'agréable au goût, & que le raisin blanc en donne communément de médiocre. Il y a des peuples Grecs qui, pour frelatter le vin, y ajoutent du mout cuit jusqu'à diminution de moitié ou des deux tiers. D'autres (1) ordonnent de puiser un an d'avance, dans un endroit où la mer soit pure & calme, de l'eau propre, pour la mettre en réserve, & ils prétendent que la nature de cette

____

(1) Tels étoient les habitans de l'Isle de Coos. Voy. Pline 14, 8, & Caton Chap. CV. de son Econ. rur.

eau est telle, que ce temps suffit pour lui faire perdre son goût salé ou son amertume & son odeur, de façon qu'elle s'adoucit en vieillissant. En conséquence ils en mêlent une quatre-vingtieme partie avec le mout, en y joignant une cinquantieme partie de gyp, après quoi ils remuent fortement ce mélange au bout de trois jours, & garantissent que cette opération fait gagner au vin non-seulement de l'âge, mais encore une couleur brillante. Au surplus, il faut remuer le vin & le soigner tous les neuf jours, ou pour le plus tard tous les onze jours, parce qu'en y regardant souvent on sera en état de juger s'il faut le vendre ou le garder. Il y en a qui jettent dans une futaille trois *unciæ* de resine seche broyée, & qui la remuent ensuite avec soin; ceux ci veulent persuader qu'on peut donner aux vins une vertu diurétique en suivant cette méthode. Voici la maniere dont ils ont ordonné de soigner le mout quand les pluies fréquentes l'ont trop délayé, défaut dont on pourra s'assurer en le goûtant. Ils ordonnent de le faire cuire en entier, jusqu'à ce qu'il y en ait une vingtieme partie de consommée : ils prétendent même qu'il sera encore mieux d'y ajouter une centieme partie de gyp. Mais les Lacédémoniens le font cuire jusqu'à diminution d'un cinquieme, & ne le boivent que lorsqu'il est à sa quatrieme feuille. Pour rendre agréable au goût un vin dur, ils prescrivent de mettre dans un petit vase de vin deux *cyathi* de fleur de farine d'orge paitrie avec du vin, & de l'y laisser l'espace d'une heure. Il y a des personnes qui y mêlent de la lie de vin doux. D'autres y ajoutent un peu de réglisse seche, & ne boivent le vin qu'après l'y avoir fait incorporer en remuant longtemps les vases. Ils disent aussi que, lorsqu'on jette dans un tonneau des baies seches de myrthe sauvage cueillies sur des montagnes, après les avoir pilées, le vin contracte une excellente odeur en peu de jours, pour peu qu'on le laisse reposer pendant dix jours, & qu'on le passe avant de le boire. On amassera aussi des fleurs de vignes mariées à des arbres, que l'on fera sécher à l'ombre, & après les avoir bien pilées & criblées on les conservera dans un vase propre, pour en mettre, quand on le jugera à propos, la valeur de la mesure appellée par les Syriens *chænica* (1) sur trois tonneaux de vin : on bouchera

---

(1) Palladius semble prétendre que ce mot est Syrien, quoiqu'il soit purement Grec. La χοῖνιξ étoit en effet chez les Grecs une mesure tant pour les solides que pour les liquides, qui équivaloit, suivant le sentiment de la plupart des Auteurs, à la huitieme partie du *modius* & au double du *sextarius*. C'est ce qui fait qu'on donnoit le nom de *chænica* à la portion de nourriture que chaque esclave recevoit par jour chez les Romains, parce que cette portion étoit de quatre *modii* par mois, ce qui revenoit à peu près à un huitieme de *modius*. Il paroît cependant qu'il y avoit des *chænica* de différente contenance, puisqu'il se trouve d'anciens Auteurs qui prétendent que cette mesure contenoit trois *coryle*,

enfuite ces tonneaux, & on ne les ouvrira que
le fixieme ou le feptieme jour d'après pour fon
ufage. On prétend que l'on peut rendre du vin
agréable à boire, en plongeant dans ce vin une
quantité fuffifante de fenouil ou de farriette,
& en l'agitant, ou en mettant dans un vafe deux
amandes de pignons grillées & enveloppées dans
un linge, pourvu que l'on bouche enfuite le vafe,
& que l'on ne boive ce vin qu'au bout de cinq
jours. On prétend encore que l'on peut donner à
du vin nouveau la qualité des vins vieux, en
concaffant & en broyant enfemble telle quantité
que l'on jugera fuffifante d'amandes ameres,
d'abfynthe, de gomme de prunelier portant fruit
& de fenu-Grec, pour en mettre dans ce vin la
valeur d'un *cyathus* par amphore, & que c'eft le
moyen d'en faire de grand vin. Mais fi l'on craint
que ce vin n'ait quelque vice, on mêlera du miel
dans cette compofition avec de l'aloës, de la myrrhe & de la lie d'huile de faffran, le tout broyé
par parties égales & réduit en poudre, pour en
mettre la valeur d'un *cyathus* par amphore de vin
que l'on voudra frelatter. Quand on veut de même que du vin de l'année paroiffe vieux, on
broye & l'on crible une *uncia* de mélilot, trois
tant de régliffe que de nard Celtique, & deux
d'aloës hepatica, & l'on met fix *cochlearia* de cette

équivalentes à un *fextarius* & demi, & d'autres qui veulent
qu'elle contint jufqu'à quatre *fextarii*.

compofition fur cinquante *fextarii* de vin renfermé dans un vafe que l'on expofe à la fumée. On affure qu'on peut faire changer du vin rouge de couleur en jettant dans ce vin de la farine de fèves, ou en verfant dans une *lagæna* pleine de vin rouge trois blancs d'œufs & en le remuant long-temps, & que par ce moyen ce vin fe trouvera blanc le lendemain. Si on jetroit dans ce vin de la farine de pois d'Afrique, il pourroit changer de couleur dans le jour même. On dit auffi que telle eft la nature des vignes, que fi l'on réduit en cendres des feps qui produifent du raifin blanc ou de ceux qui en produifent de rouge, & qu'on mette cette cendre dans le vin, il prendra la couleur du raifin de la vigne qui aura donné cette cendre, de façon qu'il deviendra rouge avec la cendre de la vigne qui porte du raifin rouge, & blanc avec celle de la vigne qui en porte de blanc, pourvu qu'on ait l'attention de mettre fur une futaille de dix amphores de contenance, la valeur d'un *modius* de cendre de farment brûlé, & qu'après avoir laiffé cette cendre pendant trois jours dans le vin on le tienne couvert & bouché : en effet on le trouvera au bout de quarante jours blanc ou rouge, felon la couleur qu'on aura jugé à propos de lui donner. On affure encore que l'on peut donner de la force à du vin foible en fuivant la méthode que voici : on y mettra foit des feuilles, foit des racines ou de jeunes tiges d'*althæa*, c'eft-à-dire, de guimauve ordinaire, après les avoir fait bouillir ; on y pourra encore mettre du gyp, ou deux *cotulæ* de pois chiches, ou trois noix de cyprès, ou une poignée de feuilles de buis, ou de la graine d'ache de marais, ou de la cendre de sarmens que l'on aura brûlés à la plus légere flamme, après les avoir dépouillés de leurs parties ligneuses, pour ne leur laisser que les parties les moins solides. On assure aussi qu'un vin amer deviendra clair & excellent en un jour, lorsqu'on aura broyé ensemble dans une petite quantité de vin dix grains de poivre & vingt pistaches, pour les mettre dans six *sextarii* de ce vin. En effet, si après avoir remué long-temps ce mêlange, on le laisse reposer, & qu'on passe ensuite le vin, on pourra le boire sur le champ. Il en est de même de ce qu'on dit que lorsqu'il y a de la lie dans du vin, on ne tardera pas à l'éclaircir, pour peu que l'on mette sept pignons sur un *sextarius* de vin, & qu'on le remue long-temps : en effet, dès qu'on l'aura laissé reposer quelque temps, il deviendra clair & sera potable après avoir été passé. On dit encore (& l'on prétend même que c'est un secret qui a été montré aux habitans de la Crete par l'oracle d'Apollon (3),

---

(3) C'est le Dieu dont nous avons déja parlé sous le nom de Phœbus (Voy. la Note 23 du Liv. X. de l'Economie rurale de Columelle). On regardoit ce Dieu, qui étoit fils de Jupiter & de Latone, comme l'Auteur de la Poésie & des Beaux-Arts, & l'inventeur de la Médecine & de la Science de la Divination.

Pythien

Pythien (4)), que le vin deviendra blanc & qu'il contractera un goût de vin vieux, si l'on y jette les drogues suivantes, après les avoir broyées ensemble & les avoir réduites en poudre très-fine, en les secouant à l'aide d'un crible : ces drogues sont quatre *unciæ* tant de jonc odorant que d'aloës hepatica ; une tant d'excellent mastic que de casse & de poivre ; une *semuncia* de spica nard & une *uncia* tant d'excellente myrrhe que d'encens mâle qui ne soit pas rance : ces drogues mises dans le mout, on le fera bouillir, & après qu'il aura bouilli, on l'écumera & l'on jettera de côté tous les pepins de raisin qu'il aura renvoyés à sa superficie en bouillonnant. Ensuite on mettra sur dix amphores de vin trois *sextarii* Italiques (5) de gyp broyé & criblé, après avoir cependant transvasé la quatrieme partie du vin que l'on voudra frelatter, de façon que l'on n'ajoutera ce gyp que dans le vin qui restera, après quoi on agitera fortement la futaille, pendant deux jours, avec un roseau verd & garni de ses racines. Le troisieme jour on fera couler bien doucement dans dix amphores de vin la valeur de quatre *cochlearia* de la

---

(4) C'étoit un des surnoms d'Apollon qui lui avoit été donné, parce qu'il avoit tué à coups de fleches, dans son enfance, le serpent Python.

(5) Les mesures de l'Italie, comme nous avons déja eu occasion de le remarquer, n'étoient pas de la même contenance que celles de Rome, quoiqu'elles portassent le même nom.

Tome V. Z

poudre dont nous venons de parler, & l'on remettra par-dessus la quatrieme partie de ce vin, qui avoit été transvasée, comme nous l'avons dit ci-dessus, pour remplir la futaille que l'on aura soin de remuer encore longtemps, afin que toute la masse du mout soit impregnée de la vertu de ces drogues. Ensuite on couvrira la futaille & on la bouchera, en y laissant néanmoins une petite ouverture qui servira à donner de l'air au vin pendant qu'il bouillira. Enfin, au bout de quarante jours, on bouchera cette ouverture, après quoi on pourra goûter ce vin quand on le jugera à propos. Une chose qu'il ne faut pas perdre de vue, c'est d'avoir l'attention que toutes les fois que le vin aura besoin d'être remué, il le soit par un enfant impubere ou par une personne assez chaste. Il ne faudra pas non plus couvrir l'enduit avec lequel on aura bouché une futaille avec du gyp, mais avec de la cendre de sarmens. On donne encore une méthode pour faire du vin, qui préservera des maladies contagieuses, & qui sera bon pour l'estomac : cette méthode consiste à mettre dans une *metreta* d'excellent mout, avant qu'il bouille, huit *unciæ* d'absynthe broyée que l'on enveloppe dans un linge; on fait ensuite retirer cette absynthe du vin au bout de quarante jours, & on le transvase dans de petites *lagænæ* pour le boire. Ceux qui sont dans l'usage de frelatter le vin avec du gyp, le font à présent, lorsque le mout écume & qu'il a jetté son premier bouillon. Au reste, quand le vin est naturellement trop doux, & que son goût tient de celui de l'eau, il suffit d'y mettre deux *sextarii* de gyp sur cent *congii* de vin. Mais, quand il est naturellement plus ferme, on peut se contenter de la moitié de cette dose pour pareille mesure de vin.

CHAPITRE XV.

ON fera à présent du vin rosat sans roses de la maniere suivante. On descend dans un vase de mout, avant qu'il commence à bouillir, des feuilles de citronier vertes enfermées dans un panier de palmier, puis on bouche le vase, &, après y avoir ajouté du miel au bout de quarante jours, on s'en sert en guise de vin rosat, quand on le juge à propos.

CHAPITRE XVI.

ON fait ce mois-ci des vins avec tous les fruits dont nous avons parlé en leur lieu.

Z ij

CHAPITRE XVII.

COMPOSITION du vin miellé. On prend la quantité que l'on juge à propos de mout qui ait été exprimé d'un raisin produit par d e grandes & belles vignes, vingt jours après qu'il aura été tiré de la cuve, & l'on y mêle un cinquieme de miel excellent & non écumé, après l'avoir fortement broyé jusqu'à ce qu'il soit blanchi, puis on l'agite fortement avec un roseau garni de ses racines. Au surplus, on l'agitera de la maniere que nous prescrivons pendant quarante jours de suite, ou, ce qui vaut encore mieux, pendant cinquante jours; de façon que, dans le temps qu'on l'agite, il soit couvert d'un linge propre, à travers lequel il puisse prendre l'air quand il viendra à bouillir. Au bout des cinquante jours on enlevera avec la main, après l'avoir lavée, toutes les immondices qui nâgeront sur ce vin, puis on le mettra dans un vase que l'on bouchera bien avec du gyp, & il se conservera très-vieux. Il sera cependant mieux de le survuider au Printemps suivant dans de plus petits vases poissés, que l'on couvrira après les avoir bien bouchés avec du gyp, afin de les serrer soit dans un caveau sous terre qui soit frais, soit dans du sable de riviere, ou de les enfoncer en partie sous terre au fond d'une riviere. Ce vin ne se gâtera jamais, à telle vieillesse qu'il parvienne, pourvu qu'il ait été fait avec soin.

CHAPITRE XVIII.

ON fera à présent le *defrutum* (1), le *carœnum* (1) & la *sapa* (1). Comme ces vins se font également tous avec du mout, ce n'est que la maniere différente de les faire qui les fait changer de vertus ainsi que de noms. Par conséquent le *defrutum* (1), qui tire son nom du mot *deferve-re* (2), est censé fait, lorsque le mout a été fortement écumé jusqu'à ce qu'il soit épaissi, le *carœnum* (1), lorsqu'il est réduit aux deux tiers, & la *sapa* (1), lorsqu'elle est réduite à un tiers. Ce dernier vin cuit sera cependant meilleur quand on l'aura fait cuire avec des coings, & qu'on allumera le feu sur lequel il cuira avec du bois de figuier.

CHAPITRE XIX.

ON fera à présent, avant la vendange, le vin de raisin séché au Soleil, que l'Afrique entiere

---

(1) Ce sont tous vins cuits, les uns d'une façon, les autres d'une autre. Voy. la Note 8 du Chap. VII. de l'Economie rurale de Caton, & les Chapitres XX & XXI de celle de Columelle.

(2) Qui veut dire, *bouillir*.

est dans l'usage de faire gras & agréable, & qui préserve des vents, lorsqu'on s'en sert, en guise de miel, pour faire du vin épicé. On cueillera donc une très-grande quatité de grappes de raisin que l'on fera sécher au Soleil, & après les avoir renfermées dans de petits paniers de jonc, dont le tissu soit tant soit peu clair, on commencera par les fouetter vigoureusement avec des verges. Ensuite, lorsque la masse entiere des grappes aura été divisée par la violence des coups qu'on lui aura portés, on mettra le panier sous le pressoir, & on pressurera ce raisin, de sorte que tout ce qu'il rendra de vin sera du vin de raisin séché au Soleil, que l'on renfermera dans un petit vase pour le conserver comme du miel.

CHAPITRE XX.

MANIERE de faire le cotignac. Après avoir pelé des coings mûrs, on les coupe en petits morceaux très-minces, en jettant de côté les parties dures qui se trouvent dans l'intérieur de ce fruit : ensuite on les fait bouillir dans du miel, jusqu'à ce que cette composition soit réduite à moitié, en les saupoudrant de poivre fin, pendant qu'ils cuisent. Autre maniere : on mêle ensemble deux *sextarii* de jus de coings, un & demi de vinaigre & deux de miel, puis on fait bouillir tout ce mélange jusqu'à ce qu'il devienne aussi gras que du miel pur, après quoi on y fait mêler deux *unciæ* de poivre broyé & de gingembre.

CHAPITRE XXI.

MANIERE de conserver du levain pour faire des gâteaux au vin doux. On fait une pâte avec du froment nouveau bien épluché, que l'on fait arroser avec du mout de premiere serre, en mettant une *lagœna* de mout sur un *modius* de farine : ensuite on fait sécher cette pâte au Soleil, après quoi on l'arrose encore de la même façon, & on la fait sécher de même. Quand on a répété cette opération jusqu'à trois fois, on fait avec cette pâte de très-petits pains semblables à des gâteaux au vin doux, &, après les avoir fait sécher au Soleil, on les serre dans des vases de terre cuite propres que l'on enduit de plâtre. On s'en sert au lieu de levain dans la saison où l'on veut faire des gâteaux au vin doux.

CHAPITRE XXII.

MANIERE de faire du raisin sec à la façon des Grecs. On tordra sur le sep même les grappes du raisin qui paroîtra le meilleur, le plus doux & le plus transparent, & on les y laissera sécher d'elles-même ; enfuite , lorfqu'on les aura cueillies ; on les fufpendra à l'ombre ; puis on les attachera plufieurs enfemble pour les mettre dans des va-fes , où on les pofera fur des pampres frais & fecs , & où on les foulera avec la main : quand les vafes feront pleins , on recouvrira encore le raifin de pampres qui ne foient pas moins frais que les premiers , puis on couvrira ces vafes , & on les mettra dans un lieu frais & fec , que la fumée n'infecte point de fon odeur.

CHAPITRE XXIII.

(1) LE mois d'Octobre reffemble à celui de Mars par la longueur des Ombres.

A la premiere & à la onzieme heure , le Gno-mon donne vingt-cinq pieds d'ombre.

A la feconde & à la dixieme , il en donne quinze.

A la troifieme & à la neuvieme , il en donne douze.

A la quatrieme & à la huitieme, il en donne huit.

A la cinquieme & à la feptieme , il en donne fix.

A la fixieme , il en donne cinq.

(1) Voy. la Note 1 du Ch. XXIII. Liv. II.

Fin du onzieme Livre.

L'ÉCONOMIE
RURALE
DE PALLADIUS RUTILIUS
TAURUS ÆMILIANUS.

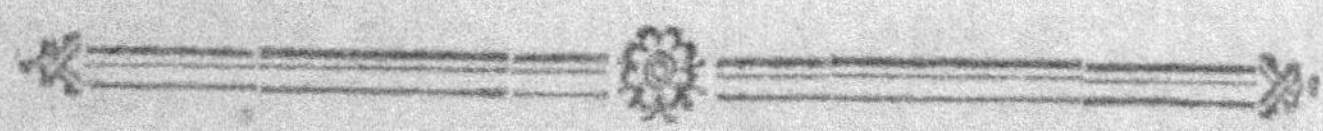

LIVRE DOUZIEME.
NOVEMBRE.

CHAPITRE PREMIER.

ON seme au mois de Novembre le froment &
le bled : c'est même le véritable temps des semailles & l'ensemencement le plus solemnel. Il faut
cinq *modii*, tant de l'un que de l'autre grain, pour
ensemencer un *jugerum*. Il sera également temps
à présent de semer l'orge. On seme les fèves au

commencement de ce mois - ci : elles demandent un terrein qui foit très-gras ou fumé , ou une vallée qui foit fertilifée par le fuc qui y tombera des hauteurs voifines. On commence par les jetter fur terre, enfuite on donne un premier labour à la terre, après quoi on la pare en fillons. Il faut les herfer fans ménagement, afin qu'elles puiffent être convertes de terre le plus que faire fe pourra. Il y a des perfonnes qui prétendent que lorfqu'on feme des fèves dans les terreins froids, il ne faut pas en brifer les mottes de terre, afin que les germes de ces femences , puiffent être protégées contre le froid, en fe tenant à l'abri fous ces mottes pendant les gelées. Si les femailles de cette nature de grains font peu de tort à la terre, au moins ne la fertilifent - elles point, comme le veut l'opinion commune. Auffi Columelle (1) prétend-t-il qu'une terre qui fera reftée en jachere l'année précédente, fera plus convenable au bled que celle dont on aura récolté une moiffon de fèves. Il faut fix *modii* de fèves par *jugerum* quand la terre eft graffe , & une plus grande quantité quand elle eft médiocre. Elles réuffiffent très-bien dans un terrein compact. Elles ne tolerent pas les terreins maigres & nébuleux. Il faut fur-tout avoir foin de les femer au quinzieme jour de la Lune , pourvu que cette planette ne foit pas encore frappée des rayons du

---

(1) Voy. le Ch. X. du Liv. II. de l'Econ. rur. de Colum.

Soleil (1). C'est pour cela que quelques personnes prétendent qu'il vaut mieux choisir à cet effet le quatorzieme jour de la Lune. Les Grecs assurent qu'il ne croîtra point d'herbes nuisibles aux fèves, lorsque celles-ci auront été trempées dans du sang de chapon avant d'être semées ; qu'elles pousseront plutôt quand on les aura fait macérer dans l'eau un jour avant de les semer ; & qu'enfin, si on les arrose d'eau nitrée, elles cuiront aisément. On fait à présent les premiers ensemencemens de lentilles de la maniere qui a été donnée au mois de Février (3). On pourra aussi semer de la graine de lin dans tout le courant de celui-ci.

CHAPITRE II.

C'Est sur-tout au commencement de ce mois-ci que l'on peut former de nouveaux prés de la façon qui a déja été expliquée (1). Il faudra aussi planter des vignes pendant tout ce mois-ci dans les terreins chauds & secs ou exposés au Soleil.

---

(2) Cette périphrase désigne le temps où la Lune est pleine, parce que, lorsque la Lune est pleine, on la voit encore sur l'horison dans le temps que le Soleil se leve ; elle est par conséquent frappée alors de ses rayons.

(3) Voy. le Chap. IV. du Liv. III.

(1) Voy. le Chap. X. du Liv. X.

Il fera encore à propos de les provigner à préfent, comme de bêcher la terre au pied des jeunes feps, & de les recouvrir de terre ainfi que les plans d'arbres dans les pays froids, tant à préfent qu'avant les Ides (2). On févrera à préfent les marcottes des feps, c'eft-à-dire, la partie arquée des provins, ce qu'on ne doit faire que trois ans après qu'ils auront été couchés en terre.

CHAPITRE III.

C'Est à préfent & dans les temps poftérieurs à celui-ci qu'on déchauffera, pour les raffafier de fumier, les vieilles vignes attachées à des jougs, ou foutenues fur des treilles, quand leur tronc fera robufte & fain ; qu'on les taillera de près en les rognant avec le tranchant d'un fer aigu à la diftance de trois ou quatre pieds de terre, dans la partie où leur écorce fera la plus verte, en les excitant à venir par des fouilles fréquentes, parce qu'il fortira d'ordinaire un germe de cette plaie, ainfi que l'affure Columelle (1), & qu'à l'approche du Printemps elles jetteront du bois qui pourra fervir à réparer les vieux feps.

(2) Voy. la Note 1 du Chap. XXVIII. de l'Economie rurale de Varron, Liv. I.

(1) Voy. le Chap. XXII. de l'Economie rurale de Columelle, Liv. IV.

CHAPITRE IV.

ON fait à présent la taille d'Automne tant des vignes que des arbres, sur-tout dans les provinces où la douceur de la température de l'air invite à le faire. On taille aussi les plans d'oliviers & on récolte les olives dont on doit faire la premiere huile, lorsqu'elles commencent à tourner. En effet, quand elles sont absolument noires, elles perdent du côté de la qualité, quoique l'abondance de l'huile qu'elles rendent dédommage de cette perte. La taille des oliviers ainsi que celle des autres arbres sera fructueuse, pourvu que la méthode du pays n'y soit pas contraire, lorsqu'on en coupera les cimes, & qu'on leur fera jetter des rameaux qui s'étendront sur les côtés de l'arbre, lesquels côtés seront eux-mêmes inclinés vers la terre (1). Si l'on habite au contraire un pays qui ne soit ni fréquenté, ni cultivé, il faudra d'abord faire ensorte que le tronc de l'arbre soit entièrement dépouillé de ses

---

(1) Notre Auteur veut par conséquent que les arbres donnent plutôt sur la largeur que sur la hauteur, afin que leurs fruits présentent un coup-d'œil plus agréable, & qu'ils soient plus aisés à cueillir, avantages qu'ont aussi introduits chez nous la mode des arbres nains.

branches par en bas, & qu'il s'éleve plus haut que la stature des animaux, de façon que ceux-ci ne puissent point lui nuire, & qu'on n'ait à soigner que des arbres qui soient déja à l'abri de toute injure par leur seule élévation.

CHAPITRE V.

ON forme aussi à présent des plans d'oliviers dans les terreins chauds & dans les contrées sechés, de la maniere qui a été détaillée au mois de Février (1). Ces arbres aiment à être plantés dans les lieux élevés, pour être à l'abri de l'humidité, de même qu'ils se plaisent à être ratissés assiduement, à être engraissés avec un fumier abondant & à être doucement agités par des vents qui les fertilisent. On appliquera aussi ce mois-ci aux oliviers stériles les remedes que nous avons prescrits ci-dessus (2). Rien n'empêche de faire à présent des paniers, des pieus & des échalas. C'est aussi maintenant le temps propre à faire l'huile de laurier dans les climats tempérés.

____

(1) Voy. le Chap. XVIII. du Liv. III.
(2) Voy. le Chap. VIII. du Liv. IV.

CHAPITRE VI.

IL est à propos de semer l'ail ce mois-ci ainsi que l'oignon de Cypre, principalement dans des terres blanches, bêchées & labourées, pourvu qu'elles ne soient pas fumées. On tracera donc sur des planches des sillons, dans la partie la plus élevée desquels on mettra ces semences, en les séparant de quatre doigts l'une de l'autre, & sans les enfoncer trop en terre. On les sarclera souvent, afin qu'elles croissent davantage. Si on veut que l'ail donne une forte tête, on le foulera aux pieds quand sa tige commencera à monter, & dès-lors la seve rebroussera chemin pour regagner les gousses de cette plante. On prétend que l'ail sera sans mauvaise odeur quand on l'aura semé dans le temps que la Lune sera cachée sous terre, pourvu qu'on le cueille dans le même temps. On le conservera soit en l'ensevelissant dans de la paille, soit en le suspendant à la fumée. On peut aussi semer à présent la ciboule, de même qu'on peut planter des pieds d'artichauts, & semer le grand raifort & l'origan.

CHAPITRE VII.

ON choisira ce mois-ci dans les pays chauds, & le mois de Janvier dans les autres, pour mettre en terre des noyaux de pêches dans des planches façonnées au *paſtinum* (1), en les éloignant de deux pieds l'un de l'autre, afin que, lorsque les plantes qu'ils donneront auront pris quelque croiſſance, elles puiſſent être transférées. Mais on aura soin d'en tourner la pointe par en bas, lorsqu'on les mettra en terre, & de ne pas les y enfoncer à plus de deux ou trois doigts de profondeur. Il y a des perſonnes qui commencent par faire sécher les noyaux quelques jours avant de les mettre en terre, après quoi elles les gardent dans des paniers qu'elles rempliſſent d'une terre bien pulvériſée mêlée de cendre. Pour moi, j'en ai souvent gardé, ſans aucune précaution, juſqu'au temps où je les ai mis en terre. Les pêchers réuſſiſſent, à la vérité, dans tel endroit qu'ils ſoient plantés, mais ils valent mieux tant du côté du fruit & des feuilles que du côté de la durée, quand ils ont en partage un climat chaud, & un ſol ſablonneux & humide, au lieu qu'ils périſſent dans les pays froids, ſur-tout lorsque ces pays ſont ſujets

____

(1) Voy. la Note 5 du Chap. VI, Liv. I.

aux vents, à moins qu'on ne mette quelque corps étranger devant eux pour les abriter. Tant que les germes de ces arbres seront tendres, on les débarrassera souvent des herbes qui croîtront à leurs pieds en les bêchant. On pourra très-bien les transférer en pieds dans une petite fosse, quand ils auront deux ans. Il ne faut pas alors les éloigner beaucoup les uns des autres, afin qu'ils se protegent mutuellement contre l'ardeur du Soleil. On les déchaussera pendant l'Automne, & on les fumera avec leurs propres feuilles. Il faut tailler le pêcher en Automne, mais on n'en retranchera que les baguettes qui seront seches & pourries, parce que, si on lui coupoit quelque partie verte, il se dessécheroit. Quand cet arbre sera malade, on l'arrosera avec de la lie de vieux vin coupée avec de l'eau. Les Grecs assurent qu'il viendra des pêches sur lesquelles on remarquera des caracteres gravés, lorsqu'on aura couvert de terre des noyaux de pêches, & que sept jours après, quand ils auront commencé à s'entr'ouvrir, on les aura ouverts pour en ôter l'amande & écrire telle chose qu'on aura jugé à propos avec du cinnabre, pourvu qu'avant de remettre ces amandes en terre, on les ait recouvertes de leur bois en l'attachant de façon qu'il ne puisse pas se séparer. Les différentes especes de pêches sont les pêches fermes, les précoces de Perse, & celles d'Arménie. Si l'ardeur du Soleil vient à dessécher un pêcher, on entassera souvent de la terre auprès de son tronc, on l'arrosera le soir pour le soulager, & on mettra devant quelques ombrages, pour le protéger. Il est encore bon de suspendre à ses branches une peau de serpent. Pour préserver un pêcher de la bruine, il faut lui donner à présent du fumier, ou de la lie de vin coupée avec de l'eau, ou du bouillon de fèves qui vaut encore mieux. Si un pêcher est molesté par les vers, on les fera mourir soit avec de la cendre détrempée de lie d'huile, soit avec de l'urine de bœuf coupée avec un tiers de vinaigre. Si le fruit de cet arbre est sujet à tomber, on enfoncera un coin de lentisque ou de térébinthe, soit dans sa racine qu'on découvrira à cet effet, soit dans son tronc, à moins qu'on n'aime mieux percer l'arbre par le milieu, pour y enfoncer ensuite un pieu de saule (2). Si l'arbre donne des fruits qui soient ridés ou pourris, on en coupera l'écorce vers le bas du tronc, &, après qu'il en sera sorti une certaine quantité d'humidité, on recouvrira la plaie avec de l'argille ou avec un lut dans lequel il entrera de la paille. Un pêcher donnera de gros fruits si on l'arrose, dans le temps qu'il sera en fleurs, pendant trois jours, avec trois *sextarii* de lait de chevres. Quand un pêcher est vicieux, il est bon d'y attacher du genêt d'Espagne, ou d'en suspendre à ses branches. On greffera le pêcher au mois de Janvier ou de Février dans les pays froids, & au

---

(2) Voy. la Note 1 du Chap. XV. Liv. II.

mois de Novembre dans les pays chauds : on le greffera particuliérement auprès de terre, & l'on emploiera en greffes les scions les plus forts qui seront poussés au pied de l'arbre, parce que ses cimes ne prendroient point, ou que si elles prenoient, elles ne pourroient pas durer long-temps. On le greffera sur lui-même, sur l'amandier & sur le prunier : mais les pêchers d'Arménie ainsi que les précoces prennent mieux sur les pruniers, de même que ceux qui donnent des pêches fermes prennent mieux sur les amandiers, & y parviennent à un âge avancé. On peut greffer en écusson le pêcher au mois d'Avril ou de Mai dans les pays chauds ; on le greffe de cette maniere en Italie à la fin de l'un & l'autre de ces mois, ou au mois de Juin ; c'est ce qu'on appelle *emplastrare* ; cette greffe se fait sur le tronc même que l'on a soin de couper auparavant par en-haut, & auquel on applique plusieurs boutons, suivant la méthode que nous avons donnée (3). Cet arbre donne des fruits rouges quand il a été greffé en fente sur le platane. On conserve les pêches fermes en les faisant confire dans de la saumure & de l'oxymel, ou en les faisant sécher au Soleil comme des figues après en avoir ôté les noyaux, & en les suspendant. J'ai encore vû confire dans du miel des pêches fermes dont on avoit ôté les noyaux, & elles avoient un goût agréable.

---

(3) Voy. le Chap. V. du Liv. VII.

On les conserve encore fort bien en faisant dégoutter sur leur nombril une goutte de poix chaude
pour le boucher, & en les faisant ensuite nager
dans du vin cuit jusqu'à diminution des deux
tiers, dont on remplit un vase que l'on scelle
bien. On croit que le pin est utile à toutes les
semences qui sont sous son ombre. On seme les
pignons au mois d'Octobre ou de Novembre dans
les contrées chaudes & seches, & au mois de Février ou de Mars dans celles qui sont froides &
humides. Cet arbre aime les terreins maigres &
souvent ceux qui sont voisins de la mer : on en
trouve de plus vastes & de plus hauts au milieu
des montagnes & des rochers qu'en aucun autre
endroit : ses accroissemens sont plus gais dans les
lieux sujets aux vents & à l'humidité. Mais en
tel endroit qu'on veuille le planter, soit sur des
montagnes, soit par-tout ailleurs, on lui destinera
des terres qui ne puissent pas convenir à d'autres
arbres. Ainsi, après avoir labouré ces terreins avec
attention, on les nettoiera, & l'on y semera les
pignons comme du bled, en prenant le soin de
les recouvrir de terre avec un léger sarcloir, parce qu'ils ne doivent pas être enfoncés en terre à
plus d'un *palmus* de profondeur. Quand cet arbre
est jeune, il faut le garantir des bestiaux, de peur
qu'ils ne le foulent aux pieds dans le temps
qu'il est encore foible. Il profitera très bien quand
on aura trempé les pignons dans de l'eau trois
jours avant de les semer. Quelques personnes pré-

tendent que le fruit de cet arbre s'adoucit quand il a été transféré , mais voici les soins qu'elles prennent pour le transférer : elles commencent par enfoncer dans de petits verres remplis de terre & de fumier une grande quantité de pignons , & , lorsque ces pignons sont venus, elles ne conservent que le plus fort d'entre eux, & retirent tous les autres; quand celui-ci a pris un accroissement convenable , elles le transferent en pied à l'âge de trois ans , sans le retirer du verre, qu'elles brisent ensuite pour donner aux racines la liberté de s'étendre dans la fosse où l'arbrisseau est planté : elles mêlent d'ailleurs avec la terre de cette fosse , du crotin de cavale, en faisant des couches tant de terre que de crotin qui s'élevent alternativement les unes sur les autres. Il faut cependant avoir soin que la racine de cet arbre qui est unique, & dont la direction est droite , puisse être transférée saine & entiere d'une extrémité à l'autre. La taille avance si fort les jeunes pins (ainsi que je l'ai éprouvé moi - même) que lorsqu'ils ont été taillés, ils croissent du double de ce qu'on auroit pû espérer. On peut aussi laisser les pignons sur l'arbre jusqu'à présent pour les cueillir plus mûrs, quoiqu'il faille néanmoins les cueillir avant qu'ils s'ouvrent. Les amandes ne s'en peuvent pas conserver à moins qu'elles ne soient pelées. Cependant il y a des personnes qui assurent qu'on peut les garder , en les mettant avec leurs coques dans des vases de terre cuire propres & remplis de terre. Si l'on plante en Automne des noyaux de prunes, il faudra les enfouir à la profondeur de deux *palmi* au mois de Novembre dans un terrein qui soit diffous & labouré. On les met aussi en terre au mois de Février. Mais il faut alors les faire tremper pendant trois jours dans de l'eau de lessive pour les contraindre de germer promptement. On plante encore les pruniers en rejettons tirés du tronc de l'arbre à la fin du mois de Janvier ou vers les Ides (4) de Février, en enduisant de fumier les racines de ces rejettons. Ils se plaisent dans un terrein fertile & humide : ils réussissent mieux sous un climat chaud, quoiqu'ils puissent supporter les climats froids. Si on les aide avec du fumier dans les terreins pierreux & pleins de gravier, où ils n'auroient, sans secours, que des fruits sujets à tomber & à être piqués des vers, ils se corrigeront de ce vice. Il faudra arracher les rejettons qui sortent de leurs racines à l'exception des plus droits, que l'on conservera pour les planter. Lorsqu'un prunier est languissant, il faut répandre sur ses racines de la lie d'huile coupée avec moitié eau, ou de l'urine de bœuf pure, ou de vieille urine humaine coupée avec deux tiers d'eau, ou enfin des cendres prises au four & surtout des cendres de sarment. Si ses fruits sont sujets à tomber, on enfoncera dans sa racine, que

---

(4) Voy. la Note 1 du Chap. XXVIII. de l'Economie rurale de Varron, Liv. I.

l'on percera à cet effet avec une tarriere, une cheville de bois d'olivier sauvage (2). En le frottant avec de la terre rouge & de la poix liquide, on fera mourir les vers & les fourmis qui le tourmenteront, pourvu qu'on l'en frotte avec ménagement, pour ne lui point faire tort, autrement l'effet de ce remede ne différeroit pas de celui du poison. Des arrosemens fréquens & des fouilles assidues l'aideront à croître. On greffe le prunier à la fin du mois de Mars ou au mois de Janvier avant qu'il commence à jetter sa gomme. Il est mieux de le greffer en fente sur le tronc que sous l'écorce. On le greffe sur lui-même, & il reçoit la greffe du pêcher, ou de l'amandier, ou du pommier, quoique ces derniers le fassent dégénérer & le rendent petit. On seche les prunes au Soleil en les arrangeant sur des claies dans un endroit sec : ce sont-là les prunes que l'on appelle *Damascena* (5). D'autres plongent des prunes nouvellement cueillies dans de l'eau de mer ou dans de la saumure bouillante, & après les en avoir retirées, ils les font sécher dans un four échauffé ou au Soleil. Les châtaigniers se sement tant en plant qui vient de lui-même, qu'en graine. Mais, quand on les a semés en plant, ils sont si maladifs que l'on est souvent dans le cas de douter pendant

---

(5) C'est-à-dire, *prunes de Damas* : elles sont encore aujourd'hui nommées de même, parce que le plant en est venu de la ville de Damas.

deux ans s'ils vivront ou non. Il faut donc femer les châtaignes elles-mêmes, c'eſt-à-dire, la graine du châtaignier au mois de Novembre & de Décembre, ainſi qu'au mois de Février. Voici ce qu'il faudra faire pour les conſerver juſques-là : on les fera ſécher en les étendant à l'ombre, après quoi on les tranſportera dans un lieu étroit & ſec où on les mettra par tas, en les couvrant toutes exactement de ſable de riviere. Au bout de trente jours on les retirera du ſable pour les faire tremper dans de l'eau fraîche. Alors celles qui ſeront ſaines iront à fond, & toutes celles qui ne le ſeront point ſurnâgeront. On enfoncera de même dans le ſable celles qu'on aura déja éprouvées, & on les éprouvera encore de la même façon au bout de trente autres jours. Quand on aura répété cette opération par trois fois juſqu'au commencement du Printemps, il faudra ſemer celles qui ſe ſeront maintenues en bon état. Il y a des perſonnes qui les conſervent dans de petits vaſes qu'elles rempliſſent également de ſable. Les châtaigniers aiment un ſol tendre & diſſous, mais il ne faut pas qu'il ſoit aréneux. Ils viennent dans le ſable pourvu qu'il ſoit humide : la terre noire leur convient, de même que le charbon & le tuf quand il eſt pulvériſé avec ſoin : ils viennent difficilement dans une terre compacte ainſi que dans la terre rouge : ils ne peuvent pas venir dans de l'argille ni dans du gravier. Ils aiment les climats froids, mais ils ne refuſent pas les climats chauds quand l'humidité se joint à cette qualité : ils se plaisent sur les coteaux, de même que dans les cantons ombragés & principalement dans ceux qui sont exposés au Septentrion. Il faudra donc façonner au *pastinum* (1) à la profondeur d'un pied & demi ou de deux pieds le terrein que l'on destinera à cet arbuste, soit en donnant cette façon à toute l'étendue du terrein, soit au moins en y traçant avec la charrue des sillons qui seront dirigés parallelement entre eux, ou qui se croiseront en différens sens. Lorsque ce terrein sera rassasié de fumier & bien dissous, on y mettra les châtaignes sans les enfoncer au-delà d'un *dodrans* (6) de pied, en observant de planter un piquet auprès de chacune, afin de reconnoître l'endroit où elles seront. Il faudra en mettre trois ou cinq à la fois dans le même trou, en éloignant tous ces petits tas l'un de l'autre à la distance de quatre pieds. Ceux qui voudront transférer les châtaigniers en pieds, le feront nécessairement quand ils auront deux ans. Au reste, la châtaigneraie sera garnie de rigoles qui serviront à l'écoulement des eaux, de peur que, si elles venoient à y séjourner, le limon qu'elles y déposeroient ne fît périr le germe des châtaignes. On pourra, si on le veut, propager les

---

(6) Le *dodrans* équivaut à neuf *unciæ* ou aux trois quarts du pied, suivant l'usage d'appliquer à tout ce qui est susceptible de mesure, la division solemnelle de la livre en douze *unciæ*.

châtaigniers à l'aide des rejettons inférieurs qui sortent de leurs racines. Il faut bêcher assiduement les nouveaux plans de châtaigniers. Ces arbres profitent davantage quand ils sont aidés par la taille aux mois de Mars & de Septembre. On greffe le châtaignier (ainsi que je l'ai éprouvé moi-même) sous son écorce au mois de Mars ou au mois d'Avril, quoiqu'il réponde également à nos soins quand il est greffé sur le tronc. On peut aussi le greffer en écusson. On le greffe sur lui-même & sur le saule, mais quand il est greffé sur le saule son fruit est plus tardif, & le goût en est plus âpre. On conserve les châtaignes soit en les arrangeant sur des claies, ou en les enfonçant dans du sable, de façon qu'elles ne se touchent point mutuellement, soit en les enfermant dans de petits vases de terre cuite propres, & en les ensevelissant sous terre dans un lieu sec, soit en les serrant dans des coffres faits avec des baguettes de hêtre & enduits de lut, de façon qu'ils n'aient aucune ouverture, soit enfin en les couvrant de paille d'orge très-menue, ou en les enfermant dans des mannequins faits avec des herbes de marais, & dont le tissu soit très-serré. On plante ce mois-ci, dans des terreins chauds & sous un climat sec, des pieds de poiriers sauvages que l'on greffera par la suite, ainsi que des pieds de pommiers ou de grenadiers, de coignassiers, de citronniers, de nefliers, de figuiers, de cormiers & de caroubiers : on plante aussi des pieds de ceri-

fiers fauvages que l'on greffera par la fuite, &
des boutures de mûriers : enfin en feme des amandes & des noix dans des pépinieres , fuivant la
méthode que nous avons donnée (7).

CHAPITRE VIII.

LEs abeilles font du miel au commencement
de ce mois-ci avec des fleurs de tamaris & d'autres plantes fauvages , mais il ne faut pas leur
enlever ce miel , parce qu'il doit être réfervé
pour l'hiver. Il faut purger les ruches des immondices dans le courant du même mois, parce
qu'il n'eft pas à propos de les remuer, ni de les
ouvrir de tout l'hiver. Mais on choifira , pour
faire ces opérations, un jour où il faffe Soleil &
qui foit chaud , & on nettoiera toutes les parties intérieures de la ruche où la main ne pourra
pas atteindre , en employant de préférence à cette
opération des plumes de grands oifeaux qui aient
de la roideur ou quelque autre matiere femblable. On bouchera enfuite, avec de la boue &
de la fiente de bœuf mêlées enfemble , toutes les
fentes qui paroîtront à l'extérieur des ruches, &
on pratiquera au-deffus des ruches des efpeces de
portiques avec du genêt ou d'autres matieres pro-

____

(7) Voy. le Chap. X. du Liv. III.

près à les couvrir, afin qu'elles puissent être à l'abri du froid & des mauvais temps.

CHAPITRE IX.

IL faudra tailler à présent de près, dans les terreins chauds & exposés au Soleil, les vignes qui, n'ayant point de fruits, mais une grande quantité de feuilles, compensent la disette du fruit par l'abondance des feuilles. Cette taille se fera dans les terreins froids au mois de Février. Si ce vice ne se corrige pas, il faudra, après les avoir bêchées, entasser à leurs pieds du sable de riviere ou de la cendre. Quelques personnes inserent des pierres entre les tortuosités de leurs racines (1).

CHAPITRE X.

QUAND la vigne aura été stérile, les Grecs prescrivent de la soigner aux mêmes temps & dans les mêmes lieux de la maniere qui suit. Ils assurent qu'il faut alors insérer une pierre dans son tronc après l'avoir fendu (1), & répandre autour d'elle

---

(1) Voy. la Note 1 du Chap. XV. Liv. II.
(1) *Ibid.*

quatre *cotulæ* de vieille urine humaine, de façon que cet arrofement pénetre jufqu'à fes racines; enfuite y ajouter du fumier mêlé de terre, & retourner le fol en entier autour de fes racines.

CHAPITRE XI.

QUOIQU'IL faille former les plans de rofiers au mois de Février, on pourra cependant le faire ce mois-ci dans les terreins chauds, expofés au Soleil & voifins de la mer. Si l'on manque de plant & qu'on veuille fe procurer beaucoup de rofiers avec le peu de plant qu'on aura, il faudra couper des rejettons de quatre doigts garnis de leurs boutons avec leurs nœuds, & les coucher en terre comme des provins, enfuite les aider à venir avec du fumier & des arrofemens. Quand ils auront plus d'un an, on les transférera dans un autre endroit où on les efpacera à la diftance d'un pied. C'eft ainfi qu'on remplira de rofiers le terrein que l'on deftinera à ce genre de plant.

CHAPITRE XII.

LES Grecs affurent que pour conferver du raifin fur le fep même, jufqu'au commencement du

Printemps, il faut faire auprès de ce sep, quand il est chargé de fruits, une fosse de trois pieds de profondeur & de deux pieds de largeur dans un lieu ombragé, & y étendre du sable dans lequel on fichera des roseaux, après quoi on entortillera avec soin ces roseaux avec des sarmens chargés de fruits qu'on y attachera, sans en altérer les grappes, & de façon qu'elles ne touchent pas au fond de la fosse, puis on recouvrira le tout afin que la pluie n'y puisse pas pénétrer. Ils ordonnent encore, lorsque l'on veut conserver longtemps des grappes sur un sep ou des fruits sur un arbre, de les laisser suspendus à leurs branches en les renfermant dans de petits vases de terre cuite percés par le bas & bien couverts par en-haut, quoique cette méthode soit assez inutile par rapport aux fruits, puisqu'on les conserve aussi très-longtemps en les couvrant de gyp.

CHAPITRE XIII.

C'EST dans ce mois-ci que naissent les premiers agneaux. Ainsi, dès qu'un agneau sera né, on l'approchera du pi de sa mere, en observant néanmoins de tirer auparavant à celle-ci avec la main un peu de lait, parce que ces premieres gouttes de lait, qui sont d'une nature trop épaisse & que

les bergers appellent *colostra* (1) , incommode-
roient les agneaux , si on n'en débarrassoit pas
les meres. On commencera par enfermer les
agneaux nouvellement nés avec leurs meres pendant deux jours, après quoi on se contentera de
les retenir dans des clos obscurs & chauds , de
façon qu'ils soient séparés de leurs meres quand on
enverra celles-ci aux pâturages. Au surplus, il suffira de permettre aux agneaux de téter leurs meres tant le matin avant qu'elles sortent , que le
soir lorsqu'elles reviendront de la pâture. D'ailleurs on les nourrira dans l'étable , jusqu'à ce qu'ils
soient fortifiés , avec du son ou de la luzerne qu'on
mettra devant eux, ou avec de la farine d'orge si
l'on en a une grande provision , & on continuera
de leur donner ce genre de nourriture , jusqu'à
ce qu'ayant acquis quelque force avec l'âge , ils
puissent partager les pâturages de leurs meres avec
elles. Les pâturages qui conviennent aux brebis
sont ceux qui croissent dans les jacheres ou dans
les prairies seches : ceux des marais leur sont funestes , & ceux des forêts sont risquables pour leur
laine. Au reste, il faut flatter leur dégoût soit en
saupoudrant fréquemment de sel leur pâture , ou
en mêlant du sel avec leur nourriture , soit en

---

(1) Nous donnons aussi le nom de *colostre* à ces premieres
goutres de lait , ainsi qu'à la maladie que ce lait , qui est toujours caillé, occasionne tant aux enfans qu'aux petits des
bestiaux.

leur en offrant souvent à part dans des auges.
Quant à leur nourriture d'hiver, si l'on manque
de foin, on leur donnera de la paille ou de la
vesce : il sera même plus aisé de leur donner des
feuilles d'orme ou de frêne que l'on aura gardées
à cet effet. Pendant l'Eté elles paîtront au commencement de la journée, moment où la rosée, qui
est mêlée parmi les herbes qu'elle a attendries, en
rend la douceur recommandable. A la quatrieme
heure du jour (2), temps où il fera chaud, on
leur fera boire de l'eau puisée dans une riviere
pure, ou tirée d'un puits ou d'une fontaine. Une
vallée ou un arbre touffu les garantira de l'ardeur
du Soleil au milieu du jour. Lorsqu'ensuite la
chaleur commencera à se rallentir, & que les premieres gouttes de la rosée du soir auront mouillé
la terre, on conduira de nouveau le troupeau aux
pâturages. Mais, lorsqu'on menera paître les brebis pendant les jours caniculaires & même dans
tout le courant de l'Eté, il faudra avoir soin que
leur tête soit toujours détournée de l'aspect du
Soleil. Elles ne doivent point aller paître en hiver ni au Printemps avant que le givre soit fondu, parce que l'herbe couverte de gelée blanche
occasionne des maladies à ce bétail : il suffira
aussi de les mener boire une seule fois par jour
dans ces deux saisons. On est dans l'usage de

---

(2) Voyez la Note 4 du Chap. II. de l'Economie rurale
de Columelle, Liv. II.

nourrir

nourrir plutôt à l'étable qu'en pleine campagne les brebis Grecques, telles que les Afiatiques ou celles de Tarente, comme de plancheier le fol de l'endroit où elles feront renfermées avec des planches qui foient percées, afin que, l'humidité s'écoulant à travers ces trous, leurs bergeries foient fûres, & que leur toifon, qui eft plus précieufe que celle des autres brebis, ne foit point altérée. Du refte il faudra frotter les brebis à trois reprifes différentes dans le courant de l'année avec de l'huile & du vin, quand il fera Soleil & après qu'elles auront été lavées. On brûlera fouvent dans leurs étables dû cedre, ou du galbanum, ou des cheveux de femmes, ou de la corne de cerf, de peur que les ferpens qui font fouvent cachés fous leurs crêches ne leur nuifent. Il faut faire faillir à préfent les boucs, afin que leurs petits puiffent être élevés au commencement du Printemps ; mais il faut choifir pour cette opération des boucs qui aient deux petites verrues qui femblent leur pendre fous les mâchoires, le corps grand, les jambes épaiffes, le chignon court & plein, les oreilles courbées & lourdes, la tête petite, le poil liffe, épais & long. Ces animaux font propres à couvrir les chevres même avant d'avoir atteint l'âge d'un an, mais ils ne vont pas au-delà de fix ans. Il faut choifir des chevres dont le corps foit femblable à celui des boucs & qui aient en outre de grandes tettes. On ne renfermera pas cependant dans le même enclos une auffi grande quantité de chevres que de brebis, & on aura soin qu'il n'y ait ni boue ni fumier dans cet enclos. Outre le lait, dont on ne laissera pas manquer les chevreaux, il faudra encore leur donner souvent du lierre & des cimes d'arbousier & de lentisque. Les chevres peuvent très-bien nourrir leurs petits à trois ans : on vendra ceux dont les meres seront plus jeunes, & on ne gardera pas celles-ci au-delà de huit ans, parce que ce bétail devient stérile dans un âge avancé.

CHAPITRE XIV.

IL faut s'occuper dans ce temps-ci du soin de ramasser le gland & de le conserver : les femmes & les enfans feront aisément cet ouvrage, comme ils ramasseront aussi les olives.

CHAPITRE XV.

IL faut couper à présent le bois de construction, quand la Lune sera dans son déclin. Mais avant de mettre un arbre à bas, il faudra le laisser quelque temps sur pied, après l'avoir coupé avec des haches jusqu'à la moëlle, afin que, s'il reste de la seve dans ses vaisseaux, elle s'écoule par cette pluie. Voici les arbres qui sont les plus utiles : le sapin, que l'on appelle *Gallica* (1), est léger & ferme, & il dure éternellement lorsqu'il est employé dans des ouvrages faits à sec, à moins qu'il ne soit exposé à recevoir la pluie. Le *larix* (2) est très-utile : si l'on soutient les tuiles d'un bâtiment avec des lattes faites de ce bois tant sur la face qu'aux extrémités des toits, on sera délivré du danger des incendies, parce que ces planches ne prennent pas feu & qu'elles ne peuvent pas se réduire en charbon. Le chêne est durable quand il soutient des ouvrages de terre ; on en fait encore des pieux qui ont aussi leur durée. L'*æsculus* (3) est un bois propre aux édifices, & bon pour faire des échalas. Le châtaignier dure très-longtemps, & est d'une solidité admirable, soit qu'on l'emploie dans les champs, soit qu'on l'emploie pour les toits & pour les autres ouvrages de l'intérieur : il n'a d'autre défaut que son poids. Le hêtre est bon à être employé dans des ouvrages faits à sec, & l'humi-

------

(1) C'est-à-dire, le sapin des Gaules.

(2) Cet arbre n'est pas celui auquel les Botanistes donnent aujourd'hui le même nom, & qu'ils croient être *le melése*. En effet *le melése* est un arbre résineux ; or la propriété attribuée ici au *larix* par Palladius ainsi que par Pline 16, 10, qui consiste à résister au feu, paroit directement opposée à la nature d'un arbre résineux, tel que *le melése*, outre que cette propriété ne se rencontre pas dans *le melése*, qui par conséquent n'est pas le *larix* des anciens. Quel arbre est-ce donc ?

(3) Voy. la Note 1 du Chap. IX. Liv. I.

dité le pourrit. Les deux especes de peupliers, le saule & le tilleul font néceffaires dans les fculptures. L'aune eft inutile pour la conftruction, mais il devient néceffaire quand il s'agit d'enfoncer des pilotis dans un terrein humide à l'effet d'y faire des fondations. Lorfque l'orme & le frêne font fecs, ils fe roidiffent, mais comme on peut les courber avant qu'ils le foient, ils paffent pour être bons à faire des liaifons. Le charme eft très-utile. Le cyprès eft excellent. Le pin ne dure pas, fi ce n'eft lorfqu'il eft employé dans des ouvrages faits à fec. J'ai remarqué qu'on fe précautionnoit en Sardaigne de la maniere qui fuit contre fa tendance à pourrir promptement : on cachoit entiérement dans une marre d'eau quelconque des poutres faites avec ce bois pendant une année entiere, avant de les mettre en œuvre, ou bien on les enfonçoit dans le fable fur le bord de la mer, de façon que le flux pût baigner le fable dont elles étoient couvertes dans fon retour alternatif après le reflux. Le cedre eft durable, à moins qu'il ne fente l'humidité. Tous les arbres coupés du côté du Midi font les meilleurs ; au lieu que ceux qui font coupés du côté du Septentrion font, à la vérité, les plus hauts, mais ils fe gâtent aifément.

CHAPITRE XVI.

ON transplantera ce mois-ci les grands arbres plantés dans des terreins secs, chauds & exposés au Soleil, après avoir rogné leurs branches, sans endommager leurs racines, & on les aideta par la suite à venir en les fumant beaucoup & en les arrosant.

CHAPITRE XVII.

VOICI les préceptes qu'ont donnés les Grecs par rapport à la confection de l'huile : il faut cueillir en un jour autant d'olives qu'on en pourra pressurer la nuit suivante. La meule doit être légérement suspendue pour extraire la premiere huile, parce que, si elle brisoit les noyaux, ceux-ci corromproient l'huile; aussi la premiere huile ne doit-elle être faite qu'avec la chair même des olives. Il faut aussi que les paniers soient faits de baguettes de saule, parce qu'on prétend que le bois de cet arbre est favorable à l'huile. La meilleure huile sera celle qui coulera d'elle-même. Ils ordonnent ensuite de mêler du sel & du nitre avec l'huile nouvelle, afin que ce mélange la disposé à s'épaissir, après quoi, lorsqu'elle aura déposé sa lie, on la transvuidera pure au bout de trente jours dans des vases de verre. La seconde huile se fait de la même maniere que la premiere, mais il faut briser les olives avec une meule plus forte.

CHAPITRE XVIII.

LEs Grecs assurent qu'on fait une premiere huile qui ressemble à celle de Liburnie, en mêlant dans d'excellente huile verte de l'aunée seche, des feuilles de laurier & du soucher, le tout broyé ensemble & passé par un crible fin avec du sel grillé & égrugé, & en remuant long-temps ce mêlange, pour se servir de cette huile, lorsqu'elle sera reposée, au bout de trois jours ou un peu plus tard.

CHAPITRE XIX.

SI l'huile est pleine d'immondices, ils ordonnent de jetter dedans du sel grillé, pendant qu'il est encore chaud, & de la couvrir avec soin, moyennant quoi elle devient propre en peu de temps.

CHAPITRE XX.

SI l'huile a quelque mauvaise odeur, ils ordonnent de battre des olives vertes, & d'en mettre deux *chænicæ* (1) dans une *metreta* d'huile. Si l'on n'a pas d'olives, il faut battre de la même maniere des tiges d'olivier très-tendres. Quelques personnes mêlent des olives avec ces tiges en y ajoutant même du sel. Au reste elles enveloppent ces matieres dans un linge & les descendent ainsi dans le vase d'huile en les y suspendant. Ensuite elles les retirent au bout de trois jours, & transvuident l'huile dans d'autres vases. D'autres y mettent de vieille brique cuite. La plupart y plongent de petits pains d'orge enveloppés dans un linge clair, en les changeant de temps en temps pour leur en substituer de nouveaux, &, après avoir répété cette opération deux ou trois fois, ils y mettent du sel, puis ils survuident l'huile dans d'autres vases & la laissent reposer pendant quelques jours. S'il arrive par hazard que quelque animal soit tombé dans l'huile & qu'il l'ait corrompue par son infection en pourrissant, les Grecs ordonnent de suspendre une poignée de coriandre dans la *metreta* d'huile &

______

(1) Voy. la Note 2 du Chap. XIV. Liv. II.

de l'y laisser quelques jours. Si l'infection ne diminue pas, il faut changer la coriandre, jusqu'à ce qu'on soit venu à bout de corriger ce vice. Mais il sera très à propos de survuider l'huile au bout de six jours dans des vases propres, qui seront d'autant meilleurs qu'ils auront été remplis de vinaigre. Il y a des personnes qui mêlent de la graine de fenu-Grec seche & broyée dans l'huile, ou qui y font éteindre souvent des charbons de bois d'olivier enflammés. Si l'huile sent l'aigre, ils ordonnent d'y plonger des excrémens de grappes de raisin, que les Grecs appellent γίγαρτα (1), après les avoir broyés & réduits en pâte.

CHAPITRE XXI.

LEs Grecs assurent qu'on peut corriger de l'huile rance de la maniere suivante. Ils ordonnent de jetter dans cette huile de la cire blanche fondue dans de l'huile propre & excellente, tandis qu'elle est encore liquide, & ensuite d'y ajouter du sel grillé pendant qu'il est chaud, de la couvrir & de l'enduire de gyp, moyennant quoi l'huile se purge & change de goût & d'odeur. Au reste il faut conserver les huiles de toutes les especes dans des caveaux pratiqués sous terre.

(1) Ce font les rafles de la grappe.

Telle eſt la nature de cette liqueur que le Soleil ou le feu la purgent, ainſi que l'eau bouillante quand elle eſt mêlée avec elle dans le même vaſe.

CHAPITRE XXII.

ON confira auſſi les olives ce mois-ci. Il y a différentes façons de le faire. Voici la maniere de faire des olives qui nâgent dans un jus : on étend ſur des claies des olives & du pouliot alternativement par couches, & l'on verſe entre chaque couche du miel, du vinaigre & un peu de ſel. On étend encore les olives ſur des tiges de fenouil, d'anet ou de lentiſque, en mettant deſſous de petites branches d'olivier, & on verſe par-deſſus une *hemina* de ſel avec de la ſaumure, & l'on multiplie ces couches juſqu'à ce que le vaſe en ſoit rempli. Autre maniere de les confire : on fera macérer dans de la ſaumure des olives de choix, quarante jours après on jettera toute la ſaumure, après quoi on mettra dans le vaſe deux tiers de vin cuit juſqu'à diminution de moitié & un tiers de vinaigre avec de la menthe hachée par petits morceaux, puis on remplira le vaſe d'olives, de façon que la liqueur que l'on y aura verſée en quantité ſuffiſante les déborde. Autre maniere : on laiſſe pendant une nuit entiere expoſées à la vapeur du bain des olives cueillies à la main & étendues sur une planche ou sur une claie, ensuite, après les avoir retirées des bains le matin, on les saupoudre de sel broyé & on en fait usage, mais on ne pourra pas garder ces sortes d'olives plus de huit jours. Autre maniere : on commence par mettre dans de la saumure des olives saines ; quarante jours après on les en retire, & on les coupe avec un roseau tranchant, puis on verse dessus deux tiers de vin cuit jusqu'à diminution des deux tiers & un tiers de vinaigre quand on veut qu'elles soient douces, ou deux tiers de vinaigre & un tiers de vin pareil quand on veut qu'elles soient plus aigres. Autre maniere : après avoir mêlé ensemble un *sextarius* de vin fait avec du raisin séché au Soleil, plein les deux mains de cendre bien criblée, un *semisicilicus* (1) de vin vieux & une petite quantité de feuilles de cyprès, on verse tout ce mélange sur les olives, que l'on foule & que l'on rassasie de cette composition, en faisant plusieurs couches d'olives couvertes chacune de cette espece de croûte, jusqu'à ce qu'on soit parvenu

---

(1) Le *sicilicus* étoit le quart de l'*uncia* dans la division solemnelle de la livre en douze *uncia*, & par conséquent la quarante huitieme partie de ce premier des poids Romains. Ainsi, en appliquant cette division à l'amphore qui étoit la premiere des mesures Romaines pour les liquides, le *sicilicus* sera la quarante-huitieme partie de cette mesure, ou le *sextarius*, & par conséquent le *semisicilicus* ou la moitié du *sicilicus* doit valoir la moitié du *sextarius*, ou, ce qui revient au même, une *hemina*.

aux bords des vases. Autre maniere : on ramasse
des olives tombées à terre, & raccornies au
point de montrer des rides, on les étend
au Soleil après les avoir saupoudrées de sel,
& on les y laisse jusqu'à ce qu'elles soient sé-
chées, ensuite on arrange plusieurs couches de
laurier & d'olives alternativement, en commençant par la couche de laurier, après quoi on
fait jetter deux ou trois bouillons à du vin cuit
jusqu'à diminution de moitié qu'on a mis sur le
feu à cet effet avec une petite botte de sarriette,
& lorsque ce vin est tiédi on en verse sur les olives qu'on a arrangées par couches, en y mêlant un peu de sel, enfin, après avoir jetté dans
le vase une botte d'origan, on verse dessus tout
le reste de ce jus. Autre maniere : on confit des
olives aussi-tôt après quelles ont été cueillies sur
l'arbre, on les arrange par couches, entre chacune desquelles on étend de la rue & du persil, en
remplissant les vuides qui se trouvent entre les
couches de sel égrugé avec du cumin, dont on
les saupoudre, puis on verse par-dessus du miel &
du vinaigre, après quoi on y ajoute tant soit peu
d'huile excellente. Autre maniere : on cueille des
olives noires sur l'arbre, après les avoir arrangées,
on les arrose de saumure, ensuite on met dans
une marmite deux sixiemes de miel, un sixieme
de vin & une moitié de vin cuit jusqu'à diminution de moitié, & l'on fait bouillir le tout ensemble, après quoi on retire la marmite du feu, on
la secoue & on y ajoute du vinaigre, & lorsque

ce jus est refroidi, on étend sur les olives des rejettons d'origan, & on le verse tout entier dessus.
Autre maniere : on verse de l'eau pendant trois
jours sur des olives cueillies à la main avec leurs
queues, ensuite on les fait tremper dans de la
saumure, & après les en avoir retirées au bout de
sept jours, on les met dans un vase avec une dose
égale de vin doux & de vinaigre, & , lorsque le
vase est rempli, on le couvre en y laissant quelque ouverture pour lui donner de l'air.

CHAPITRE XXIII.

(1) LEs heures du jour sont d'une égale durée
dans les mois de Novembre & de Février.

A la premiere & à la onzieme, le Gnomon donne vingt-sept pieds d'ombre.

A la seconde & à la dixieme, il en donne
dix-sept.

A la troisieme & à la neuvieme, il en donne
treize.

A la quatrieme & à la huitieme, il en donne dix.

A la cinquieme & à la septieme, il en donne huit.

A la sixieme, il en donne sept.

(1) Voy. la Note 1 du Ch. XXIII. Liv. II.

Fin du douzieme Livre.

L'ÉCONOMIE RURALE

DE PALLADIUS RUTILIUS

TAURUS ÆMILIANUS.

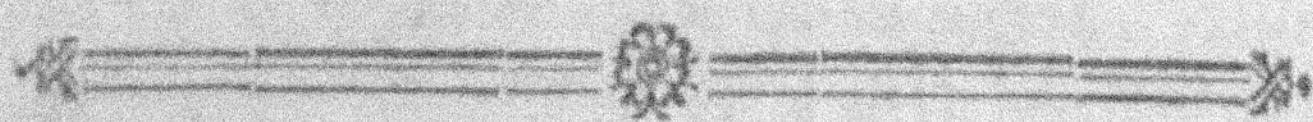

LIVRE TREIZIEME.

DÉCEMBRE.

CHAPITRE PREMIER.

ON seme au mois de Décembre les bleds, le froment, l'*adoreum* (1) & l'orge, quoiqu'il soit déja tard pour semer ce dernier grain. On peut

(1) Voy. la Note 1 du Chap. XXXIV. de l'Economie rurale de Caton.

encore femer les fèves vers la *Septimontium* (1) : car on auroit tort de le faire après le Solftice d'hiver. On pourra auffi femer la graine de lin ce mois-ci jufqu'au fept des Ides de Décembre (3).

CHAPITRE II.

ON commencera à préfent, pourvu que ce ne foit pas avant les Ides (1), à façonner la terre au *paftinum* (2), pour y planter des vignes de la maniere que nous avons expofée ci-deffus (3). Il fera encore à propos de couper le bois ce mois-ci : on fera auffi des pieux, des paniers & des échalas. On fera encore dans les pays froids de l'huile de laurier : on brifera les baies de myrthe & de lentifque pour en extraire l'huile, & l'on fera infufer de nouveau du myrthe dans le vin de la façon que nous avons donnée précédemment (4).

(2) Voy. ce que c'étoit que cette fête dans la Note 4 du Chap. X. de l'Écon. rur. de Columelle, Liv. II.

(3) Voy. la Note 1 du Chap. XXVIII. de l'Économie rurale de Varron, Liv. I.

(1) *Ibid.*

(2) Voy. la Note 5 du Chap. VI. Liv. I.

(3) Voy. les Chap. X. du Liv. II. & IX. du Liv. III.

(4) Voy. les Chap. XVIII. du Liv. II ; XXVII & XXXI. du Liv. III.

CHAPITRE III.

IL faut semer la laitue dans ce temps-ci, afin de la transplanter au mois de Février. On pourra aussi semer dès à présent l'ail, l'oignon de Cypre, la ciboule, la moutarde & l'origan, suivant la méthode & de la maniere que nous avons données précédemment (1).

CHAPITRE IV.

LES *hypomelides* (1) sont (ainsi que Martialis (2) l'assure) des fruits semblables à la corme, qui viennent sur un moyen arbre, dont la fleur est blanchâtre. Ils ont quelque douceur, mais cette douceur est accompagnée d'un goût piquant. On les seme au mois de Décembre, en mettant leurs noyaux dans de petits vases. Mais on les transfere au mois de Février, temps où ils ont acquis une certaine force & où ils sont de la grosseur

(1) Voy. les Chap. XIV. du Liv. II, & XXIV. du Liv. III.

(1) On ne trouve le nom de ce fruit dans aucun ancien Auteur : seroit-ce l'espece de nesle que Dioscorides 1, 170, appelle *imaevis*.

(2) Voy. la Note 2 du Chap. XV. Liv. II.

du pouce, pour les planter dans une très-petite
fosse creusée sur un terrein pulvérisé, dans laquelle on met beaucoup de fumier. Au reste il
faut protéger cet arbre contre les vents, parce
qu'il se dessécheroit bientôt, s'ils donnoient sur
ses racines. Il n'y a point de terre, telle qu'elle
soit, dont il ne s'accommode. Il aime les climats chauds, exposés au Soleil & voisins de la
mer; souvent même il se plaît au milieu des
rochers. Il craint les climats froids. On ne peut
pas le greffer, & il vit peu de temps. On conserve ses fruits dans de petites cruches poissées,
ou dans de la scieure de peuplier, ou dans des
pots de terre pleins de marc & placés parmi des
grappes de raisin.

CHAPITRE V.

ON aura soin de plonger à présent, pour les
confire, dans de la moutarde détrempée avec du
vinaigre (suivant l'usage) des raves coupées en
petits morceaux & légérement cuites, après les
avoir bien fait sécher pendant toute une journée,
de peur qu'il n'y reste aucune humidité : quand
on en aura rempli des vases, on les bouchera, &
on n'en tirera pour son usage, qu'après y avoir
goûté au bout de quelques jours. On pourra aussi
faire la même chose aux mois de Janvier & de
Novembre.

CHAPITRE

CHAPITRE VI.

CEUX qui auront la jouiſſance des bords de la mer feront auſſi confire à préſent dans du ſel de la chair de hériſſon de mer, quand l'accroiſſement de la Lune favoriſera cette opération, parce que c'eſt le temps où cette planette fait groſſir les membres de tous les animaux que la mer renferme dans ſon ſein, ainſi que ceux des coquillages. Au reſte cette opération ſe fait de la maniere accoutumée. On pourra la faire également bien pendant tout l'hiver. On fait auſſi des jambons, & on ſale du lard non-ſeulement ce mois-ci, mais dans le courant de tous les mois d'hiver dans leſquels le froid eſt rigoureux. Il faudra tendre dans ce temps-ci des pieges au milieu des bois taillis & des plans d'arbuſtes féconds en baies, pour y prendre des grives & d'autres oiſeaux. On tendra ces pieges juſqu'au mois de Mars.

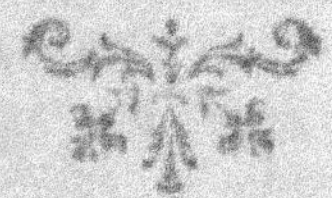

CHAPITRE VII.

LE mois de Décembre ressemble, pour la durée des heures, à celui de Janvier par des raisons contraires, puisque les jours de l'un de ces mois croissent dans la même proportion que ceux de l'autre décroissent (1).

(1) Nous avons déjà expliqué ces rapports entre les heures dans la Note 1 du Chap. XXIII, Liv. I : mais en quel sens Palladius dit-il que le mois de Décembre ressemble à celui de Janvier par des raisons contraires ? Le voici. Ils se ressemblent par la longueur des ombres du Gnomon, qui sont les mêmes tant avant qu'après midi dans l'un comme dans l'autre de ces deux mois, ainsi qu'il arrive dans tous les autres mois que notre Auteur a accouplés deux à deux ; mais la raison contraire de cette ressemblance provient de la différence des jours. En effet, les jours augmentant pendant six mois & diminuant pendant six autres mois, quoique la durée des heures soit égale dans le mois de Décembre & dans celui de Janvier, dans le mois de Février & dans celui de Novembre, & ainsi des autres mois égaux entre eux, cependant il en est tout autrement des jours, puisqu'ils augmentent autant dans l'un de ces mois qu'ils diminuent dans l'autre, & que les jours augmentent toujours quand le Soleil monte du Capricorne à l'Ecrevisse, comme ils diminuent toujours quand il descend de l'Ecrevisse au Capricorne. Il y a plus : tant que les jours croissent, les ombres du Gnomon décroissent dans la même proportion, commé, au

A la premiere & à la onzieme heure , le Gnomon donne vingt-neuf pieds d'ombre.

---

contraire, tant que les jours décroissent, elles augmentent : c'est ce qui fait qu'au mois de Janvier, temps où les jours sont les plus courts possibles (A) & où ils augmentent jusqu'au Solstice d'Eté, l'ombre du Gnomon, qui est alors la plus longue possible (A), a vingt-neuf pieds à la premiere heure du jour, au lieu qu'en Février elle n'en a que vingt-sept, en Mars vingt-cinq, en Avril vingt-quatre, en Mai vingt-trois, & en Juin vingt-deux. De même au mois de Juillet, temps où les jours sont les plus longs possibles (A) & où ils décroissent jusqu'au Solstice d'Hiver, l'ombre du Gnomon, qui est alors la plus courte possible (A), n'a que vingt-deux pieds à la premiere heure du jour, au lieu qu'en Août elle en a vingt-trois, en Septembre vingt-quatre, en Octobre ving-cinq , en Novembre vingt - sept & en Décembre vingt-neuf.

(A) Palladius auroit dû, à la vérité, pour la plus grande exactitude, mettre les jours les plus courts, & qui donnent l'ombre la plus longue au Solstice d'Hiver, & par conséquent au mois de Décembre , au lieu de les mettre au mois de Janvier ; comme il auroit dû mettre les jours les plus longs & qui donnent l'ombre la plus courte au Solstice d'Eté, & par conséquent au mois de Juin, au lieu de les mettre au mois Juillet. C'est en effet dans les mois de Décembre & de Juin que tombent véritablement les Solstices , temps où les jours commencent à augmenter ou à diminuer, & à donner par conséquent les plus courtes ombres ou les plus longues, & non point au mois de Janvier ni de Juillet : mais s'il se fût conformé à cette exactitude rigoureuse, il auroit trouvé moins de facilité à comparer les accroissemens & les diminutions des jours avec les diminutions & les accroissemens des ombres, qu'il n'en a trouvé à le faire mois par mois.

A la seconde & à la dixieme, il en donne dix-neuf.

A la troisieme & à la neuvieme, il en donne quinze.

A la quatrieme & à la huitieme, il en donne douze.

A la cinquieme & à la septieme, il en donne dix.

A la sixieme, il en donne neuf.

Fin du treizieme Livre.

L'ÉCONOMIE RURALE

DE PALLADIUS RUTILIUS

TAURUS ÆMILIANUS.

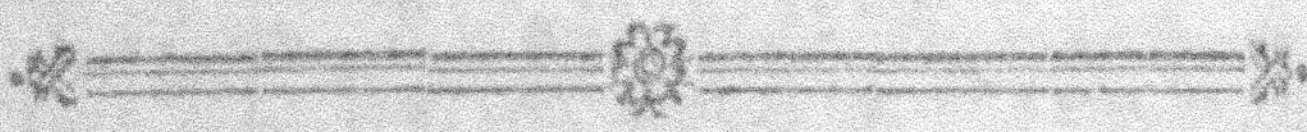

LIVRE QUATORZIEME.

ÉPITRE.

AU TRÈS-DOCTE PASIPHILUS.

RECEVEZ, comme un nouveau gage (1) de
mes engagemens vis-à-vis de vous, ce Poëme

(1) On voit par la premiere phrase du Poëme de Palladius, qui suit cette Épître, que Pasiphilus avoit déja lû les

relatif à l'art de la greffe que j'ajoute au premier
envoi que je vous ai fait, pour vous dédommager

---

quatorze Livres de l'Economie rurale de notre Auteur, &
que par conséquent le Livre *de la Greffe*, qui est aujourd'hui
le quatorzieme de ces Livres, lui avoit été envoyé avec les
treize autres. Comment se fait-il donc que ce quatorzieme
Livre lui soit particuliérement dédié, puisqu'il lui avoit déja
été envoyé avec les treize autres? Comment se fait-il encore
qu'on ne trouve pas au commencement des treize premiers
Livres une Epître à Pasiphilus, & que ces Livres lui ayant été
envoyés, ils ne lui soient point dédiés? D'un autre côté, si
l'envoi de ce quatorzieme Livre à Pasiphilus est *un nouveau
gage des engagemens* de Palladius vis-à-vis de lui, en quoi
pouvoit consister le premier gage de ses engagemens? On
ne dira sûrement pas que ce premier gage consistât à lui
envoyer les treize premiers Livres seuls, & que l'envoi du
quatorzieme à part fût un second gage, puisqu'il lui avoit
déja envoyé ce quatorzieme en même-temps que les autres,
& que Pasiphilus les avoit déja tous lûs. Ces difficultés ont
porté quelques Interprêtes à penser que cette Epître devoit
précéder tout l'Ouvrage de Palladius, au lieu d'être placée
avant le quatorzieme Livre de son Economie rurale, mais
il est manifeste, par la seconde phrase de cette Epître même,
qu'elle appartient uniquement au Livre *de la Greffe*, de sorte qu'il y auroit de l'absurdité à la placer devant le corps
de tout l'Ouvrage. Voici donc comment nous croyons pouvoir concilier ces difficultés. Il est probable que Palladius
a donné deux Editions de son Ouvrage, & que c'est l'une
de ces Editions, comprenant quatorze Livres tous en prose,
qu'il avoit envoyée à Pasiphilus corrigée & augmentée comme un premier gage de son amitié. Il est même vraisem-
blable que cet envoi étoit précédé d'une Epître que nous
soupçonnons avoir été perdue. Dans ce système, le second

du temps que vous l'avez attendu, en vous en payant, pour ainsi dire, l'intérêt (2). Au reste, si l'on a été plus longtemps que vous ne l'aviez désiré à transcrire ces volumes relatifs à la culture de la campagne, n'en accusez que la lenteur du copiste, à laquelle je sçais néanmoins attacher un certain prix, parce que je n'ignore pas à quelles sortes de ruses se portent volontiers les domestiques, & que j'aime mieux attendre patiemment que leur besogne soit finie, que d'avoir à en redouter l'événement. Je ne sçais si j'ai cela de commun avec les autres maîtres, mais je remarque presque toujours que le caractere des esclaves ne donne jamais que dans les extrêmes, sans pouvoir garder un milieu, tant il est vrai

---

gage de ses engagemens, dont il parle ici, consiste à lui envoyer en vers ce quatorzieme Livre qu'il n'avoit d'abord reçu qu'en prose avec les treize autres ; de sorte que Palladius paroît avoir à peu près suivi la marche de Columelle, qui a traité la matiere des Jardins tant en vers dans le dixieme Livre de son Economie rurale, qu'en prose dans le onzieme, avec cette différence que Columelle avoit d'abord donné cette matiere en vers, & qu'il ne l'avoit mise en prose que postérieurement, au lieu que Palladius a d'abord donné le Livre *de la Greffe* en prose, & qu'il ne l'a mise qu'ensuite en vers.

(2) Palladius n'avoit promis à Pasiphilus que les quatorze Livres de son Economie rurale en prose : ce quatorzieme Livre qu'il lui donne en vers peut donc être considéré comme l'intérêt dû pour le temps qu'il lui avoit fait attendre ces quatorze Livres.

que la nature corrompt le plus souvent dans ces sortes de gens les avantages qu'on peut en attendre, & que le bien qu'on remarque en eux s'y trouve toujours voisin du mal. En effet leur promptitude ne les conduit qu'à mal faire, au lieu que leur lenteur a l'apparence de l'honnêteté, & qu'elle s'écarte du crime à proportion qu'elle s'éloigne de la promptitude. Au reste, si j'ai tardé longtemps à vous offrir ces Livres, que je ne vous offre encore aujourd'hui qu'avec une certaine timidité, je me suis comporté en cela comme un bon domestique (3). J'ignore à la vérité si votre esprit sent quelque penchant pour ces minuties, mais ce que je sçais, c'est que, dès que votre goût les recherchera avec ardeur, elles deviendront importantes, & dès-lors dignes de votre attention. Aussi, pour peu que vous pensiez avantageusement de ces bagatelles, je ne tarderai pas moi-même à les compter au nombre de mes richesses, & à les priser comme telles. En effet, ce n'est pas promener ses regards sur la poussière que de contempler de petites médailles qui représentent de grands personnages, puisque ces médailles sont, pour ainsi dire, je ne sçais trop pourquoi, le portrait raccourci de ces personnages.

―――――――――――――

(3) C'est-à-dire, comme un domestique qui recule à montrer sa besogne, dans la crainte qu'elle ne soit pas trouvée bien faite.

DES GREFFES.

Pasiphilus, la perle de la fidélité, à qui j'ai bien raison de dévoiler les secrets qui peuvent être cachés au fond de mon ame, vous exaltez, vous prisez, & vous chérissez les quatorze (1) petits Livres relatifs à l'Agriculture que cette main à composés en prose, sans que les pieds y aient eu part (2), puisque ces Livres ne sont assujettis à aucune mesure, & que, loin de jaillir de la fontaine d'Apollon (3), ils ne respirent

---

(1) Ceci vient à l'appui de ce que nous avons déja observé dans la Note 1 de l'Epître dédicatoire, savoir que Palladius avoit donné en prose un traité de la greffe qui faisoit partie de son Economie rurale, traité qui sera tombé dans l'oubli depuis qu'il lui aura substitué ce Poëme sur la même matiere. En effet, tout son Ouvrage ne contient plus que treize Livres en prose, si l'on en sépare celui-ci qui est en vers, & cependant il seroit difficile d'assigner quelque point d'Economie rurale qui ne soit point traité dans cet Ouvrage, si ce n'est celui sur lequel roule ce Poëme-ci.

(2) Ceci est un jeu de mots relatif aux mains du corps & aux pieds des vers, assez insipide, mais conforme au goût du siecle dans lequel Palladius écrivoit.

(3) C'est le même que Phœbus. Voy. la Note 23 du Liv. X. de l'Economie rurale de Columelle. C'étoit le Dieu de la Poésie.

qu'une rusticité grossiere, & votre attachement pour un ami vous fait respecter ses productions rustiques. C'est ce qui augmente ma confiance, & ce qui me détermine à vous offrir aujourd'hui ce petit Poëme-ci, dans l'espérance de recueillir le fruit de votre approbation. Au reste, le but de ma Muse (4) n'est pas condamnable, puisqu'elle se propose pour but de traiter d'une opération rustique que l'on peut regarder comme urbaine (5), qui consiste à joindre ensemble, par une espece de mariage (6), des arbres heureux, afin que leur beauté respective, venant à se réunir, s'accroisse dans leur postérité ; à revêtir un arbre incorporé à un autre d'ombres qui lui soient analogues ; à anuoblir l'arbre qui résultera de cette union par un double feuillage ; enfin à confondre des sucs agréables par l'effet d'une alliance charmante, & à donner aux fruits un aliment qui réunisse deux sortes de goûts. J'enseignerai donc quels sont les arbustes qui donnent l'hospitalité à d'autres, quels sont ceux auxquels ils la don-

---

(4) Voy. la Note 4 du Chap. I. de l'Economie rurale de Varron, Liv. I.

(5) Palladius donne à la greffe le nom d'opération *urbaine*, dans le sens que les Romains donnoient le nom d'*urbane* aux arbres francs, pour les distinguer des arbres sauvages.

(6) En effet, de même qu'un pere & une mere, quoique de différentes familles, cooperent à la génération du même enfant ; deux arbres de différentes especes entés l'un sur l'autre concourent à la nutrition d'un seul & même fruit.

nent, & quels sont les arbres qui peuvent se garnir d'une chevelure adoptive. Le modérateur du Ciel, qui fait errer les étoiles brillantes, qui a affermi la terre sur ses fondemens, & qui donne l'écoulement aux eaux de la mer, auroit pû revêtir lui-même les branches des arbres de différentes especes de fleurs, & orner une forêt chargée de fruits d'un feuillage varié; mais daignant donner à nos travaux l'occasion de se signaler en cette partie, il a voulu que l'Art formât une seconde nature. Je ne crois pas que l'entreprise de ma Muse (4) soit sans fruit, ni que ce petit ouvrage manque absolument de goût. Si l'on allie l'ardeur d'une cavalle avec la paresse d'un ânon, tant afin qu'il résulte de ce procédé une progéniture lente & stérile, qu'afin que la fécondité du pere s'éteigne dans l'héritier qui naîtra de cet accouplement, & que les facultés prolifiques défaillent dans ce dernier; pourquoi un arbre infructueux ne s'engraisseroit-il pas avec le secours d'un germe auquel il aura donné l'hospitalité? Pourquoi ne deviendroit-il pas plus brillant en partageant les honneurs d'une Fleur étrangere? J'entre en matiere en me conformant dans mon travail à tous les écrits des Agriculteurs qui m'ont précédé, & aux paroles consacrées par les anciens.

Dans l'origine l'industrie adroite a inventé bien des sortes de greffes qu'elle a voulu qu'une main habile mît en œuvre. En effet, les méthodes suivantes apprennent à tout arbre verdissant de feuilles étrangeres, dont l'on prend soin, à porter les fruits qu'on lui confie : ou l'on enfonce de nouveaux germes entre son écorce que l'on en sépare à cet effet, ou on le fend à l'extrémité supérieure de son tronc pour recevoir ces germes, ou enfin on adapte les yeux verdissans d'un bouton étranger & humide à l'un de ses boutons, de sorte que celui-ci resserre le premier dans son sein gluant.

La branche à fruit de l'arbuste de Bacchus l'Echionien (7) est la premiere à qui l'on ait appris à se marier, afin que la grappe de raisin fut gonflée par un vin étranger. Les membres féconds de la vigne sont entrelassés de bourgeons entortillés autour d'elle, & dès qu'elle est adulte, elle nourrit ceux de l'espece qu'elle a reçue entre ses bras, de sorte qu'un pampre doux couvre de son ombre un pied de vigne dont le feuillage est d'une autre nature que le sien, & que cette plante se courbe sous le poids d'un Dieu replet (8).

Les rameaux de l'arbre de Pallas (9) embélis-

---

(7) Echion étoit un des compagnons de Cadmus, premier Roi de Thebes. Delà les Anciens donnoient le nom d'Echionien à Bacchus, parce qu'il avoit eu pour mere Semelé, qui étoit fille de ce Cadmus. Voy. la Note 3 de l'Economie rurale de Columelle, Liv. X.

(8) Ce Dieu est Bacchus que les Anciens représentoient avec un gros ventre, & que notre Poëte prend allégoriquement pour le vin.

(9) Voy. la Note 36 de l'Econ. rur. de Columelle, Liv. X.

fent les chênes des forêts, & la fuperbe olive annoblit des fruits fauvageons. L'olivier fauvage,
tout ftérile qu'il eft, féconde celui dont nous re-
cueillons les olives graifes, & lui apprendra à donner des préfens qu'il ne fçauroit pas porter de lui-
même.

Le poirier au germe blanc (10) prête fans ja-
loufie fes fleurs de couleur de neige, & s'unit
amoureufement à un bois différent du fien. Tantôt il arrache les armes cruelles de fes fœurs épi-
neufes, & apprend aux poiriers indomptés à dé-
pofer leurs traits (11). Tantôt il produit des pommes dont la rondeur fe termine en une pointe
infenfible, & fait fléchir les rameaux du frêne en
le revêtiffant de nouveaux honneurs. Il apprend
en outre à Phillis (12) a adoucir fon gros fruit,
& prête fes membres à la peau dure dont elle
eft couverte. Il dote les pruneliers ftériles ainfi

---

(10) Les rejettons & les germes du poirier ont toujours une
efpece de blancheur à leur extrémité. C'eft apparemment
cette blancheur que Palladius a ici en vue.

(11) L'Auteur parle des poiriers fauvages dont les épines
difparoiffent quand ils font greffés avec une greffe prife
fur un poirier franc.

(12) Phillis étoit une Reine des Thraces qui, s'étant
prife de paffion pour Démophoon, fils de Théfée, Roi
d'Athénes, vouloit l'époufer; mais celui-ci ayant prétexté
un voyage pour retarder ce mariage, fut fi longtemps ab-
fent, que Phillis croyant qu'il la méprifoit, fe pendit
d'impatience & de défefpoir : elle fut changée en amandier. C'eft l'arbre auquel Palladius donne ici fon nom.

que le frêne sauvage qui ne produit aucuns fruits, & les force à chérir un honneur qui leur étoit inconnu. Ses branches entées sur le coignassier changent la nature de celui-ci, &, son odeur se confondant avec celle de ce dernier, il lui fait procréer des fruits charmans. Il dépouille les fruits du châtaignier de l'écorce piquante qui les enveloppe, & change le poids dont ils sont chargés en un fardeau plus doux. Il désarme les nesliers hérissés de membres cruels, & étouffe leurs mauvais desseins sous une écorce paisible. On croit que ses germes s'unissent aux branches de l'arbre de Libye (13), & qu'étant fécondés ils peuvent jouir d'un éclat pourpré.

Les grenades, qui ne daignent jamais admettre de nouveaux goûts & qui ne s'associent point à une chevelure étrangère (14), augmentent elles-mêmes le nombre de leurs boutons en changeant de semence, & se plaisent à être peintes d'une rougeur qui a de l'affinité avec elles.

Le pommier enté sur de plus hautes branches que les siennes continue de croître, & change à l'amiable le poirier qu'on lui a associé. Il s'exhorte lui-même à laisser dans les forêts ses mœurs

---

(13) C'est le grenadier.

(14) Pour que ceci ne soit point contraire à ce que Palladius a dit plus haut, que le poirier se greffoit sur le grenadier, il suffit que le grenadier ne puisse pas se greffer réciproquement sur le poirier, & c'est ce que prétend ici notre Auteur.

fauvages (15), & fe plaît à jouir d'un fruit plus
diftingué. Il rend liffes les pruneliers garnis d'é-
pines ainfi que les chênes armés de piquans, &
les revêt dans leur adolefcence d'une belle chevelure. Il fçait gonfler d'un fuc agréable la petite
corme, & faire defcendre le fruit de l'arbre qui
la donne à la portée des mains qui le defirent
(16). Il fe plaît à changer de nom fur des fou-
ches de faule, & à répandre fes fleurs fur des
forêts agréables aux Nymphes (17). Il apprend
au bois du platane, cet arbre, dont on vante l'affinité avec Bacchus (7) armé d'un thyrfe (18), à
rougir lorfqu'il eft chargé d'un fruit nouveau. Le
pêcher admire fes ombres auxquelles il n'étoit
point accoutumé, & la chevelure du peuplier
porte fes dons éblouiffans par leur blancheur. La
nefle lui obéit, & changeant fes entrailles pier-
reufes, elle groffit & rougit en fe rempliffant
d'une liqueur blanche. Au lieu des pieus lourds
& des armes groffieres qu'ils fourniffoient aupa-

---

(15) C'eft-à-dire, qu'on greffe le pommier franc fur le
pommier fauvage.

(16) C'eft-à-dire, que les pommes étant plus lourdes que
les cormes font fléchir les branches du cormier.

(17) Voy. la Note 18 du Chap. I. de l'Économie rurale
de Varron, Liv. I.

(18) Palladius fait ici allufion à l'ufage où étoient les
anciens, foit de boire fous le platane, Virg. Liv. IV. des
Géorg. foit d'arrofer cet arbre de vin, Pline, 12, 1.

ravant (19), les châtaigniers donnent de nouveaux fruits qui leur font honneur par leur couleur jaune.

Le pêcher charge lui-même ses branches d'un
meilleur germe, & sçait associer sa nature au
prunier. Il couvre d'ombres légeres le tronc de
Phillis (12), & apprend à devenir lui-même plus
fort par cette transmigration.

Quoique l'arbre, qui produit des coings jau-
nes, se prête à donner l'hospitalité à toutes sortes de fruits, il ne se confie à aucun autre arbre
pour la recevoir (20) : il est fier, & méprise l'é-
corce d'un bois étranger, convaincu qu'il n'y a
point d'arbre qui puisse ajouter quelque chose aux
honneurs dont il jouit. Mais, offrant à ses propres branches des lits qu'elles connoissent, il se
contente d'annoblir un bien qui lui appartient.

Le dur nesslier, rival du poirier sauvage, se
greffe sur des pommiers dont le fruit a un goût
ignoble, & se trouve en sûreté quand son germe
y est reçû, parce que de doubles armes le rendent alors plus méchant qu'auparavant, de sorte

---

(19) C'est-à-dire, que le châtaignier qui étoit auparavant
un arbre vil, puisqu'il étoit accoutumé à fournir des armes aux paysans, devient plus honorable quand il a été
greffé avec le pommier.

(20) C'est-à-dire, que le coignassier ne se greffe que sur
lui-même, quoiqu'on puisse greffer sur lui tous les autres
arbres.

que

que son bois cruel épouvante les mains avides (21).

Les branches du citronnier souffrent aussi qu'on leur prête les enfans (22) élevés par le mûrier sous son écorce pleine, & changent les piquans dont les poiriers sont ordinairement armés (23), pour nourrir les fruits odoriférans de ceux-ci d'un suc flatteur.

Les pruniers ajoutent à leurs propres membres d'heureux germes, & portent des présens fertiles dans un corps analogue au leur (24). Lorsqu'on les force d'habiter dans le châtaignier, ils désarment à la vérité son fruit, mais d'un autre côté ils arment ses bras (25).

Les caroubiers accoutument leurs fruits à s'amollir avec le secours d'un suc vert, & nourrissent tous les autres fruits dans leur sein.

Le figuier détermine les mûres à quitter leur couleur noire, & fait la loi aux branches dont il

---

(21) C'est-à-dire, que le nefflier devient encore plus épineux qu'il n'étoit, lorsqu'il est enté sur le pommier sauvage garni d'épines comme lui.

(22) Les entes sont en effet comme des enfans adoptifs. Palladius veut dire ici qu'on greffe le citronnier, tant sur le mûrier que sur le poirier sauvage.

(23) C'est-à-dire, que lorsqu'une branche de citronnier est greffée sur un poirier, cet arbre cesse d'être épineux.

(24) C'est-à-dire, qu'on les greffe sur eux-mêmes.

(25) C'est-à-dire, que les fruits qui viennent d'un châtaignier sur lequel on a greffé un prunier, n'ont ni piquans ni rien de dur à l'extérieur, mais que ses branches deviennent épineuses comme celles du prunier.

Tome V   D d

s'est emparé : il s'admire aussi lui même lorsqu'un suc gras le fait grossir, & se réjouit de voir ses fruits excéder leur grosseur ordinaire. La figue venant à entrer dans les platanes distingués par leur feuillage, & étant reçue entre leurs bras heureux pour les tables (18) & dans le sein de leurs chevelures qui se plaisent à être honorées par la vigne, se conserve très-grosse sous une écorce grasse, & remplit le sein après lequel elle soupiroit, dès qu'elle y est adoptée.

Le figuier entretient en outre un commerce réciproque avec le mûrier, & nourrit dans son bois le germe de celui-ci quand il lui est offert. Le frêne prête aussi ses membres à cette sœur avide, & se voyant alors baigné de sang, il redoute ses nouveaux enfans. Le mûrier teint aussi les hêtres élevés, ainsi que les fruits hérissés du châtaignier verdissant, ces fruits dont la chevelure est dure & piquante, & leur apprend à noircir & à prendre une couleur de poix, en les nourrissant d'un nouveau suc qui les fait grossir. Le térébinthe, dont l'odeur est si agréable, obéit aux mûriers, & produit alors des présens qui réunissent un double avantage (26).

Le cormier décore ses fruits du mérite d'une plus grosse semence, & se distingue en se courbant par un bel effort (27). Cet arbre dépouille

---

(26) Cet avantage est double à cause de la résine qui découle de cet arbre, & qui est la plus odoriférante de toutes les résines, selon Pline 14, 20.

(27) C'est-à-dire, que quand les cormiers sont greffés sur eux-mêmes, ils donnent de plus gros fruits qu'auparavant,

de leurs piquans les membres durs de l'épine, & cache les armes de cette plante sous de douces écorces : il se plaît à unir dans son corps le coing doré avec le fruit qui lui est annexé & chérit des présens d'une couleur étrangere.

Les cerisiers se greffent sur le laurier, & le fruit qu'ils le contraignent de donner teint d'une pudeur adoptive les joues de cette Vierge (18). Il force les platanes ombragés, ainsi que le prunier dont le bois est piquant, à peindre leurs membres de ses brillans, & il annoblit le feuillage de peuplier par un nouveau présent, tant la rougeur qu'il répand sur la blancheur de leurs bras est agréable.

Phillis (12) cachée entre l'écorce d'un prunier fendu, en couvre les membres odoriférans de fleurs qui se montrent avant toutes les autres, & change les fruits du pêcher en y ajoutant une enveloppe, & en leur apprenant à prendre une couverture dure qui leur sert de peau. Elle arrondit sous une petite forme le fruit du caroubier lorsqu'il se gonfle, & elle enrichit d'une belle odeur les feuilles sauvages de cet arbre : elle expulse les coques de la châtaigne cruelle, & force le châtaignier d'admirer la peau lisse de son fruit.

Les pistaches entrent encore dans les branches de l'amandier, & acquerent dès lors un plus grand

comme il arrive à presque tous les arbres qui sont greffés sur eux-mêmes.

(18) Palladius donne le nom de Vierge au laurier par allusion à la Fable de Daphné, qui fut changée en laurier.

mérite de leur petitesse (29). Le térébinthe se ceignant d'un vêtement analogue à sa nature, nourrit aussi les pistaches pour les annoblir par une chevelure adoptive.

Les membres élevés du châtaignier fécondent le saule des rivieres, & prennent de la force lorsqu'ils sont abbreuvés d'une grande quantité d'eau.

Le vaste noyer s'empare avec son ombre des feuilles de l'arboussier, & rapporte des fruits qui sont en sûreté sous leur double écorce.

On a essayé d'après ces exemples d'autres faits qu'une expérience habile pourra découvrir avec le temps. Mais il est suffisant pour un Poëte dont l'occupation se renferme à retourner le dos d'un terrein labouré, d'avoir fait mention de ceux-ci dans ses vers médiocres. En lisant ces vers, vous les trouverez rudes, parce qu'ils sont faits au milieu des hoyaux les plus durs, mais leur rusticité vous paroîtra douce.

---

(29) C'est-à-dire, que leur petitesse même leur donne la supériorité sur les amandes.

Nota. *Tous les noms soit des poids, mesures & monnoies, soit des Villes & Pays dont il est fait mention dans Palladius, & dont il n'aura point été question dans les Notes, se trouveront dans les Tables qui sont à la fin de Caton, de Varron ou de Columelle; il en sera de même dans la Traduction de Vegece.*

Fin du Tome cinquième.